"十二五"职业教育国家规划教材
经全国职业教育教材审定委员会审定

石油高职高专规划教材

石油工业概论

（第二版）

何耀春　张红静　主编
田乃林　主审

石油工业出版社

内 容 提 要

本书以石油工业生产流程为主线，系统、概要地论述了国内外石油的发展史、石油和天然气的生成与聚集、油气水的物性、油气勘探、钻井、油气田开发、油气储运、石油炼制与石油化工，以及石油 HSE 等基本知识。

本书可作为石油院校教材，也可作为石油相关知识的科普读物。

图书在版编目（CIP）数据

石油工业概论/何耀春，张红静主编．—2 版．
北京：石油工业出版社，2015.6（2023.8 重印）
（“十二五”职业教育国家规划教材）
ISBN 978-7-5183-0696-1

Ⅰ. 石…
Ⅱ. ①何…②张…
Ⅲ. 石油工业-高等职业教育-教材
Ⅳ. TE

中国版本图书馆 CIP 数据核字（2015）第 086320 号

出版发行：石油工业出版社
(北京安定门外安华里 2 区 1 号　100011)
网　址：www.petropub.com
编辑部：(010)64523612　图书营销中心：(010)64523633
经　销：全国新华书店
印　刷：北京中石油彩色印刷有限责任公司

2015 年 6 月第 2 版　2023 年 8 月第 15 次印刷
787 毫米×1092 毫米　开本：1/16　印张：12
字数：300 千字

定价：28.00 元
(如出现印装质量问题，我社图书营销中心负责调换)

第二版前言

本书以石油工业生产流程为主线，系统、概要地论述石油和天然气的生成与聚集，油气勘探、开发、集输、石油炼制与石油化工，以及石油企业安全和环境保护等基本知识。

本书第一版于2006年9月正式出版发行，并被列为普通高等教育“十一五”国家级规划教材。几年来，由于石油工业的发展，书中有些油气资料数据已经过时，有些内容需要更新，个别章节结构体系需要进一步完善，为此进行修订。

本书第二版是在广泛征集并采纳相关石油院校任课教师意见的基础上，重新修订而成。在修订过程中，编者查阅了大量的文献资料，力求采用最新的油气资料数据，尽量反映石油工业发展的新技术、新工艺、新方向，努力整合教材内容，完善教材知识体系，注重知识性、技术性和实用性。在我国油气资源可持续发展战略的内容中，增加了非常规油气资源、替代能源和可再生能源知识；在油气水组成和物性部分，增加了油田水的组成与物性内容；在钻井方面，增加了钻机标准和钻井液配制与维护，并按API（美国石油学会）钻井液分类，增补了气体钻井液和合成基钻井液概念；在油井采油技术中，增加了射流泵采油，修改了螺杆泵采油、电动潜油泵采油、水力活塞泵采油等内容，增补了必需的图片；在提高油田采收率方面，加重了稠油开采技术的篇幅；在油气集输部分，加重了矿场油气集输流程内容，增补了输油管道的水力和热力特性知识；在石油炼制部分，修改了水蒸气汽提内容；为方便师生教与学，在每章后面附有复习思考题。

全书共分九章，编写分工为：承德石油高等专科学校何耀春编写前言、第二章，张红静编写第一章，陈忠玲编写第八章；天津石油职业技术学院、渤海石油职业学院李书森编写第三章；天津工程职业技术学院刘桂和编写第四章；大庆职业学院王岚编写第五章；辽河石油职业技术学院黄欢编写第六章；山东胜利职业学院崔彬澎、高文伟编写第七章；重庆科技学院刘菊梅编写第九章；何耀春、张红静担任主编；全书由何耀春负责修改、统稿，由田乃林教授审定。

本书在编写和出版过程中，得到大庆职业学院李娟和陈德东、山东胜利职业学院马存栋、天津工程职业技术学院赵洪星的支持和帮助，石油工业出版社给予了大力支持，在此一并表示衷心感谢！

由于编者水平有限，书中难免存在一些错误和不足之处，敬请广大师生及读者批评指正。

编者
2015年1月

第一版前言

本书以石油工业生产流程为主线，力求系统、概要地论述石油和天然气的生成与聚集、油气勘探、开发、集输、加工与石油化工、石油企业的安全和环境保护等基本知识。

本教材可供石油院校各专业学生使用，目的在于使学生了解石油工业，掌握油气生成和油气勘探、开发、加工、集输的基本过程和基本理论知识，增加石油院校学生对石油工业的了解，增强学生在石油企业工作的适应能力。

全教材共分九章，内容包括石油和天然气的生成和聚集、油气田勘探方法和阶段、钻井技术、油井试油与开采技术、油气田开发技术、油气集输技术、石油炼制与石油化工和HSE基础知识。编写分工为：承德石油高等专科学校何耀春负责前言、第二章，陈忠玲负责第八章；大庆职业学院王岚负责第一章，李娟负责第五章，陈德东、王岚负责第六章；天津石油职业技术学院李树森负责第三章；天津工程职业技术学院赵洪星、刘桂和负责第四章；山东胜利职业学院马存栋、崔彬澎负责第七章；重庆科技学院李文华负责第九章。全书何耀春、赵洪星为主编，马存栋、陈德东、李树森为副主编，最后由何耀春负责修改、统稿，由田乃林教授审定。

尽管本教材曾以校内教材使用多年，但作为规划教材，其编写是在2005年的大庆会议上才得以确定和完成分工，又要保证2006年的秋季用书，时间仓促，加之经验缺乏，难免有一些错误和不足之处，请广大师生在使用过程中多多包涵；更欢迎广大读者向有关编者和出版社反馈信息，以利于本书重印和修订时改正和提高。

编者

2006年6月

目　　录

第一章　我国石油工业与世界石油工业 …… 1

第一节　我国石油工业 …… 1

第二节　世界石油工业 …… 8

第二章　石油和天然气的生成与聚集 …… 12

第一节　组成地壳的主要物质 …… 12

第二节　地层及形变 …… 18

第三节　地层中的流体 …… 23

第四节　石油和天然气的生成 …… 29

第五节　油气的聚集 …… 31

第三章　油气田勘探方法和阶段 …… 43

第一节　油气田勘探方法简介 …… 43

第二节　地球物理测井 …… 46

第三节　油气田勘探阶段 …… 56

第四章　钻井 …… 58

第一节　钻井分类 …… 58

第二节　钻井设备 …… 59

第三节　钻进工具 …… 63

第四节　钻井液 …… 67

第五节　钻井技术 …… 70

第六节　固井与完井 …… 79

第七节　钻井事故的预防与处理 …… 82

第五章　油井试油与开采技术 …… 85

第一节　油井试油 …… 85

第二节　油井采油技术 …… 86

第三节　油水井增产增注措施 …… 96

第四节　修井 …… 101

第六章　油气田开发技术 …… 104

第一节　油田开发方案的编制 …… 104

第二节　油藏天然能量及驱动方式 …… 108

第三节　油田注水开发技术 …… 112

第四节　提高采收率技术 …… 117

第七章　油气储运技术…………………………………………………………… 126
第一节　矿场油气集输………………………………………………………………… 126
第二节　油气管道输送………………………………………………………………… 139
第三节　油气的储存及天然气的液化应用…………………………………………… 145
第八章　石油炼制与石油化工…………………………………………………… 156
第一节　石油产品的分类与质量要求………………………………………………… 156
第二节　原油蒸馏……………………………………………………………………… 160
第三节　燃料油生产工艺……………………………………………………………… 163
第四节　润滑油生产与调和…………………………………………………………… 168
第五节　石油化工……………………………………………………………………… 173
第九章　HSE 基础知识简介 ……………………………………………………… 178
第一节　HSE 管理体系的产生 ……………………………………………………… 178
第二节　HSE 管理体系的运行模式及关键因素 …………………………………… 179
第三节　HSE 管理体系的文件体系 ………………………………………………… 181
第四节　HSE 风险管理 ……………………………………………………………… 181
参考文献…………………………………………………………………………… 183

第一章　我国石油工业与世界石油工业

近代人类社会的现代化，有赖于能源的大规模开发和高效运用。人类可利用的来自地下、地面和太空的能源虽然很多，但在今后相当长一段时间内，石油和天然气仍是世界的主要能源之一。

石油被誉为“黑色的金子”、“工业的血液”，在国民经济中的地位和作用十分重要。

石油工业是从事石油勘探、开发和加工的能源和基础原材料产业，是一个高风险、高投入、技术密集的行业。

石油工业由两大部分构成，即原油勘探与生产、石油炼制与石油化工。前者称为石油工业的“上游”，后者称为石油工业的“下游”。

石油工业生产流程见图 1-1。

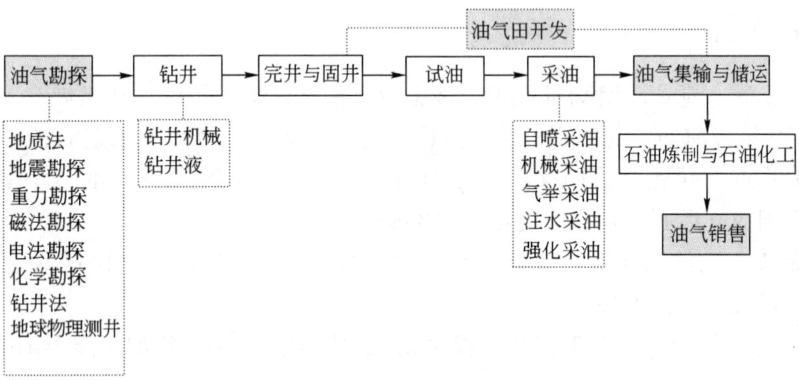

图 1-1　石油工业生产流程

第一节　我国石油工业

一、历史回顾

我国石油工业的发展有着悠久的历史。

（一）我国古代石油、天然气的开采和利用

我国发现、利用石油和天然气已有 3000 多年历史。公元前 3 世纪到公元 1 世纪，四川临邛（今邛崃市）发现“火井”。13 世纪开始，四川自贡一带浅层天然气进行过大规模开发利用。历史上，石油曾被称为石漆、膏油、肥、石脂、脂水、可燃水等，直到北宋时科学家沈括（1031—1905）才在世界史上第一次提出了“石油”这一科学的命名。沈括于 11 世纪末成书的《梦溪笔谈》中写道：“鄜、延境内有石油，旧说‘高奴县出脂水’，即此也。”并预言“此物后必大行于世”。

（二）旧中国的石油工业

我国第一口油井是1878年在台湾西部苗栗钻成。当时，清政府从美国雇来技师、买来钻机，钻成了一口深为133.8m的井，大约在90m深处见到油流，每天可采出原油750kg。

我国大陆第一口油井是1907年清政府从日本购进一部顿钻钻机并聘请技师，在陕西延长油矿钻成，井深81m多，初期日产原油1～1.5t。第一口油井的投产，结束了中国大陆不产油的历史。

1936—1943年，独山子油矿在与苏联的合作下，共钻井33口，1942年原油年产量最高，达6909t。

1936年，四川油矿勘探处成立，从德国购进旋转钻机，至1949年，共钻井6口，累计产气$2350\times10^8m^3$。

1935—1938年，我国著名的地质学家孙健初三次对我国最大的油矿——甘肃玉门油矿进行实地考察，确定井位。1939年3月27日打出第一口井，日产原油10t左右，至1949年共计钻井48口，生产原油49×10^4t，约占旧中国44年间产油总和的78.4%。

到1949年时，石油年产量只有12×10^4t（含5×10^4t人造石油），天然气年产量$0.17\times10^8m^3$；石油探明储量为2900×10^4t，原油加工能力为17.5×10^4t（未包括台湾省）。

（三）新中国的石油工业

新中国成立后，党和政府高度重视石油工业，使石油工业得以快速发展。

20世纪50年代前期，我国积极恢复玉门及延长油矿，恢复东北人造石油工业，同时以陕、甘地区为重点，开展石油勘探。1955年10月，克拉玛依第一口井——黑油山1井喷油。这是新中国成立后石油勘探上的第一个突破。

50年代后期，石油勘探重点战略东移。1959年9月26日，东北松辽盆地松基3井喷油，揭开了发现大油田的序幕。

1958年9月，兰州炼油厂第一期工程建成。这是中国第一个年加工能力100×10^4t的大型炼油厂。

1960年2月，大庆石油会战开始。1963年，大庆油田全面开发建成，一举扭转了我国石油工业长期落后的面貌。大庆会战后，接着在胜利、大港、四川、江汉、长庆、辽河、华北展开了石油会战。

1962年，兰州化学工业总公司年产5000t炼厂气裂解、分离装置建成投产。这是我国第一次以石油气为原料生产出乙烯。1963—1965年，我国先后攻下了被誉为“五朵金花”的流化催化裂化、铂重整、延迟焦化、尿素脱蜡以及配套所需的催化剂、添加剂等五个炼油技术攻关项目。此外，还研究、设计、建设了加氢裂化等装置。

1963年全国原油产量达到648×10^4t，其中大庆油田生产原油超过400×10^4t。同年12月3日，周恩来总理在第二届全国人民代表大会第四次会议上庄严宣告：我国石油已经基本自给，中国人民依靠“洋油”的时代，即将一去不复返了。1964年初，毛泽东主席向全国发出了“工业学大庆”号召。

1967年海上石油工业开始起步。同年6月14日，在渤海用自制的钢平台打成了第一口油井，喜喷油流。

1976年，大庆油田年产量突破5000×10^4t。1978年全国原油年产量突破1×10^8t大关（达1.04×10^8t），进入世界产油大国行列。

从 1973 年起，我国开始对日本等国出口原油。在近 30 年的时间里，我国累计出口原油 4.61×10^8t，成品油 1.22×10^8t，为国家换取外汇 851.54 亿美元，曾一度占外贸出口额的 30%。

从 1981 年起，全国原油产量逐年增长，到 1985 年达到 1.25×10^8t，列世界第 6 位；2000 年，我国石油产量达 1.62×10^8t，是继产油大国沙特阿拉伯、俄罗斯、美国、伊朗后，连续 13 年名列世界第 5 位；2010 年我国原油产量为 2.03×10^8t，首次突破 2×10^8t；2012 年生产原油 2.07×10^8t（见图 1－2）。天然气产量快速增长：2000 年天然气产量 $277\times10^8m^3$，列世界第 15 位；2010 年天然气消费首度突破千亿立方米，达到 $1060\times10^8m^3$，国内天然气产量达到 $950\times10^8m^3$，创历史新高，2012 年国内天然气产量 $1077\times10^8m^3$（见图 1－3）。进入 21 世纪以来，中国油气管道建设有了较快的发展，中国目前已建成西北、东北、西南、海上四大油气战略通道，三纵四横管道走廊覆盖全国的骨干管道，油气管道总里程已逾 10×10^4km。

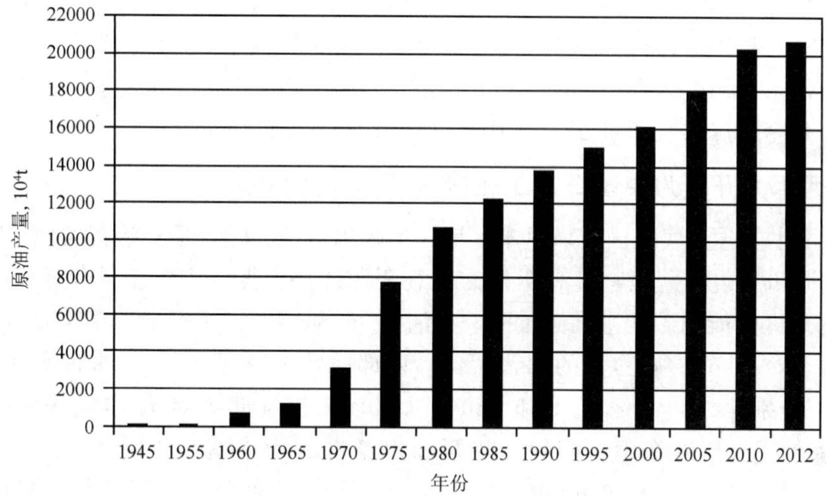

图 1－2　中国石油年产量示意图

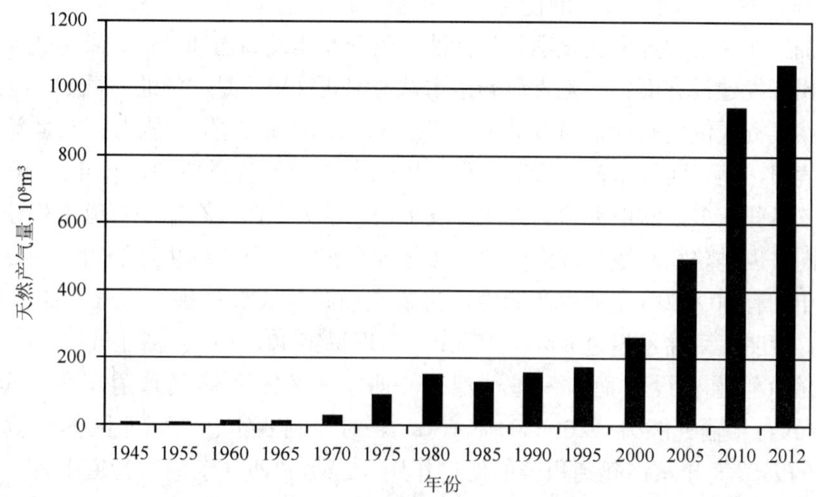

图 1－3　中国天然气年产量示意图

二、前景展望

（一）油气资源量

我国油气资源丰富，陆上和海上可供找油、找气的沉积岩超过 $670\times10^4km^2$（在世界各国沉积岩面积位次中居第 3 位），其中陆上 $520\times10^4km^2$（占全国国土面积 54%），近海大陆架面积 $150\times10^4km^2$，大大小小的沉积盆地有 500 余个。石油资源主要分布在东部地区、环渤海地区和西北地区，天然气资源主要分布在中部地区和西部地区。

2012 年，我国石油勘探获得新突破，石油新增探明地质储量 15.2×10^8t，同比增长 13%，是新中国成立以来第 10 次也是连续第 6 次新增储量超过 10×10^8t 的年份，新增探明技术可采储量 2.7×10^8t，同比增长 7%。2012 年全国石油产量 2.05×10^8t，同比增长 1%，其中大庆油田产量仍稳产在 4000×10^4t，胜利油田 2755.0×10^4t，长庆油田产量达 2261.0×10^4t。

天然气方面，2012 年全国天然气勘查新增探明地质储量 $9612.2\times10^8m^3$，同比增长 33%，居我国历史最高水平。新增探明技术可采储量 $5008.0\times10^8m^3$，同比增长 36%。天然气产量 $1067.6\times10^8m^3$，同比增长 5.4%。鄂尔多斯、塔里木、四川盆地仍是我国天然气主产区。2012 年全国煤层气产量 $25.7\times10^8m^3$，同比增长 24%。

（二）西部大开发为中国石油工业提供新的发展机遇

我国西部主要含油气地区有塔里木盆地、准噶尔盆地、吐鲁番—哈密盆地、鄂尔多斯盆地、四川盆地和柴达木盆地，具有明显的油气资源优势。据《中国统计年鉴（2010）》，在 2009 年西部地区的能源矿产基础储量中，石油为 95584.6×10^4t（占全国的 32.41%），天然气为 $30744.40\times10^8m^3$（占全国的 82.93%）。西部地区 12 省区中，石油储量以新疆、陕西最为突出，分别为 43643×10^4t 和 23047×10^4t，占西部地区石油储量的 49.42% 和 26.10%；天然气储量以新疆、四川、陕西和内蒙古较为丰富，分别为 $7543.69\times10^8m^3$、$6061.6\times10^8m^3$、$5709.24\times10^8m^3$ 和 $5635.41\times10^8m^3$，占西部地区天然气储量的 26.90%、20.61%、20.36%和 20.09%。西部地区石油天然气产量的增长将有利于我国陆上石油产量实现稳中有升，并对全国天然气的使用发挥重要作用。

西部石油工业主要的开发建设项目包括油气田开发建设和输油、输气管道建设两个方面。

在油气田开发建设方面：一是青海柴达木盆地涩北气田，是“涩北—西宁—兰州”输气管道项目的天然气资源供应基地，每年具有 $(25\sim30)\times10^8m^3$ 的生产能力。二是新疆塔里木盆地克拉 2 号气田，是“西气东输”管道工程项目的主要天然气供应源，每年约 $100\times10^8m^3$ 的生产能力。三是鄂尔多斯盆地天然气二期开发工程，其为“西气东输”管道工程建成初期提供天然气源，同时也是陕京复线气源供应地，每年约有 $60\times10^8m^3$ 的生产能力。四是川东地区天然气田，每年约有 $30\times10^8m^3$ 的生产能力，为重庆和湖北武汉提供天然气；2005 年川东北普光气田发现，探明可采储量超过 $2000\times10^8m^3$，实现每年 $40\times10^8m^3$ 商业气量。

在输油输气管道建设方面：一是“涩北—西宁—兰州”输气管道工程，全长 935km，管径为 660mm，年输气能力 $(20\sim30)\times10^8m^3$，对控制西宁、兰州地区的环境污染，促进柴达木盆地的天然气开发将起到积极的促进作用。二是“西气东输”管道工程，这是西部大开发的标志性工程，总长超过 4000km，管径 1016mm，年输气能力 $120\times10^8m^3$，横跨中国东西部 9 个省（区、市）。“西气东输”工程不但可加快西部新疆塔里木盆地的天然气开发步伐，而且将改善东部地区能源结构，减少环境污染。三是鄂尔多斯盆地长庆气田—内蒙古呼和浩特输气管道工程，全长 470km，管径 377mm，最大年输气能力 $12\times10^8m^3$，对调整内蒙古呼和浩特、包头等地区的能源消费结构，改善城市大气环境具有十分重要的意义。四是兰州—成都—重庆成品油管道工程，全长 1207km，设计年输油能力 500×10^4t，对解决四川和重庆两地油品运输难度大、成本高，西北地区成品油过剩的矛盾，以及促进西部地区发展具有重要作用。五是西南成品油管道工程，该管道起自云南昆明，终端为广东茂名，干线工程全长 2085km，设计每年输油能力为 1000×10^4t，将有效解决广西、贵州、云南成品油运输问题，并带动相关石化产业发展。

三、我国油气资源的可持续发展战略

20 世纪 80 年代以来，随着国民经济高速发展，我国能源需求迅速增长。从 1993 年成为石油净进口国以来，我国石油进口量逐步扩大。1999 年原油净进口量已接近 4000×10^4t；2004 年原油进口量突破 1.2×10^8t；2008 年中国石油净进口量首次突破 2×10^8t，达到 2.0067×10^8t。据中国海关总署发布的数据显示，2012 年中国原油进口量约为 2.71×10^8t，石油对外依存度上升至 58%。据中国工程院完成的《中国可持续发展油气资源战略》对中国油气供需态势的基本估计：2020 年中国将消费石油 5×10^8t，年产石油约 1.8×10^8t，供需矛盾突出，我国石油对外依存度将达到 60%。为了解决石油的供需矛盾，保证国民经济的稳定运行，我国石油工业必须实行可持续发展战略。

（一）进一步扩大油气资源基础

我国东部地区老油田还有较大的发掘油气潜力，西部地区油气资源十分丰富，是石油工业发展的重点。

西藏地区有着广泛的沉积地层，是极有希望的含油地区，由于地理、地形复杂，交通条件等种种困难，近期还不具备进行规模化的石油与天然气勘探工作。但随着我国科学技术和社会经济的发展，这块油气“处女地”终究会得到开发和利用。云南、贵州、湖南、湖北的广大山区，多为与四川油气田相似的碳酸盐岩地层，可能蕴藏着大油气田。

深层油气资源是一个不可忽视的增储上产的领域。我国深层勘探还刚刚起步，这方面的资料还不多，预计将成为油气勘探潜力很大的一个后备战场。

（二）不断完善和创新油气田开发技术，提高油气采收率

在长期的石油勘探开发实践中，我国不断研究完善的大型非均质砂岩开发理论与分层开采、控水稳油综合治理和三次采油等技术的应用，使大庆油田在年产 5000×10^4t 的水平上稳产 30 年。根据我国石油工业发展的趋势与需要，目前三次采油技术已逐步形成了以化学采油为主体，以微生物采油和物理采油研究为两翼的综合性提高采收率的方法。这些新技术的研究和应用，必将进一步延长老油田开采时间，提高油气采收率。

（三）加大天然气的勘探开发力度，部分实现以气代油

中国天然气地质资源量 $38\times10^{12}m^3$，可采资源量 $22\times10^{12}m^3$，主要分布在塔里木、四川、鄂尔多斯、东海、柴达木 5 个盆地，占全国地质资源量的 69%，探明程度 22%，处于勘探早期。由于“西气东输”、“海气登陆”、“川气出川”等管道工程的带动，天然气储量、产量将有一个较快的增长。国际能源机构预计，从 2013 年到 2018 年间，中国天然气产量会

以每年8%的速度增长，使中国跃居世界第四大天然气生产国的地位。

"十二五"期间，我国天然气消费量将继续呈快速增长趋势，预计到2015年，我国天然气表观消费量将达到$2600\times10^8m^3$左右，是2010年的2.43倍。根据"十二五"规划，到2015年我国天然气产量达到$1500\times10^8m^3$，较2010年增加60%。到2020年，我国天然气发展规划目标预测产量将达到（1800～2200）$\times10^8m^3$，在能源结构中的比例将由目前的3%上升到8%～12%。

就2013年情况而言，天然气占我国一次能源消费比重与国际水平（23.8%）差距较大。加快发展天然气，不仅可以提高天然气在我国一次能源消费结构中的比重，还可显著减少二氧化碳等温室气体和细颗粒物（PM2.5）等污染物排放，实现节能减排、改善环境。为此，"十二五"期间，我国建设输气管道总长度将达到4.4×10^4km，新增干线管输能力年约$1500\times10^8m^3$；新增储气库工作气量约$220\times10^8m^3$，约占2015年天然气消费总量的9%；城市应急和调峰储气能力达到$15\times10^8m^3$。加强鄂尔多斯盆地、四川盆地、塔里木盆地和南海海域四大气区勘查开发工作，夯实资源基础，到"十二五"末，形成四个年产量$200\times10^8m^3$以上的大型天然气生产区，其中：塔里木和鄂尔多斯气区实现新增探明储量分别为$7500\times10^8m^3$和$7000\times10^8m^3$，产量分别达到$320\times10^8m^3$和$390\times10^8m^3$；西南气区以四川盆地及其周缘为重点，实现新增探明地质储量$10000\times10^8m^3$，产量达到$410\times10^8m^3$。海上天然气生产基地以南海海域为主，实现新增探明储量$4600\times10^8m^3$，产量达到$200\times10^8m^3$。初步形成以"西气东输"、"川气东送"、"陕京线"和沿海主干道为大动脉，连接四大进口战略通道，主要生产区、消费区和储气库的全国主干管网，形成多气源供应，多方式调峰，平稳安全的供气格局。到2015年我国城市和县城居民用气人口数量约达到2.5亿，约占总人口的18%。

（四）加强非常规油气资源的勘探开发

非常规油气资源包括煤层气、页岩气、水溶气及天然气水合物等非常规天然气资源以及稠油油藏、低渗透油藏、致密砂岩气藏等非常规石油资源。其中非常规天然气资源是近20年在国际上崛起的洁净、优质能源，可广泛应用于民用燃气、发电、化工原料、工业燃料、汽车燃料、燃气锅炉等领域。2011年4月15日，在我国郑州召开的"第六届中国液化天然气国际会议"上，专家指出：2030年中国煤层气、页岩气等非常规天然气产能可能接近$600\times10^8m^3$，相当于2006年全国天然气的总产量。

煤层气是指存在于煤层中，以甲烷为主要成分，以吸附在煤基质颗粒表面为主并部分游离于煤孔隙中或溶解于煤层水中的烃类气体。在长期的地下采煤过程中，煤层气一直被视为有害气体——瓦斯。我国煤层气资源相当丰富，陆地和海域的含煤盆地总面积达到$100\times10^4km^2$以上，并且成煤期多，大型隐伏含煤盆地也多，煤系地层厚度大。新一轮全国煤层气资源评价结果表明，我国42个主要含气盆地埋深2000m以内浅煤层气地质资源量$36.8\times10^{12}m^3$，埋深1500m以内浅煤层气可采资源量$10.9\times10^{12}m^3$，是世界上继俄罗斯、加拿大之后的第3大煤层气储藏国，占世界排名前12位国家资源总量的13%。经过30多年勘探，山西柳林、三交、石楼、乡宁、晋城、寿阳，辽宁铁法、阜新，安徽淮南、淮北，陕西韩城等地均获得煤层气工业气流。山西沁水盆地TL-007井日产煤层气$1.6\times10^4m^3$；辽宁铁法盆地DT_3井排采439天，平均日产煤层气$3434m^3$；大宁一口水平井，日产煤层气在$2\times10^4m^3$左右。2010年，煤层气新增探明储量超过$1000\times10^8m^3$，煤层气产量为$2.8\times10^8m^3$；2012年产量达到$25.7\times10^8m^3$；2015年产量将达到$40\times10^8m^3$。

我国页岩气开发仍处于初级阶段。我国首个专门从事页岩气开发的科研机构——国家能源页岩气研发（实验）中心在中国石油勘探开发研究院廊坊分院揭牌。页岩气开发要先开展全国页岩气资源潜力调查与评价，优选一批页岩气远景区和有利目标区，以四川、重庆、贵州、湖南、湖北、云南为重点，建设长宁、威远、昭通、富顺—永川、鄂西渝东、川西—阆中、川东北、延安等19个页岩气勘探开发区，逐步实现页岩气规模化、商业性生产。

天然气水合物是海底300m以下的沉积物及永久冻土带中的冰状气体水合物，是水和天然气在高压和低温条件下混合产生的一种固态物质，外貌极像冰雪或固体酒精，点火即可燃烧，有“可燃冰”“气冰”“固体瓦斯”之称，其成分中80%～99.9%为甲烷。天然气水合物能量密度高，每立方米可释放出164m^3甲烷气，是普通天然气的2～5倍，而且杂质少，是一种清洁、少污染的高效能源。它的形成与海底石油、天然气的形成过程相仿，而且密切相关。天然气水合物被誉为21世纪具有商业开发前景的战略资源。据预测，全球可燃冰的资源量可满足人类未来1000年的需求，其矿床规模大，矿层一般厚数十厘米至百米，分布面积达数千到数十万平方公里，单个海域水合物中天然气的资源量可达数万到数百万亿立方米，规模之大，是其他常规天然气气藏无法比拟的。

（五）加强替代能源和可再生能源的研发力度

国民经济的可持续发展、能源消费的剧增、化石燃料的匮乏至枯竭以及生态环境的日趋恶化，迫使人们不得不思考人类社会的能源问题，不得不研究并开发新的替代能源和可再生能源。

我国具有丰富的新能源和可再生能源。

可替代能源主要有核能。核能是原子核内部构造发生变化而释放的能量。核电作为一种技术成熟的清洁能源，与火电相比，不排放二氧化硫、烟尘、氮氧化物和二氧化碳，然而在安全上具有一定的隐患，核反应堆的泄漏会带来核污染。实践证明，核电是一种安全、可靠、清洁、经济的能源，是最可能被大规模开发的非化石能源之一。氢能有巨大的潜在优越性，以氢为基础的能源系统的出现是可以预见的。与化石能源制氢相比，核能制氢具资源基础大且无大量温室气体排放的优点。

可再生能源是指可以反复再生的能源，具体有水能、太阳能、风能、地热能、海洋能、生物质能等，其主要特征是可供人类永续利用，分布广、品种多，可当地化开发和分散式利用，最为突出的优点是不含碳或含碳少，缺点是能量密度低，开发利用需要较大的空间，且具有波动性、间隙性及不稳定性。我国可再生能源资源种类多、资源量大。2011年8月，国家能源局发布《可再生能源发展“十二五”规划》，提出“到2015年全部可再生能源的年利用量达到4.78×10^8t标准煤，在能源消费中的比重达到9.5%以上”。

为了促进我国非常规能源的技术进步，加速其产业化成长过程，使其在能源系统中发挥比较大的作用，要善于把非常规和常规能源的先进利用方式结合起来，逐步改变我国能源结构，从根本上改善能源进口依存度；要制定适宜的法律和激励政策，以最小的代价，在最短的时间内完成非常规能源的规模化发展过程，使非常规能源成为一种廉价的、在能源供应中可以发挥重要作用的能源，为我国长期的能源可持续发展做好技术、工业装备能力和产业上的准备。

（六）参与国外油气开发

自从20世纪90年代初中国的石油公司开始走出国门至今，中国的几大石油公司已在世界20多个国家和地区拥有油气业务，国际化经营已初具规模。中国的石油公司走向海外曾经出现两大机遇。其一，20世纪90年代初苏联解体，所属各国实行私有化，与此同时，南美许多国家也实行私有化，有较多机会可以从上述国家获得油气田和勘探区块；其二，1998—1999年东南亚爆发金融危机，油价暴跌至10美元/桶，中国石油公司在这一时期获得了一些项目。

进入21世纪，上述国家的私有化高潮已经过去。中东产油国有的不对外开放上游领域，有的合同条款愈加苛刻，有的政局不稳定。世界上近20多年来没有发现新的大含油气区。国际上大部分有利区块已被国际大石油公司占有，有些实力较强的国家石油公司则以自主开发为主，但掌握国家石油公司手中的区块，特别是陆上区块日益减少。近些年来的高油价使得油田项目转让的机会少、代价高，竞争十分激烈。但是，世界仍存在较大的油气勘探开发潜力，例如老油田滚动勘探和提高采收率的潜力，处于起步阶段的非常规石油资源，如重油、油砂的利用等。也就是说，仍存在许多利用国外油气资源的机会。

面对国际形势已经发生和正在发生的深刻变化，中国的石油公司把握当今国际环境的新特点，采取有效的策略和措施，加强国际化经营，已初步形成中亚—俄罗斯、非洲、中东、美洲、亚太等5个海外油气合作区，为海外作业当量达到2×10^8t目标提供了基础和保障。

（七）建立油气储备，确保国家经济安全

石油作为主要能源，关系到各国经济发展和经济安全，被视为重要的战略物资，越来越与国际政治经济形势的变化交织在一起，因此，建立我国的战略石油储备势在必行。一是资源和产能的储备；二是技术储备；三是石油进口渠道要多元化，建立双边、多边、地区性或国际性石油能源合作体制，以保证石油开发和供给的稳定与安全。

2001年，全国人大在第十个五年计划中提出建立战略石油储备项目。2003年，我国成立了国家石油战略办公室，正式启动国家石油储备基地计划，决定用15年时间分三期完成石油储备基地的硬件设施建设，三期工程全部投用后将使中国战略总库存提升至5×10^8bbl（约合6821×10^4t）。

2004年和2005年，确定第一建设阶段的4个（镇海、舟山、黄岛、大连）国家战略石油储备基地。2006年中期，浙江舟山储备基地开始注油。2007年12月，国家发展改革委员会成立了正局级的、专门负责石油储备的国家石油储备中心。2008年年末，阶段1的四个基地均注油成功。2009年年初，阶段2开始实施，包括辽宁锦州、山东青岛、江苏金坛、浙江舟山、广东惠州、新疆独山子、甘肃兰州。2011年10月，独山子项目完工，同年11月，兰州项目完工。阶段3尚在规划中，计划在2020年前完工。

没有能源就没有生命和人类，更没有今天的社会文明和进步。在人类利用能源的征途中，能源危机似乎使人们“山重水复疑无路”，但坚持油气资源的可持续发展战略，人类社会的发展必将“柳暗花明又一村”，社会的文明和历史将不断前进。

第二节　世界石油工业

一、世界石油储量、产量和消费量

（一）世界石油储量及分布

2013年《BP世界能源统计年鉴》最新数据显示，2012年末世界剩余的已探明石油储量

为 16689×10^8 bbl，按 2012 年世界石油开采量，可供开采 52.9 年。

从表 1-1 可以看出，世界石油资源的分布极不均匀，主要集中在中东、北美及中南美，这些地区的合计储量占世界储量的 81.3%；而亚太地区与非洲最缺石油，分别占 2.5%和 7.8%。世界上前 10 大储油国依次为：委内瑞拉、沙特阿拉伯、加拿大、伊朗、伊拉克、科威特、阿联酋、俄罗斯、利比亚、尼日利亚，占世界石油储量的 84.85%。前五大储油国都在中东地区，占世界储量的 53.5%，其中委内瑞拉的储量世界第一，占 17.8%。

表 1-1　世界石油探明储量及地区分布　　单位：10^8 bbl

产量 年份 地区	1992 年	2002 年	2011 年	2012 年	储采比，%
北美	1221	2883	2210	2202	38.7
中南美	788	1003	3269	3284	122
欧洲及欧亚大陆	783	1093	1403	1408	22.4
中东	6616	7413	7979	8077	78.1
非洲	611	1016	1266	1303	37.7
亚太地区	375	406	414	415	13.6
世界总计	10393	13215	16541	16689	52.9

（二）石油产量

近 10 年世界石油产量总体上不断增长，从 2002 年日产 7494.8×10^4 bbl 到 2012 年的 8615.2×10^4 bbl，平均每年增长 1.3%，其中 2007 年与 2009 年略有下降，2009 年以后又呈上升趋势，2012 年石油产量增速迅猛，同比增长了 2.2%。

从地区分布看，世界主要产油地区集中在中东、欧洲及欧亚大陆和北美，2012 年合计日产量为 6103.8×10^4 bbl，占世界日产量的 70.85%。产量增长较快的依次是北美与非洲，分别为 8.9%和 7.7%。中东地区 2012 年的产量为 2827×10^4 bbl，比上年略增 0.9%。亚太地区 2012 年产量为 831.3×10^4 bbl，比上年略增 0.7%。2012 年呈负增长的地区是中南美和欧洲及欧亚大陆，产量分别下降了 1.2%和 1.4%。

从国家看，2012 年 10 大产油国依次是：沙特阿拉伯、俄罗斯、美国、中国、加拿大、伊朗、阿联酋、科威特、伊拉克、墨西哥，总日产量 5518.7×10^4 bbl，占世界日产量的 64.1%。其中沙特阿拉伯日产量为 1153×10^4 bbl，占世界日产量的 13.3%；俄罗斯日产量为 1064.3×10^4 bbl，占 12.8%；美国日产量为 890.5×10^4 bbl，占 9.6%。

（三）石油消费量

2002 年至 2007 年，世界石油消费量呈明显的上升趋势。2008 年与 2009 年，受金融危机的影响，世界石油消费量有所下降，随后又呈上升趋势。2012 年世界石油消费量为 8977.4×10^4 bbl，同比增长 0.9%；日消费量超过 2000×10^4 bbl 的地区是亚太地区与北美，分别达 2978.1×10^4 bbl 和 2304×10^4 bbl。同 2011 年相比，北美地区石油日消费量降低了 1.8%。

从国家看，2012 年世界 10 大石油消费国依次为：美国、中国、日本、印度、俄罗斯、沙特阿拉伯、巴西、韩国、加拿大、德国，总共日消费石油 5328.4×10^4 bbl，占世界日消费量的 59.3%。其中，美国日消费量 1855.5×10^4 bbl，占 19.8%，同比降低 2.3%；中国日

消费量突破 1000×10^4bbl，达 1022.1×10^4bbl，占 11.7%，同比增长 5.0%；日本日消费 471.4×10^4bbl，占 5.3%，同比增长 6.3%。

二、石油对世界经济和国际社会安全的影响

石油对世界经济和国际社会安全的影响，主要源自石油这一重要能源所具有的三个天然属性。一是高度依赖性。石油是国民经济不可或缺、无法替代的重要能源和化工原料，国民经济对石油具有很强的依赖性。石油占美国整个能源需求的 37%，占整个运输部门能源需求的 73%。中国运输部门消费中，石油和天然气占 69%。二是稀缺性。石油是一种不可再生的能源，由于技术发展的限制，石油储量探明有限，伴随经济增长，石油消耗增大，世界石油的地质蕴藏总量不断减少，供需矛盾日益突出。三是分布的不均衡性。石油资源分布的不均衡导致石油供需矛盾更为尖锐，现在，产油的国家和地区已有 150 多个，发现的油气田已有四万多个，但世界石油资源主要分布在中东、北美、中南美、西欧、非洲、东南亚和中国。其中，中东和北非是石油储量最多的地区，占探明储量的 68%和待探明储量的 30%。世界上最大的油田是沙特阿拉伯的加沃尔油田，可采石油储量达 104×10^8t。中东的沙特阿拉伯、伊朗、科威特、伊拉克和阿联酋是世界最大的石油产地和输出地区，而这些地区大多政治、民族和宗教矛盾错综复杂。

石油的这些重要属性，使石油成为保障国家经济安全和政治安全的重要战略物资。1973 年 10 月 6 日，爆发了第四次中东战争，以色列在战争爆发几天后取得了优势，从地面、空中和海上向埃及和叙利亚发起进攻。石油输出国组织（OPEC，欧佩克）立即做出反应，大幅度提高油价，纠正长期以来被人为压低的油价。1974 年 1 月 1 日将石油标价从每桶 3 美元提高到 11.65 美元，标志着“廉价石油时代”结束（西方称“第一次石油危机”）。中东石油是对世界经济影响最为敏感的神经，石油提价使世界资本主义经济大发展开始消退，接着经历了 1974 年至 1975 年二次世界大战后的最严重的世界性经济危机，导致美国、日本、英国的 GDP（国内生产总值）平均负增长率为 1.23%。1979 年初，由于伊朗政局的变化，石油出口停止。1980 年，两伊战争爆发，导致石油供应量突然减少，油价从 1978 年底的平均每桶 12.86 美元暴涨到现货市场的每桶 40～41 美元（西方称“第二次石油危机”）。1980 年至 1982 年的经济危机，使美国、英国的 GDP 负增长率分别为 0.2%和 2.4%。两次“石油危机”使美国经济损失达 4 万亿美元。

1980 年后，世界经济不景气，石油进口国开展节油运动，提高能源利用率，发展替代能源，减少石油消费；另一方面，中东以外地区大力发展石油工业，造成石油供过于求，油价疲软，一度降至每桶 10 美元以下。经石油输出国组织多方努力，1987 年油价又逐步回升到每桶 16～18 美元的水平。

1990 年 8 月 2 日，伊拉克入侵科威特，海湾危机爆发后，石油价格大起大落。1990 年 8 月 1 日，中东原油价格每桶为 18.10 美元；10 月 9 日，每桶油价上涨到 35.40 美元；10 月 11 日，国际油价飙升到了每桶 41.07 美元的历史高位；1991 年 1 月 17 日，海湾战争爆发，每桶油价又下降到 14.90 美元，低于海湾危机前的水平。以美国为首的多国部队连续轰炸伊拉克及其在科威特的军事目标，直至伊拉克宣布无条件投降，至此海湾战争结束。这是自二次世界大战以来最大的一次局部战争，主要目的就是争夺海湾地区的石油控制权。正如美国前总统尼克松所说：“美国进行海湾战争，既不是为了民主，也不是为了自由，而是为了石油。”

到 1994 年，世界石油市场供大于求的形势仍未扭转，油价仍在每桶 16～18 美元左右徘徊。2002 年，国际油价每桶仅 20 美元。

根据国际能源署（IEA）报告，2004 年、2005 年、2006 年世界每天对原油的需求分别为 8220×10^4 bbl、8330×10^4 bbl 和 8470×10^4 bbl。2006 年比 2005 年每天需求增加 140×10^4 bbl，即使所有石油供应国都开足马力全力生产，全球石油供应仍然有 1500×10^4 bbl 左右的缺口。由于原油需求快速增长，同时受美国“新经济”泡沫和传统资本市场泡沫相继破裂、房地产市场泡沫濒临崩溃，国际资本的运作主要集中在能源领域，以及主要产油国政治局势不稳定（如伊朗核问题）的影响，2005 年 8 月 30 日，国际油价每桶高达 69.81 美元，9 月 2 日达到 67.72 美元。2006 年 7 月 14 日，国际原油价格突破每桶 75 美元（达到 76.8 美元），创造历史新高。和发达国家相比，这次油价上涨将使更多依赖进口石油的发展中国家的生产成本上升，通货膨胀压力增大，经济增长速度放缓。

2007 年欧洲各国的原油库存普遍下滑，国际石油供应的紧张局势没有缓解的趋势，原油价格突破 90 美元的历史高位，达每桶 91.86 美元。2008 年下半年，受金融危机爆发和逐步蔓延的影响，全球经济急剧下滑，石油需求严重萎缩，国际石油价格自 2008 年 7 月中旬达到历史高点（每桶 147.27 美元）后持续快速回落，并一直延续到 2009 年初。2009 年全年，尽管全球石油需求始终呈负增长，但随着欧佩克成员国严格执行减产协议，效果逐步显现，市场信心开始回暖，加之美元贬值和国际投机资本重仓介入，国际石油价格从 2 月初的每桶 34 美元上升至超过 80 美元，并维持在 70～80 美元区间震荡。

2010 年年初，库存过剩和需求疲弱的供需基本面使得油价短暂跌破每桶 70 美元；年末，欧美寒冷天气和乐观的经济数据将布伦特油价推至金融危机以来的最高水平达每桶 94.75 美元。2011 年，WTI 油价（西得克萨斯轻质原油价格）总体先升后降，在利比亚动乱导致石油供应中断，以及欧债危机恶化等一系列利空经济事件和日本地震后续影响的作用下，国际油价震荡下滑，WTI 油价由年内最高点的每桶 113.7 美元降至 75.3 美元，降幅为 33.4%。

2012 年国际油价总体经历了前高后低、大起大落的态势。受伊朗和叙利亚局势动荡的影响，国际石油价格呈现大幅上扬态势，欧佩克原油参考价格在 3 月份曾超过每桶 124 美元，伦敦布伦特和纽约西得克萨斯轻质原油期货价格也出现了新高。

复习思考题

1. 何谓石油工业，其特点是什么？它包括哪些生产流程？

2. 我国油气资源主要分布在哪些地区？

3. 我国西部石油工业开发建设取得哪些进展？

4. 我国油气资源可持续利用战略包含哪些内容？

5. 什么是非常规油气资源、替代能源和可再生能源？从我国实际出发，你认为哪种能源最有发展前景？

6. 简述我国四大油气通道。

7. 简述世界石油分布主要区域。

8. 在世界 10 大储油国、10 大产油国、10 大石油消费国中，我国排名各第几？

9. 石油具有哪些属性？它对世界经济和国际社会安全有何影响？

第二章 石油和天然气的生成与聚集

石油和天然气是从地下开采出来的，但它们是如何生成和聚集的呢？要了解这个问题，我们必须了解地下岩石的组成和特征，了解生成油气的物质及油气形成模式，了解油气藏形成的各种要素。

第一节 组成地壳的主要物质

一、地球

地球是太阳系中的一个成员，是一个赤道半径较长、两极半径较短，北极略微突出、南极略微扁平的旋转椭球体。

据地震波的传播特征，可将地球内部分为三大圈层构造，从地表到地心依次为地壳、地幔、地核，见图 2-1。地壳处于地球的最外部，主要是由岩石组成的固体圈层。石油和天然气就存在于地壳岩石的孔隙和裂缝之中。

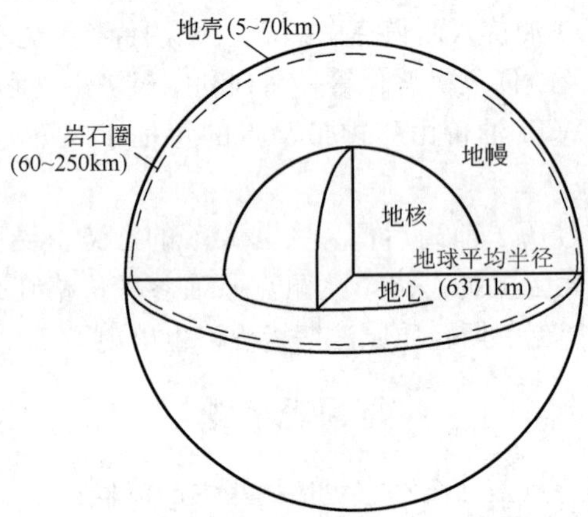

图 2-1 地球的圈层构造

二、矿物

地壳的岩石是由矿物所组成。矿物是由一种或几种化学元素组成的天然产物，在日常生活中经常见到，例如，石盐、煤、石膏、金、石英、长石、云母、石油、天然气等都是矿物。矿物是一定地质条件作用的产物，如石盐是在高温炎热的环境下形成的，金刚石是在高温高压条件下形成的。

矿物都具有一定的化学组成和内部结构，如石盐是由 Na^+ 和 Cl^- 组成，其内部结构是 Na^+ 和 Cl^- 相间排列而形成的立方体。

矿物具有一定的物理性质和化学性质。矿物的物理性质主要有矿物的形状、颜色、条痕、透明度、光泽、解理、断口、硬度、密度、放射性和磁性等。矿物的化学性质主要有遇酸反应能力、染色性等。矿物的物理性质和化学性质主要取决于它的化学组成和内部结构。如石盐是白色立方体，具有玻璃光泽，并有咸味；煤是黑色的且可燃烧；石墨和金刚石虽都是由C原子所组成，但由于内部结构不同，石墨是层状结构，金刚石是四面体结构，二者的硬度相差极大；方解石和白云石同属碳酸盐岩，前者遇冷稀盐酸剧烈反应，而后者反应微弱。矿物的物理和化学性质是鉴定矿物的重要依据。

目前，世界上已经发现了三千多种矿物，但常见的造岩矿物只有二三十种，如石英、长石、云母、辉石、角闪石、橄榄石、黄铁矿、赤铁矿、褐铁矿、方解石、白云石以及各种黏土矿物（高岭石、蒙脱石、伊利石等）等等，它们的不同组合便形成了各种各样的岩石。

三、岩石

岩石是由矿物组成的集合体，据其成因可将地壳岩石分为三大类，即岩浆岩、变质岩和沉积岩。

（一）岩浆岩

岩浆岩是由地下深处（地幔软流圈中）处于高温高压状态下、富含挥发性组分的硅酸盐熔浆（称为岩浆），沿着地壳的破碎带向上侵入到上覆地层（称为侵入活动）或喷出到地表（称为喷出活动或火山活动），并冷却凝固形成的岩石。侵入活动形成的岩石称为侵入岩，如花岗岩；喷出活动或火山活动形成的岩石称为喷出岩或火山岩，如玄武岩。由于岩浆岩是在高温、高压状态下形成的，不含有机质，且岩性致密，因此它们不可能生成油气。然而由于后期受地壳构造运动的影响使岩石产生裂缝，它们可以储藏油气。勘探实践表明，在岩浆岩中发现的油气藏极少，由于形成条件、内部组成和结构的不同，与油气的关系也极不相同。

（二）变质岩

变质岩是由变质作用形成的。变质作用是早先形成的岩浆岩、变质岩、沉积岩在地下深处由于高温、高压、岩浆热液或地壳构造运动的作用，使岩石的内部矿物成分、结构、构造发生了变化，而生成了新岩石的作用。由沉积岩经变质作用形成的变质岩称为副变质岩；由岩浆岩经变质作用形成的变质岩称为正变质岩。大理岩、花岗片麻岩、各种片岩都是变质岩。变质岩和岩浆岩形成条件相近，因此与油气关系也不大。

（三）沉积岩

沉积岩是在地表条件下，由于温度变化，以及风、水、生物、冰川等自然力（地质营力）对母岩（指早先形成的各种岩浆岩、变质岩或沉积岩）风化剥蚀，其产物经过搬运作用、沉积作用和成岩作用而形成的岩石。

与岩浆岩、变质岩相比较，沉积岩形成的地质作用有如下特点：常温常压形成；有生物的参与，可具有生物化石或生物遗体转化成的石油、天然气、煤、油页岩等；有丰富的水、二氧化碳、氧气参与作用。

沉积岩主要分布于地表，其深度一般很少超过8～10km，下伏岩石均为古老的岩浆岩或变质岩组成的结晶基底。

沉积岩中有着丰富的矿产资源：可燃有机矿物（石油、天然气、页岩油和煤）和化肥、化工生产原料（磷、钾、盐类）几乎都形成于沉积岩中；大量的耐火材料、建筑材料、玻璃与陶瓷、化纤原料都取自沉积岩；大部分铁、锰等黑色金属矿物和一部分有色金属（铝、锌及稀有金属元素）也都产自沉积岩中。

1. 沉积岩的形成

沉积岩的形成经历了母岩的风化作用、剥蚀作用、搬运和沉积作用、成岩和后生作用。

1）风化作用

风化作用是指组成地壳的岩石在常温、常压条件下，由于气温变化、气体、水溶液和生物活动等因素的作用，促使岩石在原地遭受破坏作用的过程。

气温的昼夜和四季变化，使岩石的表面和内部交替膨胀与收缩；岩石的孔隙裂缝中的水结冰，体积膨胀，产生巨大的压力；岩石孔隙中含潮解性盐类的吸水和结晶等都可以使出露地表的岩石内部产生裂隙而剥离，发生机械崩解，但并不改变岩石的矿物成分，这种作用称为物理风化作用。

水、游离氧及二氧化碳是化学风化作用的重要因素。水可以溶解岩石中可溶性的矿物（如碱金属、碱土金属盐类矿物），可以发生水合作用（如硬石膏变为石膏），也可以发生水解作用（长石水解成为高岭土）。空气和水中的游离氧可以与岩石中含有变价元素（如 Fe、Mn）的矿物（如 FeS_2）发生氧化还原反应，形成高价金属氧化物（如赤铁矿、褐铁矿）。二氧化碳溶于水形成碳酸，与碳酸盐岩（如石灰岩）作用形成碳酸氢钙。

风化作用的产物有三种：碎屑物质、溶解物质和残余物质，它们一部分被介质转移到别处，一部分残留在原地，形成风化残积物。这种风化残积物覆盖于地表构成一层不连续的薄壳，称之为风化壳。形成于第四纪以前的风化壳称之为“古风化壳”。研究古风化壳有着重要的地质意义：

第一，古风化壳代表一个长期的沉积间断，是当时地壳上升经受过强烈风化作用的标志，是地层不整合接触的证据之一。

第二，研究风化作用可以恢复古地理环境及古气候。

第三，风化作用可以形成重要的沉积矿产，如铁矿、铝土矿、黏土矿物等。

第四，古风化壳上岩层疏松多孔，可以储集油气，形成地层不整合油气藏。

2）剥蚀作用

剥蚀作用是指各种地质营力（水、风、冰川等）把岩石的风化产物搬开，同时还破坏岩石并改造原有地形的作用。

流水（包括河流水、湖浪、海浪、潮汐、地下水）对地表岩石可以产生溶蚀、磨蚀作用；风对地表岩石产生吹蚀和磨蚀作用；冰川是固体运动，对岩石产生刨蚀和磨蚀作用。它们使地表形成了千姿百态的地形地貌，如弯曲的河流、陡峭的海崖、百孔千疮的海岸、形态逼真的石蘑菇、宏伟壮观的瀑布、广袤无垠的沙漠，还有婀娜多姿的喀斯特地貌，等等。

3）搬运和沉积作用

母岩风化剥蚀的产物，除少部分残留在原地外，大部分物质在水、风、冰川等外力的作用下被搬运到合适的地方沉积下来。不同的物质其搬运和沉积作用的方式及在搬运和沉积过程中所遵循的物理、化学规律也不同。

碎屑物质包括砾（粒度大于 1mm）、砂（粒度 0.1～1mm）、粉砂（粒度 0.1～

0.01mm)、黏土（粒度小于0.01mm)，都是机械方式搬运。被搬运的物质，在一定条件下，当搬运介质的动力不足以克服碎屑的重力时便沉积下来。随着搬运距离的增加，碎屑颗粒会因其自身的特性不同而按一定的顺序有规律地沉积下来：颗粒粗、密度大、球形的颗粒先沉积，而颗粒细、密度小、片状和鳞片状的颗粒后沉积；近物源区沉积的碎屑圆度好、分选性（指颗粒的均匀程度）差，不稳定矿物含量高，而远离物源区沉积的碎屑圆度好、分选性也好，稳定性矿物含量相对高些。这种作用称为“机械沉积分异作用”。这是导致沉积岩多种类型的原因之一。

溶解物质可分为两大类，一类是Cl、S、K、Na、Ca、Mg等元素的化合物，其溶解度大，在水中以真溶液状态进行搬运；另一类是Si、Al、Fe、Mn等元素的氧化物或氢氧化物，在水中溶解度小，常呈胶体状态进行搬运。在搬运和沉积的过程中，由于化学元素的活泼性或溶解性的不同，按一定的先后顺序沉积下来（其沉积顺序为：氧化物→磷酸盐→硅酸盐→碳酸盐→硫酸盐→卤化物)，从而形成重要的沉积矿物和化学岩。这种过程称为“化学沉积分异作用”。

生物的搬运和沉积作用有机械的和化学的方式。人类改造大自然对地表岩石进行的破坏以及搬运和沉积属于机械方式。海洋中生物吸取海水中的Ca、Si、P或CO_2来维持生命及制造骨骼或外壳，它们死亡后其遗体堆积，软体部分分解析出CO_2、H_2O、P_2O_5等，可与其他元素化合形成硅藻土、软泥等生物化学沉积，是化学的方式。在潮湿气候区的湖泊和沼泽中，有大量生物遗体堆积，在合适的条件下，植物形成泥炭（最低级的煤)，动物遗体形成腐泥，并向石油和天然气转化。油页岩也是腐泥形成的产物。

4）成岩和后生作用

沉积作用形成的松散沉积物随着埋藏深度增加，压力和温度不断升高，形成坚硬岩石的过程称为成岩作用。沉积岩形成以后到它下降到地壳深处遭受变质作用或上升到地表遭受风化作用以前所发生的一切变化称为后生作用。

在沉积物（或沉积岩）发生成岩作用和后生作用期间，主要的变化有：

压实作用——沉积物在上覆沉积重荷作用下，水分不断排出，孔隙度不断降低，体积不断缩小而成为固结的岩石。这种作用主要对细粒的黏土物质成岩起作用。

胶结作用——充填于碎屑颗粒孔隙之间的化学物质在成岩作用和后生作用期间发生沉淀而将其黏结起来，形成岩石的作用。这些化学沉淀物称为胶结物。胶结物成分多样，有硅质（如自生石英、蛋白石、燧石等)、铁质（如菱铁矿、黄铁矿、赤铁矿和褐铁矿)、钙质（方解石)、白云质（白云石)、石膏质等。胶结作用主要对碎屑岩、生物碎屑岩成岩起作用。

重结晶作用——重结晶作用是指沉积下来的矿物质在温度、压力的影响下所进行的结晶作用。如非晶质（胶状）蛋白石脱水后变为隐晶质的玉髓，玉髓重结晶变为晶质石英。因此，重结晶作用是使沉积矿物由非晶质向隐晶质、晶质体变化，颗粒由小变大的过程。重结晶作用是化学岩或生物化学岩成岩的主要作用方式。

交代作用——矿物中一种离子被另一种离子所替代而形成新矿物的作用。如碳酸盐在成岩作用阶段，沉积物内的方解石（碳酸钙）中的钙离子被水溶液里的镁离子所替代而形成新生白云石（碳酸钙镁)，这种作用称为白云岩化作用。后生作用阶段也可发生白云岩化作用。

总之，成岩作用和后生作用使岩石的物性（孔隙性和渗透性）发生变化，从而影响了地下油气运移和聚集。如胶结作用可使岩石物性变差；压实作用使岩石致密，又可使岩石中的新生油气随孔隙水运移到储集层。

2. 沉积岩的特征

沉积岩的特征是鉴别沉积岩、确定沉积岩形成环境和水动力条件以及进行地层划分和对比的重要标志。沉积岩的特征主要包括沉积岩的颜色、构造。

沉积岩的颜色取决于沉积岩的颗粒和胶结物的成分、物源和沉积环境。暗色矿物含量多的颜色深；铁质矿物含量多的颜色呈红色或红褐色；钙质、硅质、石膏质胶结的沉积岩呈白色或灰色。黏土岩的颜色反映其形成环境，黑色、深灰色的黏土岩中有机质含量高，是还原环境形成的；而红色、紫红色的黏土岩中有机质含量少，三价铁离子含量高，是氧化环境中形成的；灰、灰绿色是弱氧化—弱还原条件下形成的。

沉积岩的构造是指沉积岩各组成部分的空间分布和排列方式，主要包括层理、层面构造。层理是沉积岩的岩石性质（如粒度、成分、颜色等）沿垂向变化的一种层状构造。它是由细层（纹层）、层系、层系组所组成，常见的层理类型有水平层理、波状层理、交错（或斜）层理、递变层理、透镜状层理、韵律层理（见表 2-1），它们形成于不同的水动力条件下和不同的沉积环境中。

表 2-1 层理基本类型

层理类型		序号	层理类型	层系	层组
水平层理		1			
波状层理		2			
交错层理	板状	3			
	楔状	4			
	槽状	5			
递变层理		6			
透镜状层理		7			
韵律层理		8			

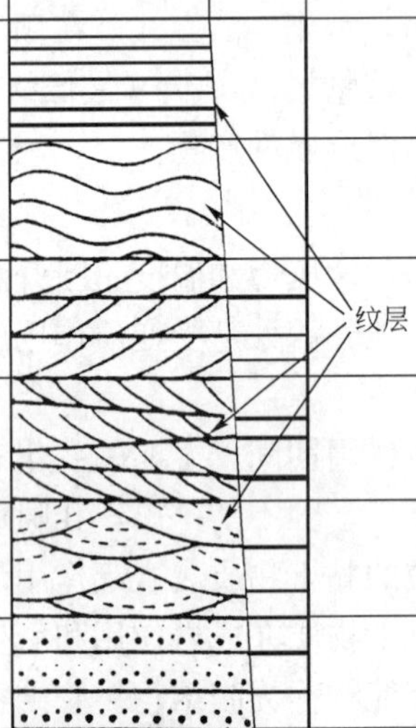

沉积岩的层面构造有波痕、泥裂、冲刷痕迹、晶体印痕、虫迹，它们都是浅水沉积标志。泥裂和晶体印痕还代表了干旱气候。

3. 沉积岩的类型

沉积岩有许多类型，包括碎屑岩、黏土岩、碳酸盐岩、蒸发岩、生物沉积岩（油页岩和煤）等，这里只介绍与油气关系重大的碎屑岩、黏土岩和碳酸盐岩。

1) 碎屑岩

碎屑岩是指由母岩风化作用产生的碎屑物质（含量大于 50%）所组成的岩石。因碎屑岩具有孔隙性和渗透性，常常作为油气储集岩。

(1) 碎屑岩的组成。

碎屑岩是由碎屑物质、充填于碎屑颗粒孔隙间的细小机械沉积物（简称“杂基”、“基质”）和化学沉淀物（胶结物）所组成的岩石。

碎屑物质包括岩石碎屑和矿物碎屑两种。岩石碎屑是由母岩（岩浆岩、变质岩和古老的沉积岩）机械破碎而成的多矿物成分组成的岩石碎块（碎屑），其成分直接反映了母岩的性质，是确定沉积物源的直接标志，多存在于颗粒较粗的砾岩、砂岩中，粉砂岩中极少。矿物碎屑是母岩风化后形成的单组分矿物碎屑；种类不多，主要是石英和长石，其次是白云母和黏土矿物，还有少量（小于 1%）的重矿物；主要存在于砂岩和粉砂岩中。

杂基是充填在碎屑颗粒孔隙中的细小机械沉积物；它们与颗粒同时沉积，多为粉砂和黏土；杂基越多，反映岩石形成时的水动力条件越弱，搬运距离越短。

化学沉淀物（胶结物）是在碎屑物质沉积后，由碎屑物质孔隙间的化学物质沉淀形成，主要有硅质、铁质和钙质，其含量小于50%。根据碎屑岩胶结物含量的多少、分布状况及胶结物与碎屑颗粒之间的接触关系，可把碎屑岩分为四种胶结类型：基底胶结、孔隙胶结、接触胶结、镶嵌胶结。在这四种胶结类型中，接触式胶结的碎屑岩孔隙最多，储油物性最好，孔隙式次之，基底式和镶嵌式最差。

（2）碎屑岩的类型。

根据碎屑粒径大小（简称“粒度”）可将碎屑岩分为砾岩、砂岩和粉砂岩。

砾岩主要是由粒度大于1mm的碎屑（砾石）所组成的岩石。砾石以岩屑为主；杂基为细砂、粉砂和黏土物质，与砾石同时沉积形成；胶结物常为硅质、钙质、铁质。由圆状、次圆状的砾石所组成的岩石也称为“砾岩”，砾石呈棱角、次棱角状的砾岩称为角砾岩。砾岩具有一定的孔隙，可以储存油气。我国克拉玛依油田就是砾岩油气藏。

砂岩是由砂级（粒度0.1～1mm）的碎屑所组成的岩石。砂级颗粒含量大于50%，以石英为主，其次是长石和岩屑，含有少量的白云母和绿泥石，重矿物含量一般小于1%。胶结物以硅质、黏土质为主。砂岩常具有斜层理、交错层理。砂岩除按粒度分为粗、中、细砂岩外，还可按碎屑成分分为石英砂岩、长石砂岩和岩屑砂岩类。砂岩是良好的油气储集层，据统计，在世界上已发现的油气田中，有一半以上是砂岩储集层，我国也如此。一般来说，中、细砂岩较粗砂岩的储集物性好，石英砂岩较长石、岩屑砂岩的物性好，有利于油气储存和渗滤，是良好的油气储集岩。

粉砂岩是指主要由粒度为0.01～0.1mm的碎屑（大于50%）所组成的岩石。碎屑物质成分单一，主要为石英，长石较少，岩屑极少，白云母较多，重矿物在2%～3%。胶结物多为钙质，铁质和硅质较少。具有薄的水平层理、波状层理。常形成于海湖水体较深的底部和河漫滩、三角洲、湖、沼泽等水动力条件较稳定的、由砂岩向黏土岩过渡的地带。粗粉砂岩（粒度在0.05～0.1mm）储集物性较砂岩差，但可以储集油气。

2）黏土岩

黏土岩是指主要由粒度小于0.01mm的颗粒组成、且以黏土矿物为主（大于50%）的岩石。黏土岩主要由四类物质组成：

（1）黏土矿物：是黏土岩的主要组成物质，主要有高岭石、蒙脱石、伊利石、绿泥石等，由硅氧四面体和铝氧八面体在垂向上组合而成的层状铝硅酸盐矿物。

（2）碎屑物质：主要是由陆地搬运而来的石英、长石、白云母等。

（3）化学成因矿物：有赤铁矿、软锰矿、各种铝土矿、蛋白石、方解石、白云石、菱铁矿、石膏、硬石膏、重晶石、黄铁矿、石盐等。这些矿物可用来判断沉积环境（氧化还原条件、含盐度）和成岩、后生变化。

（4）有机物质：主要有煤、腐泥质、沥青质、生物遗体（化石）等。

黏土岩主要是根据其构造特征进行分类，如黏土岩页理（厚度小于1cm的层理）发育，称为页岩；页理不发育的黏土岩称为泥岩。颜色较深的泥（页）岩有机质丰富，在一定条件下可以生油；泥（页）岩致密，也可作为盖层。

3）碳酸盐岩

碳酸盐岩是指主要由沉积碳酸盐矿物（主要为方解石和白云石）所组成的岩石。岩石中方解石含量大于50%，称为石灰岩；岩石中白云石含量大于50%，称为白云岩。石灰岩遇冷稀盐酸（5%HCl）剧烈反应，并放出CO_2气体；白云岩遇冷稀盐酸不反应或反应微弱，但粉末遇冷稀盐酸起反应。这是鉴别碳酸盐岩并区分石灰岩和白云岩的重要方法之一。

白云岩的成因是沉积学家长期以来争论的问题。一种观点认为，白云岩是直接从水体中以化学沉淀的方式直接形成，这种白云岩称为“原生白云岩”。另一种观点认为，白云岩是非化学沉淀作用形成，是由碳酸盐沉淀物与海水或孔隙水中的镁离子发生交代作用（这种作用称为“白云岩化作用”）形成，或者是碳酸盐岩与裂缝、孔隙水中的镁离子发生交代作用形成，前者称为“成岩白云岩”，后者称为“后生白云岩”。

碳酸盐岩在我国分布范围很广。碳酸盐岩是重要的生油岩和储集岩。粗粒石灰岩孔隙度高、渗透性好，是良好的油气储集岩；颗粒较细、有机质丰富的泥晶灰岩及礁灰岩是良好的生油岩。我国华北、辽河、胜利油田的古潜山油气田、四川气田都是碳酸盐岩。

第二节　地层及形变

地层是一段地质时期内形成的沉积岩层的统称。地层的含有物及特征是地质历史的记录，它具有时间性和空间性。地层的时间性是指某一地层是在一定的地质时期内形成；地层的空间性是指地层特征的纵、横向变化都表明其形成时的古地理条件的变迁。

地层形成之后，在地球的内动力地质作用（主要是地壳运动）下，会形成各种形变（如褶皱和断裂），称之为地质构造。石油和天然气在地层中形成，在地层中运移，又保存于一定的地层地质构造之中，形成油气藏。因此，研究油气的生成与聚集，必须研究地层及其形变。

一、地层

研究地壳上的地层，首先应明确地层的新老关系，建立地层系统。

（一）地层系统建立的依据

1. 地层层序律

地层层序律是指在正常情况下，先沉积的地层在下，后沉积的地层在上，即下伏地层比上覆地层老的自然顺序。这里“正常情况下”是指地层形成之后未受到严重的地壳运动而发生倒转。

2. 化石层序律

化石是指保存在地层中的古代生物的遗体或遗迹。由于生物的演化具有从低级向高级、从简单向复杂进化的方向性，以及不可逆性和阶段性的特点，因此，在同一地区不同的地层中应含有不同的生物化石，而在不同地区含有相同的生物化石的地层则应属同一时代形成的地层，这就是化石层序律。

3. 地层接触关系

空间上紧密相邻且形成时间不同的两套地层间的接触关系有两种：

（1）整合接触：上、下两套地层连续沉积或基本上连续沉积，其间没有显著的沉积间断或仅有过短暂的沉积间断；在地层产状上，上、下两套地层彼此平行或大致平行。它标志着地层沉积期间，地壳持续稳定沉积，而没有产生较长时间的沉积间断。

(2) 不整合接触：上、下两套地层为不连续沉积，其间存在着较长期的、明显的沉积间断，即在沉积间断时期不仅没有接受沉积，还受外力的剥蚀作用，造成两套地层间具有一个明显的风化剥蚀面，称为“不整合面”。

不整合接触是地壳经过较为剧烈的运动造成的。根据地壳运动的性质与强度，可分为平行不整合和角度不整合两类接触关系（见图 2-2）。

(a) 平行不整合　　(b) 角度不整合

图 2-2　地层接触关系示意图

平行不整合（又称“假整合”）：上、下两套地层间虽有不整合面（假整合面）的存在，并有地层缺失现象，但是两套地层的产状表现为彼此一致或基本一致。它表明了地壳的升降运动。

角度不整合（又称“不整合”）：上、下两套地层间，具有地层缺失和不整合面的存在，同时两套地层的产状明显的角度相交。它表明地壳不仅明显地升降，而且还发生了水平方向的运动（产生过褶皱和断裂变动）。

（二）地层系统与地层单位

根据地层层序律和化石层序律，结合地层接触关系，人们通过对全世界各地区地层剖面的对比和整理，现在已经相当精确地建立起地区上生物发展的历程和地层形成的层序，已经建立起一个统一的地质年代表和完整的地层系统表，见表 2-2。

地球上所有的地层据其新老关系分为三个宇：显生宇（PH）、元古宇（PT）、太古宇（AR）。宇内分界，界内分系，系内分统。与地层单位宇、界、系、统相对应的地质年代单位称为宙、代、纪、世。“世”可进一步分“期”。地层系统单位是地质年代分期的物质表现，它具有空间性，而地质年代单位是时间性单位。

宙、代、纪、世、期都是相对地质时代单位。地层确切的形成时间是通过其放射性同位素半衰期的测定来确定，常以“百万年”为单位，这是绝对地质年龄。

2005 年我国第三届全国地层会议通过的《中国地层指南及中国地层指南说明书（修订版）》，对我国区域或地方性的地层划分和地质年代作了统一规定，此处不作展开。

二、地层的形变——地质构造

沉积地层形成后，由于受地壳运动（垂直或水平运动）的影响，岩层会受到各种内应力（张应力、压应力和剪应力）的作用而发生形变。岩层形变过程可分为三个阶段，即弹性变形阶段、塑性变形阶段和断裂变形阶段。当岩层受力作用而处于塑性变形阶段时，岩层将形成各种形态的弯曲；当岩层受力超过其破裂压力时，岩层将产生不同方向的破裂。我们称前者为褶皱，后者为断裂，它们是地壳上岩层受力产生形变后最常见的地质构造。

油气勘探和开发实践证明：地质构造是油气运移、聚集和保存的基本地质条件之一。

表 2-2 地层（地质）年代表

地质时代、地层单位及其代号				同位素年龄，Ma	生物演化阶段		
宙（宇）	代（界）	纪（系）	世（统）		动物		植物
显生宙（PH）	新生代（Cz）	第四纪（Q）	全新世	0.012	人类出现	无脊椎动物继续演化发展	被子植物繁盛
			更新世	0.59			
		新近纪（N）	上新世	5.3	哺乳动物繁盛		
			中新世	23			
		古近纪（E）	渐新世	33.8			
			始新世	55.8			
			古新世	65.5			
	中生代（Mz）	白垩纪（K）	晚白垩世		爬行动物繁盛		
			早白垩世	145			裸子植物繁盛
		侏罗纪（J）	晚侏罗世				
			中侏罗世				
			早侏罗世	200			
		三叠纪（T）	晚三叠世				
			中三叠世				
			早三叠世	252			
	古生代（Pz） 晚古生代（Pz_2）	二叠纪（P）	晚二叠世		两栖动物繁盛		
			早二叠世	299			蕨类植物繁盛
		石炭纪（C）	晚石炭世				
			中石炭世				
			早石炭世	360			
		泥盆纪（D）	晚泥盆世		鱼类繁盛		
			中泥盆世				裸蕨植物繁盛
			早泥盆世	416			
	古生代（Pz） 早古生代（Pz_1）	志留纪（S）	晚志留世		海生无脊椎动物繁盛		
			中志留世				藻类及菌类繁盛
			早志留世	443.8			
		奥陶纪（O）	晚奥陶世				
			中奥陶世				
			早奥陶世	485.4			
		寒武纪（∈）	晚寒武世		硬壳动物繁盛		
			中寒武世				
			早寒武世	541			
元古宙（PT）	元古代（Pt）	震旦纪（Z/Sn）		635	裸露动物繁盛		
		南华纪（Nh）		780			
		青白口纪（Qb）		1000			真核生物出现
		蓟县纪（Jx）		1600			
		长城纪（Ch）		1800			（绿藻）
				2500			
太古宙	太古代（Ar）			3000			原核生物出现
				4000	生命现象开始出现		
冥古宙（HD）				4600			

(一) 构造地质常用图件

常用来表示地下地质构造特点的图件有构造等值线图和构造横剖面图。

1. 构造等值线图

构造等值线图（简称“构造图”）是用构造等值线表示地下某一岩层层面的起伏状况的平面投影图，见图 2-3（a）。其方向一般是上北（N）、下南（S）、左西（W）、右东（E）。相邻的两条等高线间的高程差称为“等高距”。等高线密集时岩层层面陡，稀疏时缓。对于褶曲岩层来讲，若等高线闭合，且由外向内，等高线高程由小变大，表示岩层向上弯曲；反之，岩层向下弯曲。构造等值线图通过钻井、物探资料绘制。

2. 构造横剖面图

构造横剖面图（简称“剖面图”）是沿某一构造一定的方向上，用一定的地层符号表示地下若干个岩层及特征的剖面图，见图 2-3（b）。横剖面图也可以通过钻井、物探资料绘出。

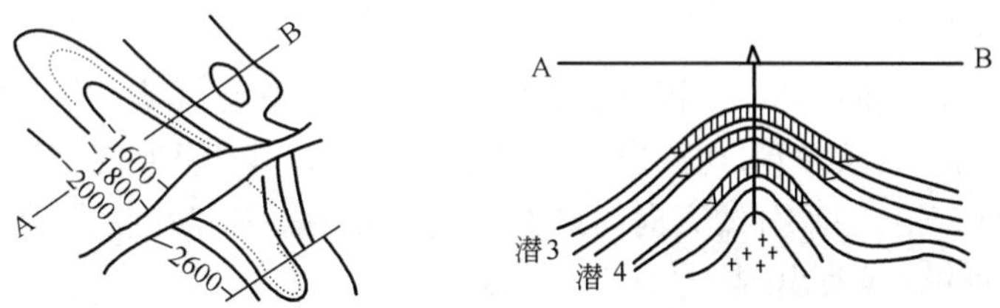

(a)构造图　(b)剖面图

图 2-3　构造图与剖面图

(二) 褶皱构造

地壳的升降或水平挤压运动都可以使岩层发生向上或向下的连续弯曲，并永久保留于地层中，这种弯曲的岩层称为褶皱。岩层的每一个弯曲（向上或向下）称为褶曲。褶曲有背斜、向斜两种基本形式，见图 2-4。

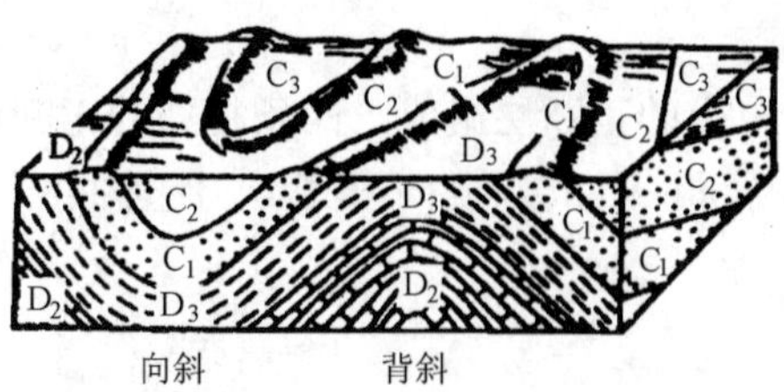

图 2-4　褶曲的基本类型

1. 背斜

背斜是岩层向上的一个弯曲；核心处的地层较老，两翼地层新；两翼地层倾向相背（倒转背斜例外）。背斜在地表露头表现为地层对称性的重复，且由核部向外地层时代变新；在构造图上表现为构造等高线闭合，且由外向内，构造等高线高程增大。

2. 向斜

向斜是岩层向下的一个弯曲，其核部地层较新，翼部地层较老；两翼地层倾向相向。向斜在地表露头和构造图上表现特征与背斜相反。

（三）断裂构造

若岩层所受应力超过了岩层的破裂强度，岩层便断开，即形成断裂构造，断开的面称为断裂面。根据断裂面两侧岩层的位移情况，可将断裂构造分为裂缝（节理）和断层两种。

1. 裂缝（节理）

断裂面两侧岩层未发生明显相对位移的断裂构造，称为裂缝。裂缝常形成于脆性岩层（如碳酸盐岩）之中。定向排列及组合有规律的裂缝，称之为节理，这种裂缝面称为节理面。节理常将岩层切割成形态规则的几何体。据力学性质可以将裂缝（节理）分为两种类型：

（1）张裂缝（张节理）——是指由张应力（大小相等、方向相反的一对拉伸应力）形成的裂缝。其特点是：裂缝面垂直于张应力；常张开（或开口），也可被其他矿物（如方解石）充填；裂缝面粗糙、锯齿状、无擦痕；裂缝面常绕岩层中颗粒（如砾石）而过；常形成于背斜构造的顶部和倾伏端。

（2）剪裂缝（剪节理）——是指由剪切应力形成的裂缝。其特点是：裂缝面闭合，平直光滑，可有少量擦痕；裂缝面可切割岩层内颗粒；成对出现，呈共轭“X”形，其两组剪裂缝的较小交角（约60°）的平分线方向为最大压应力方向；常见于褶曲中，通常为斜交褶曲轴线或平行褶曲轴线，成对出现。

2. 断层

断层是指断裂面两侧岩层有明显位移的断裂构造。岩层发生相对位移的破裂面称断层面。断层面与地面的交线称断层线（油田地下指某岩层层面与断面交线在水平面的投影线）。断层面两侧的岩块称断层的两盘。在断层倾斜时，位于断层面以上的一盘称为上盘，位于断层面以下的一盘称为下盘。相对上升的一盘称为上升盘，相对下降的一盘称为下降盘。两盘沿断层面相对移动的距离称为断距。

根据断层两盘相对移动性质可将其分为：

（1）正断层。上盘相对下降、下盘相对上升的断层，称为正断层。正断层是由张应力或重力作用形成。其组合形式有：

地堑和地垒——由两条以上的正断层组成，两条相邻的正断层倾向相对，中间共用盘相对下降，形成地堑；若两条相邻断层倾向相背，中间共用盘相对上升，形成地垒，见图2-5。

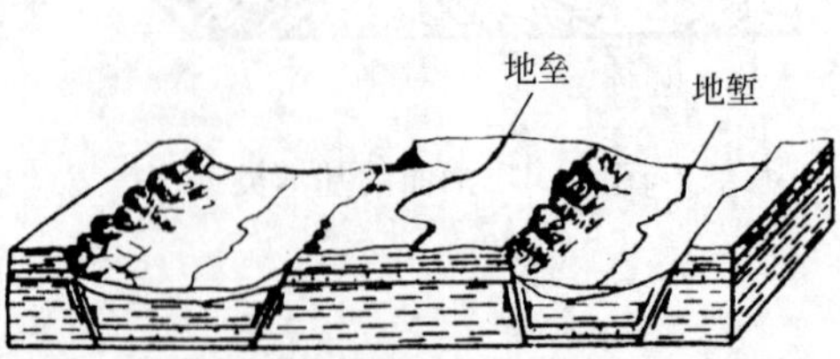

图2-5　地堑和地垒

阶梯状断层——由数条大致平行、倾向一致、呈阶梯状排列的正断层组成，见

图2－6（a）。

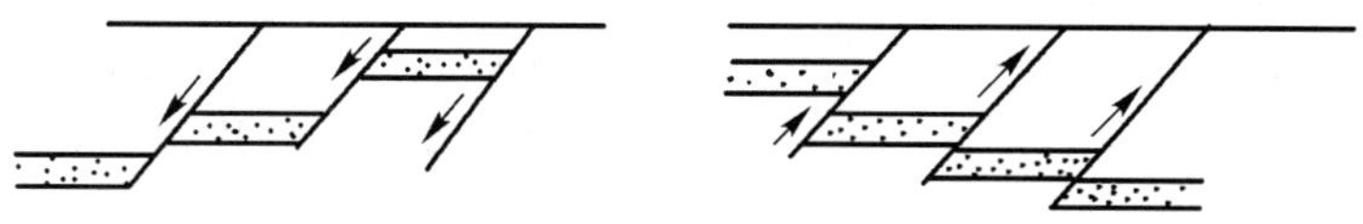

(a)阶梯状断层　　　　(b)叠瓦状断层

图 2－6　阶梯状断层和叠瓦状断层

（2）逆断层。上盘相对上升、下盘相对下降的断层为逆断层。逆断层是由水平挤压应力形成。断面倾角小于 45°的逆断层称为逆掩断层；小于 25°的逆断层称为碾掩断层；大于 45°的逆断层称为冲断层。其组合形式主要有叠瓦状断层，见图 2－6（b）。

（3）平移（推）断层。两盘沿水平方向相对位移的断层为平移（推）断层。平移（推）断层是由剪切地应力作用形成。断裂构造，尤其是裂缝，可以作为油气的储存空间。生油层中的微裂缝可以作为油气向储集层中运移的通道。封闭性断层可以成为圈闭的遮挡条件，形成断块油气藏。但在油气藏形成之后，地壳运动形成的断层又会破坏油气藏。

第三节　地层中的流体

石油和天然气都是储藏在地下岩石孔隙中的可燃矿产，它们与地下岩石孔隙中的水共存在一起，但它们的化学组成及物性却截然不同。

一、石油的化学组成及物性

石油是一种成分十分复杂的天然有机化合物的混合物，主要成分为液态烃，含有数量不等的非烃化合物及多种微量元素。地下的液态石油中常溶有大量的天然气，并溶有固态烃及非烃。

（一）石油的元素组成

石油主要由 C、H、O、S、N 等元素组成，其中 C 含量为 84%～87%，H 含量为 11%～14%，O、S、N 及微量元素一般只占 1%～4%，个别情况下，S 含量可高达 7%。从石油成分中现已发现 33 种微量元素，如 Fe、Ca、Mg、S、Al、V、Ni 等。虽然它们的质量仅占石油质量的万分之几，但有些元素（如 V、Ni）明显来自于生物体，且在不同地区的石油中含量相差较大，被用来进行油源对比，并作为有机成因的证据。

（二）石油的化合物组成

石油的各种元素并不是呈游离状态存在，而是相互化合形成不同的化合物，以烃类化合物为主，还含有非烃类化合物。

1. 烃类化合物

烃类化合物由碳、氢元素组成，据结构可分为三类：

（1）烷烃，又称脂肪烃，化学通式为 C_nH_{2n+2}，属饱和烃。在常温常压下 C_1～C_4 的烷烃是气态；$C_5 \sim C_{16}$是液态；C_{17+}是固态。石油中正构烷烃和异构烷烃均存在。

（2）环烷烃，是碳和氢的环状化合物，也属于饱和烃，化学通式为C_nH_{2n}。根据环的数目，环烷烃分为单环、双环、三环和多环烷烃，其中以五元环、六元环化合物为主。

（3）芳香烃，化学通式为C_nH_{2n-6}。单环化合物中以苯、甲苯、二甲苯为主，出现于原油的低沸点馏分中，稠环芳香烃存在于重质馏分中。

以上三种烃类化合物在不同地区的原油中含量不同，主要是生物的原始物质组成、演化程度及次生变化的差异造成的。

2. 非烃化合物

非烃化合物是指含有杂原子 O、S、N 的有机化合物。这些杂原子在石油中通常含量不多，但有时也可达 30%。原油中含硫化合物主要以 H_2S、硫醇（RSH）、硫醚（RSR′）、环硫醚等形式存在，含量从万分之几到百分之几不等。硫是石油中的有害杂质，易生成硫化氢（H_2S）、亚硫酸（H_2SO_3）或硫酸（H_2SO_4）等化合物，对金属设备造成严重腐蚀，因此，含硫量是评价石油质量的一项重要指标。按含硫量将原油分为高硫原油（含硫量大于 2%）、低硫原油（含硫量小于 0.5%）、含硫原油（含硫量 0.5%～2%）。我国多为低硫原油和含硫原油。

原油中含氮化合物含量为万分之几，主要为杂环化合物（如吡啶、吡咯、喹啉、吲哚等及同系物）。其中最有意义的是卟啉类化合物，它来自于动物的血红素和植物的叶绿素，卟啉类化合物在 180～200℃下分解，而原油中却存在，这为石油的有机成因提供了重要证据。

原油中含氧量仅千分之几，个别地方原油可达 2%～3%，主要为环烷酸、脂肪酸及酚，统称为“石油酸”，还有一些醛、酮化合物。环烷酸在含氧化合物中的含量最高，其碱金属盐极易溶于水，在储集油气的地层水中常含有它，故环烷酸的存在作为找油的一种直接标志。

石油中，除上述各种烃类、非烃类化合物外，还含有一些高相对分子质量的非烃化合物，它们常构成原油的重质部分，结构十分复杂，目前尚不太清楚，统称为胶质、沥青质。

（三）石油的馏分和组分

1. 石油的馏分

石油的馏分是利用组成石油的化合物具有不同沸点的特性，加热蒸馏将其切割成不同沸点范围的若干部分，每一部分即为一个馏分。以各馏分的质量分数或体积分数表示石油的组成，称为石油的馏分组成。石油中各馏分的名称及温度范围见表 2-3。

表 2-3　石油中各馏分名称及温度范围

馏分	轻馏分		中馏分			重馏分	
	石油气	汽油	煤油	柴油	重瓦斯油	润滑油	渣油
温度,℃	<35	35～190	190～260	260～320	320～360	360～500	>500

2. 石油的组分

石油的组分是利用石油中不同的化合物对有机溶剂和吸附剂（如硅胶）具有选择性的溶解和吸附的特性而将其分成若干部分，每一部分就是一个组分。石油的组分包括四个部分：

（1）油质——是石油中可溶解于石油醚而不被硅胶吸附的物质，主要是饱和烃和一部分低分子芳香烃，为色浅的黏性液体，是石油的主要组分。

（2）胶质——是石油中可溶解于石油醚（或苯、三氯甲烷、四氯化碳等有机溶剂）并可被硅胶吸附的物质，主要为芳香烃和非烃化合物，颜色较深（浅黄、红褐到黑色），呈黏稠状的液体或半固体状态。

（3）沥青质——是石油中不溶于石油醚，但溶于苯、三氯甲烷、二硫化碳等有机溶剂的物质，为黑色脆性的固体粉末，是稠环芳香烃和烷基侧链组成的复合结构的化合物。

（4）炭质——不溶于任何有机溶剂的黑色固体颗粒，也称“残炭”，含量很少或无。

（四）石油的物性

认识石油的物性，对于认识石油、进行石油地质研究、评价石油的质量、勘探开发油气藏具有重要的意义。

1. 颜色

石油颜色多样，从无色、淡黄色、黄褐色、淡红色、黑绿色到黑色都有。我国四川黄瓜山油田的石油近于无色，而玉门、大庆、胜利油田的石油均为黑色。石油中胶质、沥青质含量越高，颜色越深。

2. 密度

石油的密度是指单位体积石油的质量，其单位为 g/cm^3 或 t/m^3，通常用相对密度表示，是指在标准状况下（20℃，0.101MPa）原油密度与 4℃下纯水的密度之比值。石油的相对密度一般介于 0.75～1.0 之间。常把相对密度大于 0.90 的石油称为重质石油；小于 0.90 的石油称为轻质石油。石油中胶质、沥青质含量高，密度大；油质含量高，密度小。

3. 黏度

石油的黏度可用动力黏度表示，单位为 Pa·s。石油的黏度变化很大，如我国孤岛油田馆陶组的原油在 50℃时的黏度为（103～645）$\times 10^{-3}$ Pa·s，大庆油田原油黏度在 50℃时为（9.3～21.8）$\times 10^{-3}$ Pa·s。若石油的黏度大于 100×10^{-3} Pa·s 为高黏原油，小于 100×10^{-3} Pa·s 为低黏原油。高黏原油会给石油开采和集输带来困难。

石油的黏度取决于石油的化学组成、温度、压力及溶解气量。原油中轻烃组分含量高，地层温度高，溶解气量大，黏度降低。

4. 凝点

将液体石油冷却到失去流动性时的温度称石油凝点。石油凝点的高低，取决于石油中含蜡量及蜡分子碳数的高低。含蜡量及蜡分子碳数高的石油，其凝点高。高凝点的原油易使井底结蜡，给采油工作带来困难。因此，油井的清蜡、防蜡是一项重要的工作。

5. 导电性

石油具有极高的电阻率（$10^9 \sim 10^{16}\ \Omega \cdot m$），相对于地层孔隙水（常含有电解质）的电阻率高得多。利用此特点，油田采用视电阻率测井法确定含油层。

6. 溶解性

石油难溶于水，易溶于有机溶剂（如苯、石油醚等）。因此，在油、水共存的油藏中，由于油比水的密度小，油位于水的上方。

7. 荧光性

石油在紫外线的照射下产生荧光。钻井过程中用紫外线照射砂岩岩屑，以确定和发现含油气层，这种方法很敏感，即使岩屑中含有极少量的油砂，也可发现，称为“荧光录井”。

8. 旋光性

旋光性是指石油能使偏振光发生转动一定角度的特性。旋光性是生物成因的天然有机化合物的特性。因此，石油的旋光性是石油有机成因的证据。

9. 热值

石油的热值可达（10000～11000）×4.18kJ/kg，是优质燃料。

二、天然气的化学组成及物性

从广义的角度说，自然界中一切天然因素形成的气体（包括可燃气和不可燃气、生物成因和非生物成因的气体）统称为天然气。但在石油及天然气地质学中所讲的天然气，是指与生物成因有关的油田气和气田气，是可燃性气体。

（一）天然气的化学组成和类型

1. 天然气的化学组成

天然气中主要是甲烷（称轻烃气），其次是乙烷、丙烷、丁烷、戊烷、己烷等重烃气，另外还有一些非烃气体，如 CO_2、H_2S、N_2、CO、H_2，以及 He、Ar 等惰性气体。

2. 天然气的类型

据天然气中甲烷同系物的含量将天然气分为干气和湿气两种。

干气也称为气田气。甲烷含量大于 95%、乙烷以上的重烃气含量小于 5%的气体称为干气。干气不与石油伴生，可单独形成纯气藏，如煤成气多属干气。干气燃烧火焰成蓝色，通入带冰的水中，无油膜出现。

湿气也称油田气，指甲烷含量小于 95%、重烃气含量大于 5%的天然气。湿气常与油藏和油气藏有关，如气顶气、溶解气。湿气燃烧时火焰呈黄色，通入水中有油膜出现。

（二）天然气的物理性质

天然气的物理性质主要有以下 5 个方面。

1. 相对密度

天然气的相对密度是指在标准状况下（20℃，0.101MPa），单位体积天然气的质量与同体积空气的质量的比值，一般为 0.6～0.7，随天然气中重烃含量的增大而增大。

2. 临界温度和临界压力

在低温高压下，任何气体都可以变为液体。温度越低，使气体变为液体所需的压力越小；温度越高，压力越大。单组分气体都有一个特定的温度，高于此温度时不管加多大的压力都不能使该气体转化为液体，该特定的温度称为临界温度。在临界温度时气体液化所需的最低压力称为临界压力。如甲烷的临界温度为－82.5℃，临界压力约为 45.8MPa，因此甲烷在地下除溶于油和水的部分，呈气态存在；丁烷的临界温度为 152.0℃，临界压力约为

37.4MPa，在地下以液态存在。

在自然条件下，天然气通常是烃类气体及非烃类气体的混合物，其临界温度及临界压力随组成成分不同而不同。

3. 蒸气压

气体液化时所需施加的压力称为该气体的饱和蒸气压。蒸气压随温度升高而升高，在同一温度、压力条件下，烃类的相对分子质量越小，其蒸气压越大。

4. 溶解性

天然气在油和水中的溶解能力可用溶解系数表示。溶解系数是指当温度一定时，每增加一个大气压（101325Pa）溶解在单位体积石油中的气体量。在一定条件下，气体在单位体积石油（或水）中的溶解量称为溶解度，单位是 m^3/m^3。天然气在水中的溶解度比石油在水中的溶解度大，但天然气在油中的溶解度比在水中大得多。如在标准状况下甲烷在油中的溶解度约等于在水中的 9 倍。天然气组成中重质组分越多，石油含轻质组分越多，天然气在石油中的溶解度越大。因此，国外有的油田用天然气（尤其是用湿气）来混相驱油，提高原油采收率。

5. 热值

单位体积天然气完全燃烧所释放出的热量称为天然气的燃烧热值，简称热值。甲烷的热值为 $8870\times4.18kJ/m^3$，而天然气的热值较高，可达 $20000\times4.18kJ/m^3$，比煤和石油的热值高。

三、油田水的化学组成及物性

广义上的油田水是指油气田区域内的地下水，包括油层水和非油层水。我们通常所说的油田水是狭义上的油田水，是指油田范围内储集有油气的地层中的地下水。在储集层中，油田水以孔隙水的形式存在，是在沉积岩形成时遗留下来的，能反映沉积岩形成时的环境。

石油是在有地层水存在的状况下生成、运移、聚集和演化的，因此油层水具有与地表水不同的特性。研究油层水对油气勘探和开发具有重要的意义。

（一）油田水的化学组成

1. 常见的离子和种类

油田水含有约 30 种离子，但主要的有以下六组离子：阳离子有 $Na^+ + K^+$、Ca^{2+}、Mg^{2+}；阴离子有 Cl^-、SO_4^{2-}、$HCO_3^- + CO_3^{2-}$。由这些离子化合而成的盐类中，以 NaCl 含量最丰富，硫酸盐含量最少。

2. 有机物质和气体

油层水除含有无机盐之外，还含有有机物质和气体。有机质中的酚、有机酸易溶与水，常作为找油的直接标志；烃类气体，尤其是重烃气一般与石油有关，也是找油的直接标志。油层水由于是在生油的还原环境中生成，一般不含氧气，但常含有 H_2S，数量不定。一般来讲，油层水中的稀有气体 He、Ar 含量甚微，但在某些油气聚集周围的地下水中可出现氦气正异常。

3. 微量元素

油层水中的微量元素有几十种，其中 I、Br、B、Sr 含量高时可作为找油的间接标志。它们的存在反映了一种封闭的还原性环境，有利于油气转化。

油田水中的各种离子（分子和化合物）的总含量称之为总矿化度，可以用干涸残渣（将水加热蒸发后剩下的残渣质量）或离子总量来表示，单位是 mg/L。

（二）油田水的物理性质

（1）密度：油田水的密度随油田水中含盐量多少而变化，一般大于 $1.0g/cm^3$。

（2）黏度：油田水的黏度比纯水高，且随水中盐分增大而增大。

（3）透明度：油田水常含有各种胶体物质［如 $Fe(OH)_3$］和 H_2S 等，通常呈半透明或透明状。

（4）气味和颜色：油田水中常含有有机物质或气体，会带有某种气味，如混有石油时，会有汽油、煤油味；含有 H_2S 时，具臭鸡蛋味。油田水都带有苦涩味或咸味。

在采油过程中，油井通常采出的是油、气、水混合物，必须进行油气、油水分离。分离后的油输往炼油厂炼制。分离后的污水，因含有机械杂质、各种盐类和溶解氧，须进行絮凝、防垢、缓蚀处理，回注地层。

（三）油田水的类型

自然界的水，根据其成因、特征、分布，可分为大陆淡水、大洋海水和地下水。地下水实际上是由不同时代大陆淡水、大洋海水在沉积物中的残余。油田水是在油田区域内的残留地下水。油田水的分类必须解决的实质性问题应包括：①油田水化学标志及其与非油田水的区别；②不同类型油田水的特征及区别。

在油田水的各分类方案中，以苏林（В. А. ЩУЛИН）分类较为简明。苏林认为，天然水就其形成环境而言，主要是大陆水和海水两大类。大陆水含盐度低（一般小于500mg/L），海水的含盐度较高（一般约为 35000mg/L）。大陆淡水中以重碳酸钙占优势，并含有硫酸钠，而海水中不存在硫酸钠。苏林就是根据上述认识，以 Na^+/Cl^-、$(Na^+-Cl^-)/SO_4^{2-}$ 和 $(Cl^--Na^+)/Mg^{2+}$ 这三个成因系数，将地层水划分成四个基本类型：

（1）硫酸钠（Na_2SO_4）水型——代表大陆冲刷环境条件下形成的水。一般来说，此水型是环境封闭性差的反映，该环境不利于油气聚集和保存，为地面水。

（2）重碳酸钠（$NaHCO_3$）水型——代表大陆环境条件下形成的水型。$NaHCO_3$水型在油田中分布很广，它的出现可作为含油良好的标志。

（3）氯化镁（$MgCl_2$）水型——代表海洋环境下形成的水。$MgCl_2$水型一般多存在于油气田内部。

（4）氯化钙（$CaCl_2$）水型——代表深层封闭构造环境下形成的水。$CaCl_2$水型是地壳剖面上人们了解的唯一最深部水型，它所代表的环境封闭性好，很有利于油气聚集和保存，是含油气良好的标志。

第四节　石油和天然气的生成

随着科学的发展，大量的证据表明，石油和天然气是由分散在沉积岩中的沉积有机质在成岩作用期间经微生物分解或热解作用而形成。

一、油气生成的原始物质

石油和天然气来源于有机质。早在古生代以前，地球上就出现了生物，随着地史的发展，生物广泛地发育起来。地球上的动植物种类繁多，数量很大，化学成分也异常复杂，但就生成油气的主要原始物质而言，仍然是以沉积岩中分散的有机质为主。那么有机物质的哪些组分可以生成油气呢？

（1）类脂化合物。常见的类脂化合物是脂肪，脂肪水解后生成脂肪酸，在还原条件下，脂肪酸发生去羧基和加氢作用，生成类似石油的液态烃类，是生油最主要的物质。类脂化合物主要来自于低等的生物和微生物体，如低等的藻类、细菌、低等水生物。

（2）蛋白质。蛋白质是生物体的基本组成物质之一，其性质不稳定，与酸、碱共热或遇酶水解可生成氨基酸的混合物。氨基酸去羧基和氨基可生成不同的低分子碳氢化合物。蛋白质主要来自于低等的生物（细菌、藻类等）。

（3）碳水化合物。碳水化合物即糖类，是高等植物的主要组分，易被水解、氧化及生物化学分解。碳水化合物在碱性条件下，发生糖化作用生成脂肪酸，再向烃类转化。碳水化合物较稳定的部分，如几丁质、纤维素等，可以被降解形成腐殖类物质向煤转化，同时，纤维素经微生物分解也可生成天然气。

（4）木质素。木质素来自于高等植物，它是由对甲基烯丙基苯为基本结构单元的高分子化合物，是形成腐殖质的原始物质，故人们认为它可能是石油中芳香烃的母质之一，也是成煤生气的主要物质。

可见，低等生物（如藻类和低等水生动物）和微生物是生成油气的主要物质。

二、油气生成的外界条件

有机质为石油和天然气的生成提供了物质基础，但要使有机质保存下来，并向油气转化，必须有适当的外界条件。

（一）古地理环境和大地构造条件

根据对现代沉积相和古代沉积岩的调查研究，浅海区、海湾、潟湖以及内陆湖泊的深湖—半深湖、前三角洲地区，是有利的生油气地理环境。这些地方适宜于生物生活和繁殖，有丰富的有机质，且水体宁静，含氧量少，具有生成油气的还原环境；沉积物来源充足，沉积速度快，有机物能迅速被掩埋起来，利于有机质的保存。

从大地构造角度来说，沉积盆地中各类坳陷具有长时期的沉降作用，且沉降的幅度不断被沉积物所补偿，始终保持有利于生物繁殖的水深环境，保证沉积有机物不断被新的沉积物所覆盖，保持还原环境，减少有机物被氧化消耗。随着有机物埋深加大，地层温度升高，有利于沉积有机质向油气转化。我国松辽盆地中、新生代沉积层厚约5500m，华北、四川、准噶尔盆地沉积岩厚达上万米，这些盆地都找到了丰富的油气藏。

（二）物理化学条件

有机质向油气转化的物理化学条件主要有细菌、温度、压力、催化剂。

细菌是地球上分布最广、繁殖最快的微生物。细菌能引起多种生物化学作用，尤其是厌氧细菌可以把沉积有机质分解成各种单体化合物和沥青质。在成岩作用初期阶段，细菌分解作用是主导作用。

温度可以加速化学反应进行。沉积有机质在埋藏深度不断加大，地层温度不断上升的情况下，有机质发生热解形成烃类。高温下，有机质变质作用增强，裂解成气态物质（甲烷）和石墨。在油气形成过程中，温度起主导作用。随着沉积有机质埋藏深度加大，压力升高，在中等温度（50℃）下，增加压力到 30～70MPa 时，类脂化合物室内模拟试验时产生烃。

压力可以促进加氢作用，使高分子烃变成低分子烃，使不饱和烃变为饱和烃，对形成石油的质量有影响。

催化剂是指能够加速有机质向油气转化的物质，但它本身在反应前后并不发生变化。室内研究表明，在 150～200℃时硅酸铝能催化脂肪、氨基酸以及其他类脂化合物生成烃类化合物，膨润土也有催化作用。

三、油气生成阶段

有机质向油气转化，依据作用因素和产物的不同，大致可以划分为四个阶段。

（一）生物化学生气阶段

深度：0～1500m，温度：10～60℃。主要能量以细菌活动为主。在还原环境下，厌氧细菌非常活跃，其结果是：有机质中不稳定组分被完全分解成 CO_2、CH_4、NH_3、H_2S、H_2O等简单分子，生物体被分解成分子量低的生物化学单体（苯酚、氨基酸、单糖、脂肪酸），而这些产物再聚合成结构复杂的干酪根。

（二）热催化生油气阶段

深度：＞1500～2500m，温度：60～180℃。有机质转化最活跃的因素是热催化作用，催化剂为黏土矿物。由于成岩作用增强，黏土矿物对有机质的吸附能力加大，加快了有机质向石油转化的速度，降低了有机质成熟的温度。进入此阶段，干酪根发生热降解，杂原子（O、H、S）键破裂产生二氧化碳、水、氨、硫化氢等挥发性物质逸散，同时获得大量低分子液态烃和气烃，是主要生油时期，国外称为“生油窗”或“液态窗口”。有机质进入油气大量生成的最低的温度界限，称为生烃门限或成熟门限，所对应的深度称为门限深度。

需要指出的是，有机质成熟的早晚跟有机质的类型有关，相同条件下，树脂体和高含硫的海相有机质成熟早，腐殖质成熟晚，且以生气为主。

（三）热裂解生凝析气阶段

深度：＞3500～4000m，温度：180～250℃。此时温度超过了烃类物质的临界温度，除继续断开杂原子官能团和侧链生烃外，主要反应是大量 C—C 链断裂及环烷烃的开环和破裂，长链烃急剧减少，C_{25+}趋于零，低分子的正烷烃剧增，加少量低碳原子数的环烷烃和芳烃。在地下呈气态，采到地上凝结为液态轻质油，并伴有湿气，这是进入了高成熟期。

（四）深部高温生气阶段

当深度超过6000～7000m时，沉积物已进入变生作用阶段，温度超过了250℃，已形成的液态烃和重质气态烃强烈裂解，变成最稳定的甲烷，干酪根残渣释出甲烷后，进一步缩聚形成碳沥青或石墨。

对不同的沉积盆地而言，由于其沉降历史、地温历史及原始有机质类型的不同，可能只进入了前二或前三个阶段，并且每个阶段的深度和温度界限也可能略有差别。在一些地质发展演化史较复杂的盆地，由于某种原因历经多次大的构造运动，生油岩中的有机质可能由于在埋藏较浅尚未成熟就被抬升，后来再度沉降埋藏到相当深度后，方达到成熟温度，有机质可以大量生成石油，即所谓"二次生油"。此外，由于源岩有机显微组成的非均质性，不同显微组成的化学成分和结构的差别，决定了有机质不可能有完全统一的生烃界限，不同演化阶段可能存在不同的生烃机制。

第五节　油气的聚集

生油层中生成的油气是高度分散状态，那么油气是如何运移到储集层中去的？什么样的岩层能够作为储集层？油气是流体，在储集层是否继续运移？我们现在已经找到的油气藏具有什么样的特征？这些都是本节要研究的问题。

一、储集层

最初开采油气时，人们看到油气从油井里源源不断地流出，以为地下一定存在着油河、油湖、油溪。后来随着勘探和开发的发展，人们才建立起科学的概念，即油气在地下是储存在一些岩石的孔隙、缝、洞中，就像水充满在海绵里一样。

凡是能够具有使流体储存并有渗滤能力的岩层统称为储集层。若储集层中含有一定数量的油气，则称为含油气层。已开采的含油气层称为生产层或产层。

（一）储集层的物性

衡量某一岩层能否作为储集层，最根本的条件在于它是否有供油气储存的孔隙性和允许油气在其中流动的渗透性。渗透性与油气在岩石中的饱和度有关。因此，孔隙性、渗透性和饱和度是储集层的重要参数。

1. 孔隙性

严格地说，地壳上所有的岩石都具有一些孔隙。但不同的岩石其孔隙的大小、形状及发育程度极不相同，因而其储集油气的能力也显著不同。碎屑岩以粒间孔隙为主；碳酸盐岩胶结作用强，以后生（次生）的溶蚀孔隙为主，粒间、粒内孔隙也存在。它们都可成为储集油气的良好空间。

岩石中孔隙体积的多少用孔隙度来表示。孔隙度是指岩样中所有孔隙空间体积之和与该岩样总体积之比值。由于它是指岩样中的全部孔隙的总体积，故称为总孔隙度或绝对孔隙度。

岩石中总孔隙度越大，说明岩石中孔隙空间越大。但岩石中不同大小的孔隙对流体储存和流动所起的作用并不相同。岩石中那些孤立的互不连通的孔隙和微毛细管孔隙，即使储存有油和气，在现代工艺技术条件下也不能开采，没有实际意义，因而在实践中又提出了有效孔隙度的概念。

有效孔隙度是指岩石中那些互相连通的，且在一般压力条件下允许流体在其中流动的孔隙总体积与该岩样总体积之比（用百分数表示）。

显然，同一岩石的有效孔隙度小于绝对孔隙度。对胶结不甚致密的砂岩，二者差别不大；但对胶结致密砂岩和碳酸盐岩，二者可有很大的差别。目前油田所用的都是有效孔隙度，所以习惯上将有效孔隙度简称为孔隙度。储集层的孔隙度多在5%～30%间，而最常见在10%～20%范围内。孔隙度小于5%的储集层，一般认为是没有开采价值的，除非地层中存在有在岩心中不易发现或无法完整保存的其他孔洞或裂缝。

2. 渗透性

在有压差存在的条件下，岩石本身允许流体通过的性能称为岩石的渗透性。严格地说，自然界中所有的岩石只要压差足够大都具有渗透性，渗透性的好坏用渗透率（K）来表示。

最早进行渗透性实验的是法国人亨利·达西。他发现：一种流体通过孔隙介质时，其流量（Q）与施加在孔隙介质两端的压差（Δp）成正比，与横截面积（A）成正比，而与流体的黏度（μ）及孔隙介质的长度（L）成反比，即：

$$Q \propto \Delta pA/\mu L$$

将上式引入系数 K，并写成等式，则有：

$$Q = K\Delta pA/\mu L \tag{2-1}$$

$$K = Q\mu L/\Delta pA \tag{2-2}$$

式中 K——岩石的渗透率，μm^2；

Q——流体流量，cm^3/s；

A——孔隙介质（岩心）横截面积，cm^2；

L——孔隙介质（岩心）长度，cm；

Δp——通过岩心两端的压力差，10^5 Pa；

μ——流体黏度，mPa·s。

式（2-1）即为著名的“达西定律”或“达西直线渗滤定律”。K 称为渗透率，它与岩石的孔隙结构（孔隙大小、半径等）有关，而与通过的流体性质无关。

如果是气体时，气体会随压力降低而体积膨胀，取平均流量，式（2-2）可转化为：

$$K = Q_g\mu L/\Delta pA \tag{2-3}$$

式中 Q_g——气体平均流量。

以上讨论的是一种（即单相）流体存在于岩石孔隙中的渗透率，要求这种流体不与岩石发生任何物理化学反应，且流体运动过程中是层流状态。这种单相流体通过岩石的渗透率称为岩石的绝对渗透率。

在油层内，常常是油、气、水三相或两相共存，它们在岩石中同时流动时，存在着相互干扰、相互影响，因此，岩石对其中每一相流体的渗滤作用与单相流差别较大。为了与绝对渗透率相区别，把多相流体共存时岩石对其中每一相流体的渗透率称为相对渗透率或有效渗透率，分别用符号 K_o、K_g、K_w 表示油、气、水的相对渗透率。岩石中，任何一相相对渗透率总是小于该岩石的绝对渗透率。

3. 饱和度

饱和度是指岩石中某相流体的体积与岩石中孔隙体积之比。用符号 S_o、S_g、S_w 分别表示岩石中含油饱和度、含气饱和度和含水饱和度，显然 $S_o+S_g+S_w=1$。

4. 孔隙度、渗透率和饱和度间的关系

储集层的孔隙度与渗透率间通常没有严格的函数关系，因为影响它们的因素很多。如黏土岩的绝对孔隙度可达30%～40%，但渗透率却很小，原因是孔道太小。有些致密石灰岩储集层虽然孔隙度很低，但由于有裂缝的存在，其渗透率却相当高。但是，岩石的有效孔隙度与渗透率间的关系较为密切，有效孔隙度高的储集层，其渗透率也高。有效渗透率不仅与岩石的性质有关，而且与其中流体的性质和它们的饱和度有关。当岩石中某相流体的饱和度很小时，则不流动；随着该相流体饱和度的增大，相对渗透率也增大，其关系见图2-7。

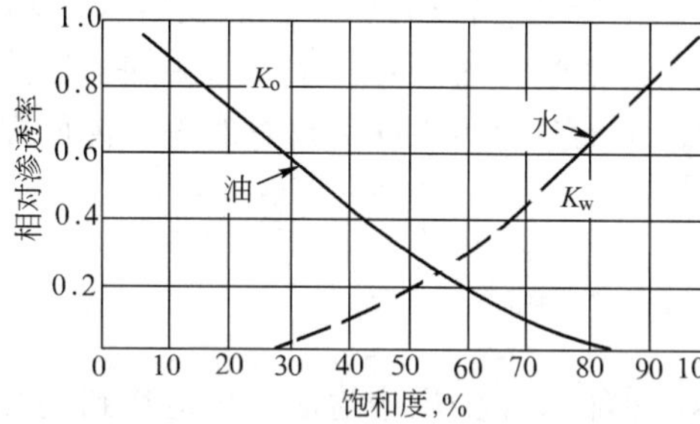

图2-7 油、水饱和度与相对渗透率关系曲线

（二）储集层的类型

储集层的岩石类型很多，但主要的有两类：碎屑岩储集层和碳酸盐岩储集层。

1. 碎屑岩储集层

碎屑岩储集层的岩石类型有砾岩、砂岩和粗粉砂岩，其中以中、细砂岩为主。它们以粒间孔隙为主，分布广泛，物性好。我国含油气盆地内，绝大多数是碎屑岩储集层。

影响碎屑岩储集层物性的因素有许多。碎屑颗粒的分选性（均匀程度）越好、磨圆度越高、颗粒粒径较大的储集层，其孔隙度和渗透率越高；碎屑岩储集层颗粒间的胶结物成分、含量、胶结类型对其储油物性有较大的影响，一般来说，泥质、钙质胶结岩石比硅质、铁质胶结岩石疏松，储油物性好；接触式、孔隙—接触式胶结的岩石比基底式、孔隙—基底式胶结的岩石物性好。

2. 碳酸盐岩储集层

碳酸盐岩储集层的岩石类型有各种石灰岩和白云岩。碳酸盐岩储集层储集空间极为复杂，但归结起来分为孔、缝、洞三类。值得提出的是，碳酸盐岩储集层孔、缝、洞多是在成岩后生作用阶段由地下水的溶蚀和构造力的作用形成，其岩石物性变化较大，岩心样品测定其孔隙度、渗透率值往往并不能反映储集层中的特性。

四川是我国碳酸盐岩气田的重要分布区，已有两千多年的开发历史；华北盆地古近系和震旦系至奥陶系地层中也有碳酸盐岩储集层。

3. 其他岩类储集层

其他岩类储集层是指碎屑岩储集层和碳酸盐岩储集层以外的各种岩石构成的储集层，如岩浆岩储集层、变质岩储集层、黏土岩储集层等。这类储集层虽然岩石类型多样，但占世界总油气储量的比例小（约0.2%）。在国内、国外都发现了这类储集层的油气，如我国辽河油田古近系沙河街组沙三段下部的凝灰岩、粗面岩中发现了工业性油气流；酒泉盆地鸭儿峡油田，是在变质岩（板岩、千枚岩、变质砂岩）基底上形成油藏。其他岩类是否能储集油气，关键是它们在其形成之后能否形成储集油气的空间。

二、盖层

盖层是位于储集层之上能够封隔储集层以免油气向上逸散的保护层。盖层是油气藏形成的一个重要条件，其封隔性好坏，直接影响着油气能否在储集层中聚集和保存。

盖层封隔油气是由于它岩性致密、无裂缝、渗透性差。

常见的盖层岩石类型有黏土岩（泥岩和页岩）、蒸发岩（盐岩、石膏）和碳酸盐岩。通常情况下，黏土岩盖层往往与碎屑岩储集层相伴生；石膏和盐岩盖层常是碳酸盐岩储集层的盖层；而碳酸盐岩不仅能生油，而且也可以作为自身的盖层，形成自生、自储、自盖式生储盖组合。

三、油气运移

石油和天然气都是流体，它们在生油层中生成，再运移到储集层中，在储集层内或储集层间运移到合适的地方，聚集起来成为油气藏。因此，油气运移是油气藏形成的重要过程。我们把油气从生油层向储集层中的运移称为初次运移，油气运移到储集层之后的一切运移称为二次运移。

（一）油气运移的方式

目前的研究认为，油气在地下运移的方式主要有扩散和渗滤两种。

1. 扩散

物质的分子运动，使其在各个方向上的浓度都趋于平衡的现象，称为扩散。扩散是由浓度差引起的。在油气生成过程中，生油层中油气的浓度较相邻的储集层高，因而向储集层中扩散。油的扩散速度比气的扩散速度慢，因此，扩散是天然气运移的主要方式。在地层中，油、气或气、水接触时，天然气在液体中扩散，随着时间的推移，气分子在油（或水）中各方向的浓度趋于平衡，进而使液体达到饱和。

2. 渗滤

液体在孔隙介质中的流动称为渗滤。流体渗滤必须在有压差存在的条件下进行。渗滤是油气在地层中运移的主要方式。油气在地层的孔隙孔道中渗滤服从达西直线渗滤定律。

（二）促使油气运移的动力

地下的油气虽然是流体，但它们在地下运移时必须具有动力。研究表明，促使油气运移的动力主要有五种。

1. 地静压力

地静压力是由上覆沉积物（岩）的重量所造成的负荷。地静压力的大小随上覆地层的厚度和密度的增大而增大。在沉积盆地里，生油层往往在盆地中心，其颗粒细，厚度大，地静压力也大，地温高；而盆地边缘地带颗粒粗，孔隙发育，物性好，厚度薄，地静压力小，地温低，从而使盆地中心与边缘形成压差，中心部位地层中的水和生成的油气在此压差下向边缘地带运移。

2. 水动力

当沉积物压实固结后，地静压力主要是由岩石的颗粒骨架所承担。储集层孔隙中的流体所承受的压力不是地静压力，主要是由储集层内流体本身的重量引起的压力。当储集层无泄水区而静止不动时，此压力为静水压力。静水压力对油气聚集作用不大。

若储集层在地表存在着供、泄水区，水在岩层中可流动，这种地下水流动而产生的动力称动水压力。储集层供、泄水区间的高程差产生的水压头越大，动水压力越大。水在储集层中的运动速度与水压梯度（即沿着水流方向单位距离的压力降）成正比。动水压力使水携带着油气一起运移。

3. 构造运动力

构造运动力促使油气运移是间接的。一是构造运动力使地下岩层形成新的构造格局，打破原来的压力分布区的平衡，油气重新由压力高的地区向压力低的地区运移；二是构造运动力使地下岩层产生裂缝、断层，为油气的运移创立了通道。

4. 浮力

当油气进入饱含水的储集层之后，由于油、气、水的密度不同而发生重力分异作用，即气轻上浮，水重下沉，油居中间。这种促使油、气、水发生分异作用并使油气上浮的力，即为浮力。

5. 毛细管力

在毛细管内（图 2－8），使油面上升或下降的作用力，称为毛细管力。其大小可用公式表示：

$$p_c = 2\sigma\cos\theta/r \qquad (2-4)$$

式中 p_c——毛细管力，N/cm²；

σ——油水界面张力，N/cm²；

θ——界面与孔壁间夹角；

r——毛细管半径。

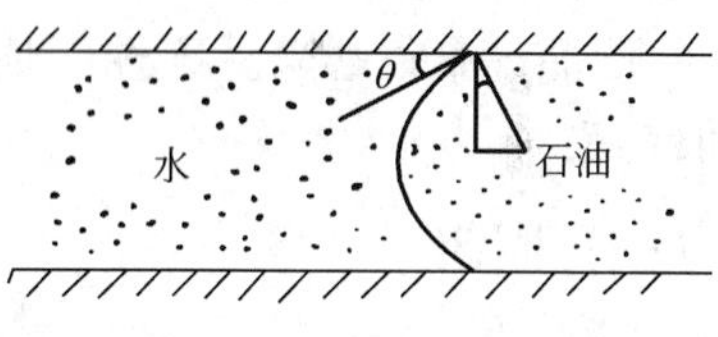

图 2－8 毛细管孔隙中油水接触面示意图

沉积岩石为亲水岩石，即 $\theta<90°$，毛细管力指向石油，水起排油作用。生油层毛细管半径（r）小，毛细管力大；而储集层毛细管半径（R）大，毛细管力小，因此，生、储油层间产生压力差：

$$\Delta p_c = p_{c生} - p_{c储} = 2\sigma\cos\theta(1/r - 1/R) \qquad (2-5)$$

在此压力差的作用下，油气由生油层进入到储集层中。同样，在同一储集层中，油气也会由小孔隙进入到大孔隙中。

6. 热力

岩石埋藏深度越大，温度越高。在温度作用下，岩石和岩石孔隙中流体发生膨胀，且随温度增高而增大。由于流体的膨胀系数比岩石颗粒的膨胀系数大得多，因此，孔隙中油气会由盆地中心（深处、高温）向盆地边缘（浅处、低温）运移。

除上述几种力外，促使油气运动的力还有地球自转力、细菌活动，等等。

(三) 油气初次运移

油气是由生油层中极其分散的原始有机质生成的。因此，刚生成的油气本身也是极其分散的，它们常以孔隙水为载体（油气溶于水或呈游离态），在地静压力的作用下由生油层运移到储集层中。事实上，初次运移的动力除了地静压力作用外，热力、毛细管力、黏土矿物脱水作用都极为重要。还有人认为生油层中的新生甲烷气对油气初次运移起着重要的作用，甲烷可以使生油层内部形成异常高压，使岩层产生微裂隙，为油气运移开创了通道。同时，甲烷气对油有较大的溶解作用，作为油的运载体，而实现初次运移。

油气初次运移的主要时期发生在油气大规模生成时期（即生油主带形成时期）。

(四) 油气二次运移

油气进入到储集层后，开始是呈油滴或小气泡的分散游离状态。在充满水的储集层内，由于密度不同产生浮力，油气会向储集层的顶部运移并汇集成油珠或油柱。在水动力和构造运动力等的作用下，这些游离状的油珠或油柱会沿储集层的孔隙、裂缝、断层或不整合面由压力高的地区向压力低的地区运移。普遍认为，油气的二次运移是紧接着油气初次运移开始的，但油气二次运移的主要时期是发生在主要生油期（初次运移时期）之后发生的第一次构造运动期。因为构造运动不仅发生区域性地层倾斜、褶皱或断裂，而且形成了新的压力分布区，为油气运移创造了有利的地质条件。

二次运移的距离与储集层的岩性—岩相特征有关。海相地层岩性稳定，油气二次运移的距离较长（可达上千公里）；陆相地层岩性一岩相变化大，二次运移距离较小。

四、圈闭及油气藏

油气在储集层中运移，只有当岩层的上倾方向有遮挡条件时，才能阻止此油气继续运移，并使油气聚集起来。这种能使油气聚集起来的地质场所称为圈闭。有油气的圈闭称为油气藏。

(一) 圈闭

1. 圈闭的组成

任何一个圈闭都是由三部分组成：

(1) 储集层：能够储存并渗滤油气。

(2) 盖层：位于储集层之上，阻止油气向上逸散。

(3) 遮挡物：能从各个方向阻止油气继续运移的封闭条件。遮挡物可以是盖层的本身弯曲（如背斜），也可以由封闭性断层、地层超覆、地层不整合或岩性尖灭等遮挡条件所形成。

2. 圈闭的类型

根据圈闭的成因，可将其分为三种类型：

(1) 构造圈闭：是由构造运动形成的变形或变位圈闭，包括两类：背斜圈闭和断层圈闭。

(2) 地层圈闭：是由地壳升降运动形成的地层超覆或不整合面覆盖圈闭。

(3) 岩性圈闭：是盆地内由沉积条件差异而造成的储集层在横向上发生岩性变化，并为不渗透性岩层遮挡时的圈闭，如砂岩尖灭和砂岩透镜体圈闭。

3. 圈闭的度量

度量圈闭容积的大小，用到以下参数（见图 2－9）：

（1）溢出点：流体充满圈闭以后，开始溢出的那一点。

（2）闭合高度（h）：圈闭中，储集层的最高点与溢出点间的高程差，简称闭合度。

（3）闭合面积（S）：通过溢出点的构造等高线所圈闭的面积。

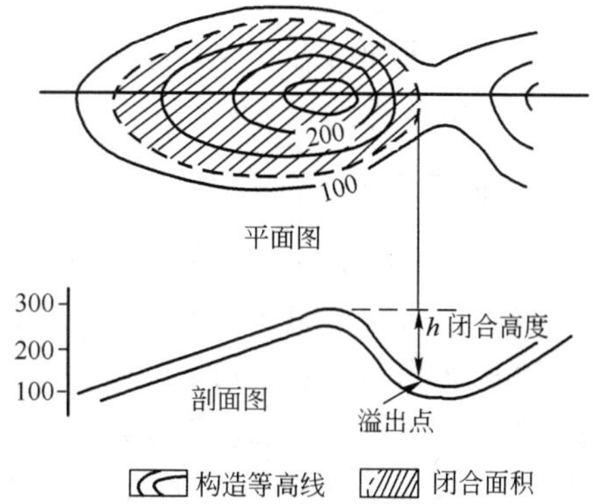

图 2－9　圈闭容积有关参数示意图

（4）储集层的有效厚度（H）：储集层中具有工业性产油能力的那一部分厚度（计算时，应扣除非渗透性夹层）。

（5）有效孔隙度（ϕ）：前已述及。

圈闭的有效容积（Q）是评价圈闭的重要参数之一：

$$Q=S\cdot H\cdot \phi \tag{2-6}$$

（二）油气藏

1. 油气藏的概念

油气藏是指油气在单一圈闭中具有同一压力系统的基本聚集。若圈闭中只有油聚集，称为油藏；只有气聚集，称为气藏；而同时聚集了油和游离气则称油气藏。通常所说的工业性油气藏，是指在目前的技术条件下，开采油气藏的投资低于所采出油气经济价值的油气藏。

2. 油气藏内油、气、水的分布

在圈闭内，油、气、水的分布是按密度大小呈有规律分布的：气轻，聚集在圈闭的最高部位；水重，位于圈闭的最下部；油在中间。由于储集油、气、水的孔隙空间是相互连通的，所以同一个油气藏内应具有统一的压力系统。在油气勘探和开发工作中，为了说明油气藏和油、气、水在平面上的分布，常用到以下参数（见图 2－10）：

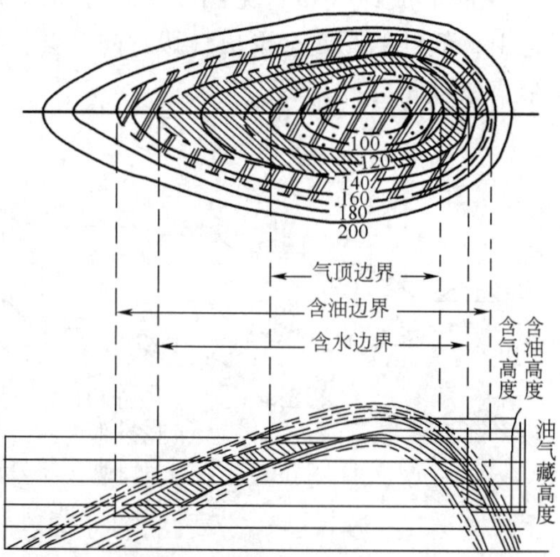

图 2－10　背斜油气藏中油、气、水分布示意图

（1）含油（气）高度：油水接触面与油（气）藏最高点的海拔高度差。有气顶时，含油高度为油水接触面与油气接触面的海拔高程差。油气接触面与油气藏最高点间的海拔高差为气顶高度。

（2）含油（气）边缘：含油边缘指油水接触面与含油层顶面的交线。在此线以外，只有水没有油。对气顶来说，油气接触面与含油层顶面的交线为含气边缘。

（3）含水边缘：指油水接触面与含油层底面的交线。在此线以内只有油没有水。

（4）含油（气）面积：含油边缘所圈定

的面积为含油面积。对气顶来说，含气边缘所圈闭的面积为含气面积。

(5) 底水和边水：在含油边缘内的下部支托着油藏的水称之为底水；在含油边缘以外衬托着油藏的水称之为边水。

3. 油气藏形成条件

油气藏的形成要有一系列基本条件：

(1) 要有充足的油气来源。充足的油气来源是形成油气藏的基本前提，它不仅取决于沉积盆地的面积和生油凹陷下沉的持续时间长短，即生油岩体积的大小，而且还取决于生油岩的岩性一岩相特征和地化指标，即生油岩生油量的多少。

(2) 要有有利的生储盖组合。对形成油气藏来说，生、储、盖层缺一不可。在生油层和储集层间互出现的正常式生储盖组合中，上一生储盖组合中的生油层又是下一生储盖组合的盖层，生油层和储集层间接触面积大，排烃距离短且及时，可形成油气丰富的油气藏。

(3) 要形成有效的圈闭。并非地层中所有的圈闭都能形成油气藏。只有那些离油源区近，在油气大规模运移之前形成的以及水动力作用不太强烈的圈闭才能形成油气藏。而那些远离油源区且油气来源不充足、形成于油气大规模运移之后、水动力冲刷作用强烈的圈闭往往是“空”的。

(4) 要有良好的保存条件。油气藏形成之后，如果没有经历过强烈的地壳运动（形成断裂)、岩浆活动、水动力强烈冲刷作用破坏的话，油气藏可以保存至今。

在满足上述条件的情况下，一个圈闭是形成油藏、气藏还是油气藏，这与地层压力及油气饱和压力（即当压力降低时，气从石油中分离出第一个气泡时的压力）有关。当地层压力大于油气饱和压力时，气溶解于原油中而形成无气顶的纯油藏。但当地层压力小于油气饱和压力时，气从石油中分离出来，初期圈闭中油、气、水进行重力分异，形成具有油水、油气界面的油气藏；随着油气的不断供给，油、气、水进行重力分异，油气界面和油水界面都会逐渐下降。当油水界面达溢出点后，则圈闭的有效容积中只有油气存在，仍为油气藏。此时若再供给油气，圈闭中油从溢出点溢出，而运移到更高处的圈闭中进行聚集，油气界面继续下降。若油气界面降到溢出点时，圈闭中只有气存在而形成纯气藏（见图 2 - 11)。依据此形成原理，在一系列溢出点依次升高的若干圈闭之中，低处的圈闭会形成气藏，向上会依次为油气藏、油藏，这种分布人们称为“油气差异聚集原理”(见图 2 - 12)。

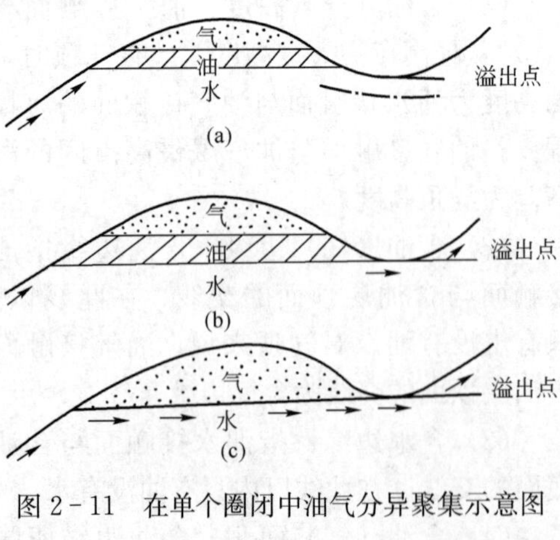

图 2 - 11　在单个圈闭中油气分异聚集示意图

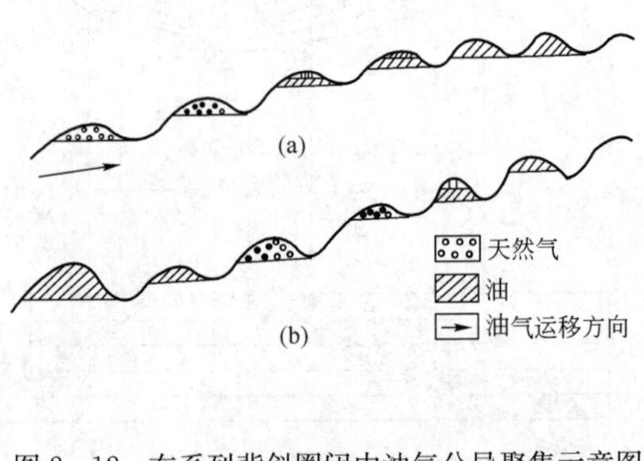

图 2 - 12　在系列背斜圈闭中油气分异聚集示意图

4. 油气藏的类型

油气藏分类方法很多，但目前我国常用的是根据圈闭成因来划分，包括构造油气藏、地层油气藏和岩性油气藏。

1）构造油气藏

构造油气藏是油气在构造圈闭中的聚集，包括背斜油气藏和断层油气藏两类。

（1）背斜油气藏：在构造运动作用下，地层发生弯曲变形，形成向周围倾伏的背斜，称背斜圈闭。油气在背斜圈闭中聚集形成的油气藏称为背斜油气藏。在世界石油及天然气的产量和储量中，背斜油气藏居于首位，其形态较简单，主要是储集层顶面拱起，上方被非渗透性盖层所封闭。我国酒泉盆地老君庙油田是典型的背斜油气藏，见图 2-13。

（2）断层油气藏：断层油气藏是断层圈闭中的油气聚集。形成断层圈闭的基本条件是储集层的上倾方向被断层所切割，储集层与断层另一侧的不渗透层直接接触，即“砂岩不见面”，而形成断层遮挡圈闭，见图 2-14、图 2-15。断层油气藏的特点是断层附近储集物性好；油、气、水分布复杂。

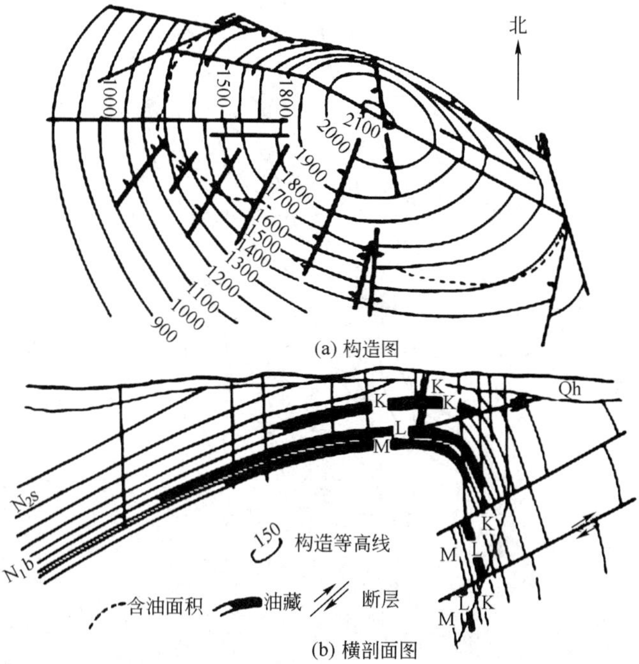

图 2-13　老君庙油田构造图及横剖面图

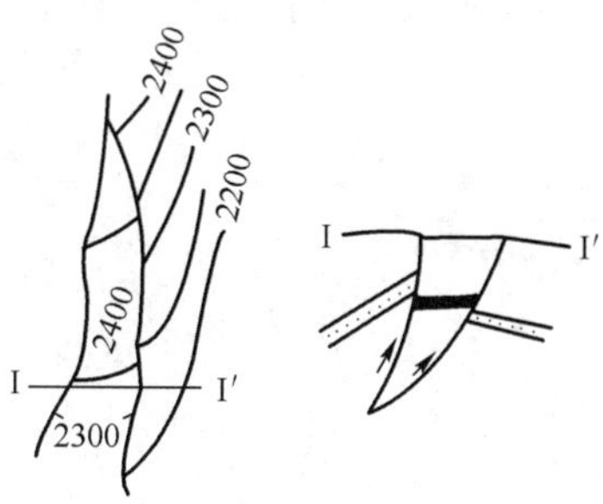

(a)构造图　(b)剖面图

图 2-14　弯曲断层与倾斜地层组成的油气藏

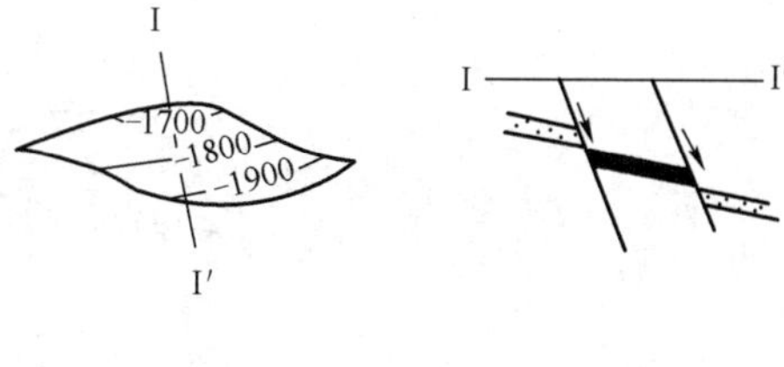

(a)构造图　(b)剖面图

图 2-15　交叉断层与倾斜地层结合组成的油气藏

2）地层油气藏

地层沉积的连续性中断所形成的不整合覆盖和地层超覆圈闭中的油气聚集，为地层油气藏。根据储集层与不整合面的关系，大体分为以下两类。

（1）不整合油气藏（亦称“古潜山油气藏”）：油气位于不整合面之下较古老的岩层中，新生古储，储集层物性好，单井产量高，如我国任丘油田，见图 2-16。

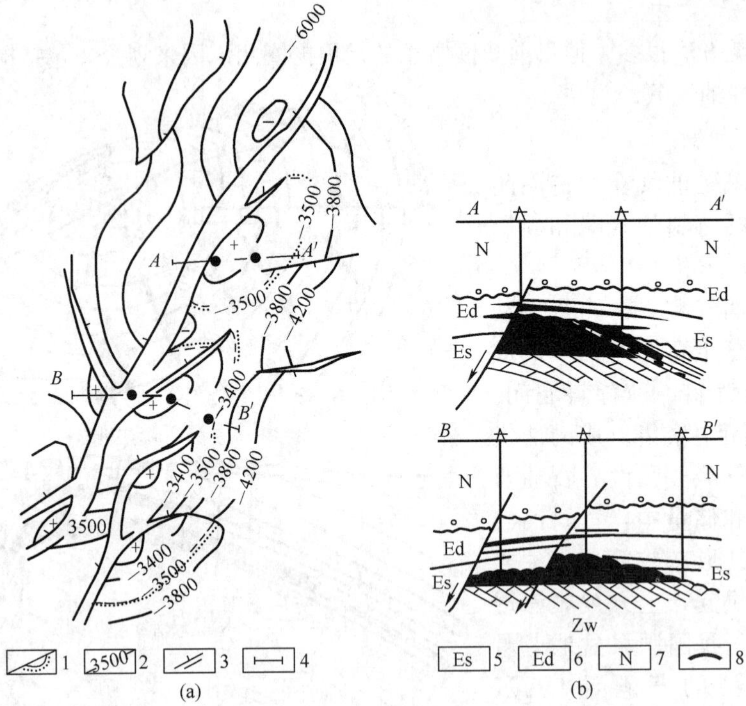

图 2-16　任丘油田构造及剖面图

1—含油面积；2—潜山侵蚀面等高线；3—断层；4—剖面线；5—古近系沙河街组；6—古近系东营组；7—新近系；8—油藏

(2) 地层超覆油气藏：当沉积盆地下降，沉积范围扩大（水进），新沉积的沉积物覆盖了较老的地层并与盆地边缘基底相接触，形成地层超覆。超覆圈闭中的油气聚集即为地层超覆油气藏，如青海马海气田，见图 2-17。

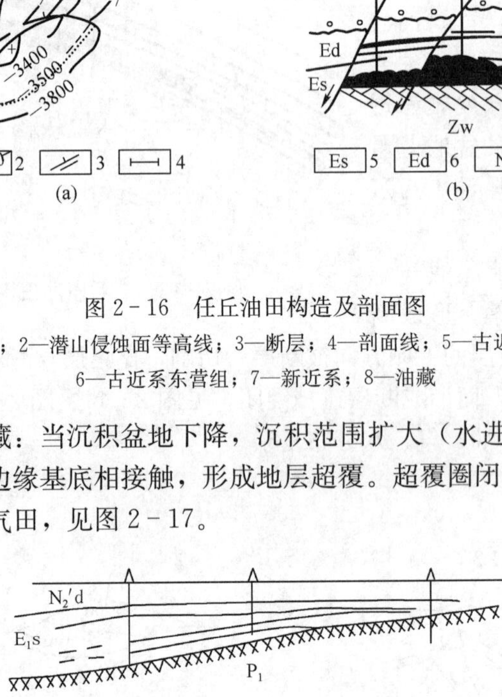

图 2-17　马海气田剖面示意图

3) 岩性油气藏

沉积条件的变化导致储集层岩性发生横向变化而形成岩性尖灭和砂岩透镜体圈闭中的油气聚集，称岩性油气藏。下面是几种比较典型的岩性油气藏：

(1) 岩性尖灭油气藏：在斜坡地带沿上倾方向渐变为不渗透泥岩，并成楔形尖灭于泥岩之中的砂岩体，称岩性尖灭圈闭，油气聚集于其中形成岩性尖灭油气藏，如老君油田的西部围翼古近—新近系“L”油层中的 L_5、L_6 层，见图 2-18。

(2) 透镜体油气藏：顶、底向四周合并的砂岩体，四周被泥岩所限，构成砂岩透镜体圈闭，其中的油气聚集即为砂岩透镜体油气藏，如我国独山子油田，见图 2-19。

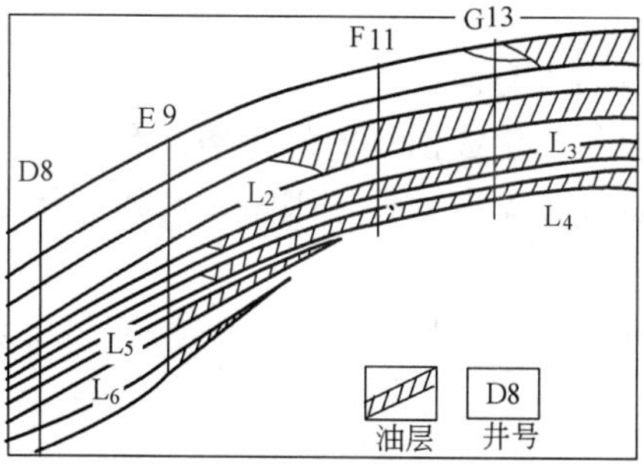

图 2－18　老君油田的西部围翼剖面图

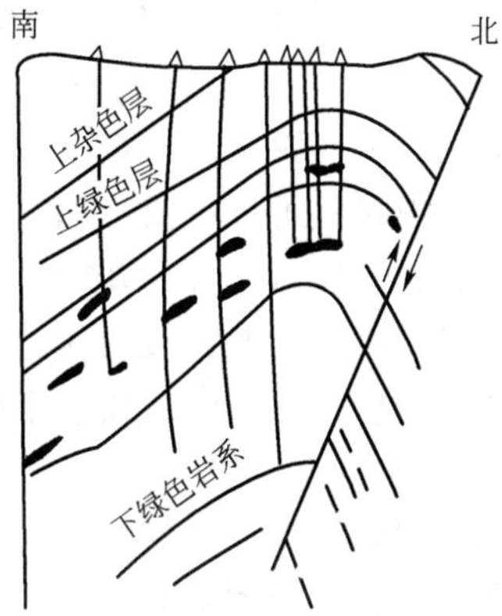

图 2－19　独山子油田砂岩透镜体油气藏剖面图

（3）生物礁块油气藏：是浅海碳酸岩台地上生物礁中的油气聚集。由于油源丰富，储集物性好，圈闭形成早，常形成储量大、产量高的油气藏，且成群成带分布。

除了上述油气藏类型外，还有一些隐蔽性油气藏，如水合气藏、水动力圈闭油气藏、向斜油气藏等，在此不再详述。

（三）油气田

油气田是指在同一局部构造面积内，受同一构造运动所控制的、上下叠置的若干个油气藏的总和。如果在这个局部构造范围内只有油藏，则称为油田；只有气藏，则称为气田；如果既有油藏，又有气藏，则称为油气田。

复习思考题

1. 什么是矿物？它有哪些性质？

2. 什么是岩石？地壳中岩浆岩、变质岩和沉积岩是如何形成的？它们分别与油气关系如何？

3. 沉积岩有哪些特征？与油气关系重大的沉积岩有哪几类？它们各由什么物质组成？

4. 碎屑岩的杂基和胶结物有何区别，碎屑岩与油气的关系如何？

5. 什么是黏土岩？据层理构造将黏土岩分为几类？黏土岩与油气的关系如何？

6. 什么是碳酸盐岩？如何用最简便的方法将其与碎屑岩、黏土岩相区别？碳酸盐岩与油气的关系如何？

7. 何谓地层、地层层序律？地层单位与地质时代单位各有哪些？

8. 古生代、中生代、新生代形成的地层有哪些？

9. 何谓化石、化石层序律？

10. 地层有几种接触关系？地层不整合接触与古风化壳有何关系？

11. 什么叫地质构造？主要有哪些类型？它们是如何形成的？

12. 如何区分背斜、向斜？

13. 正断层、逆断层、平移断层各有何特点？

14. 什么是石油？它由哪些化合物组成？

15. 什么是石油的馏分、石油的组分？它们各包括哪些内容？

16. 石油的物性有哪些？哪些物性与油气勘探有关？

17. 说明下列各组概念的联系与区别：天然气与可燃气；干气与湿气；溶解系数与溶解度。

18. 广义油田水与狭义油田水概念分别是什么？油田水有何特点？

19. 有机质中哪些组分主要生油？哪些组分主要生气？生成油气的外界条件有哪些？

20. 有机质向油气转化分为几个阶段？各阶段的深度、温度、作用因素和产物是什么？

21. 生油岩有哪些类型，又有哪些特点？

22. 储集岩物性指什么？从概念上区分绝对孔隙度与有效孔隙度、绝对渗透率与有效渗透率。储集层有哪些类型？

23. 何谓盖层？它有什么特点？有哪些类型？

24. 简述油气运移的方式和动力，初次运移与二次运移的区别。

25. 什么是圈闭、圈闭的溢出点、闭合度、闭合面积？圈闭由几部分组成，又有哪些类型？

26. 简述油气藏概念、油气藏形成条件及油气藏类型。

27. 指出下图中的油气藏类型。

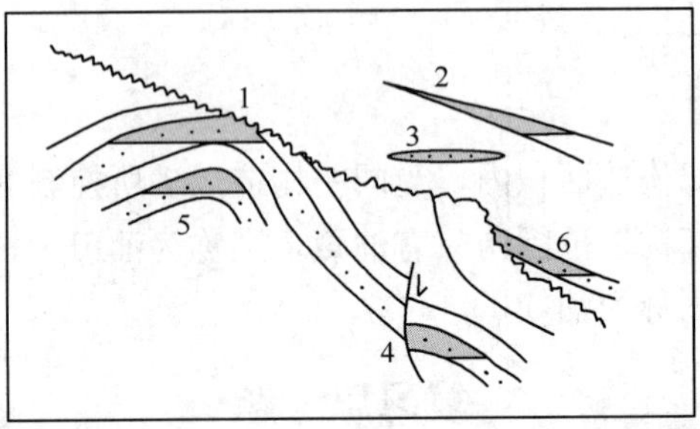

第三章 油气田勘探方法和阶段

石油和天然气主要生成并聚集于地下沉积岩层中，因此要寻找和发现油气田，必须运用各种勘探方法在地表进行勘探，寻找古沉积盆地，研究地下沉积盆地岩层的生油气条件，寻找可能的储油气构造，确定含油气层，确定油气藏类型。

第一节 油气田勘探方法简介

目前，勘探油气田的方法有地质法、地球物理勘探法、地球化学法和钻井法四类。

一、地质法

地质法是油气田勘探工作中贯彻始终的基本工作方法，主要包括通过观察、研究出露在地面的古地层、岩石及油气显示，获取相关地质资料并进行分析、解释，判断一个地区有无生成油气和储存油气的地质条件，对该地区的地下含油气远景进行评价，确定有利的含油气区。在岩石出露的地区，该方法有可能直接发现地下油气藏。该方法还包括通过钻井获取地下岩心、岩屑等资料进行的地质录井工作和实验室分析工作，以及对地球化学、地球物理等各种方法提供的大量间接资料进行地质解释。

地质法除了要研究地下岩石、地层、地质构造以及地球发展史等基础地质问题外，还着重研究地下区域和局部的油气藏形成条件，如生油条件、储油条件、运移条件、圈闭及保存条件等，以确定油气藏是否存在并进行含油气远景评价。

二、地球物理勘探法

地球物理勘探法是根据地质学和物理学的原理，利用电子学和信息论等领域的新技术建立起来的一种间接寻找油气的方法。它利用各种物理仪器在地面或空中观测地壳表面上的各种物理现象，根据物理现象的变化推断地下的地质构造特点，寻找可能的储油、储气构造。

地球物理勘探法主要用于近代沉积发育的覆盖地区、海湖地区，这些地区没有地层和岩石出露，地质法受到很大限制，用大量钻井取岩心的办法了解地下地质情况，不仅成本高，效率也低。

地球物理勘探法主要包括重力勘探、电法勘探、磁法勘探和地震勘探等方法。目前应用最广泛、最有效的是地震勘探方法。

（一）地震勘探方法

在地下或水下浅层安置炸药，炸药爆炸引起的冲击会产生巨大的震动，在压力作用下，地下岩石发生压缩和膨胀，从而产生岩石质点的震动，形成地震波。当地震波遇到不同密度岩层的分界面时，会产生三种现象：第一种是部分地震波从分界面反射回来，反射回来的波叫反射波。第二种是部分地震波透过界面向下传播，这部分波叫透射波；透射波再遇到分界面时还会发生反射。第三种是部分地震波透过界面并沿着岩层分界面滑行一段再折射回来，折射回来的波叫折射波。根据接收和研究波的类型，地震勘探又可分为反射法和折射法。目前，反射法应用最为广泛。

地震波的传播速度与岩石性质有关。通常，致密坚硬的岩石地震波传播速度快，疏松的岩石地震波传播速度慢（见表 3－1）。

表 3－1　地震波速度与岩性的关系

介质名称	地震波速度，m/s	介质密度，g/cm^3
土壤	200～800	1.1～2.0
砂层	300～1300	1.4～2.0
水（17℃）	1430	1
黏土岩	2000～3600	2.1～2.8
石灰岩	3200～5500	2.3～3.0
盐岩	4500～5500	2.0～2.2
结晶岩	4500～6000	2.4～3.4

根据地震仪所记录的地震波传播时间，参考其他方法求得的本地区地震波速度资料，就可以计算出地下各层界面的深度，从而了解地下地层的起伏状况，寻找有利的圈闭（见图 3－1、图 3－2）。

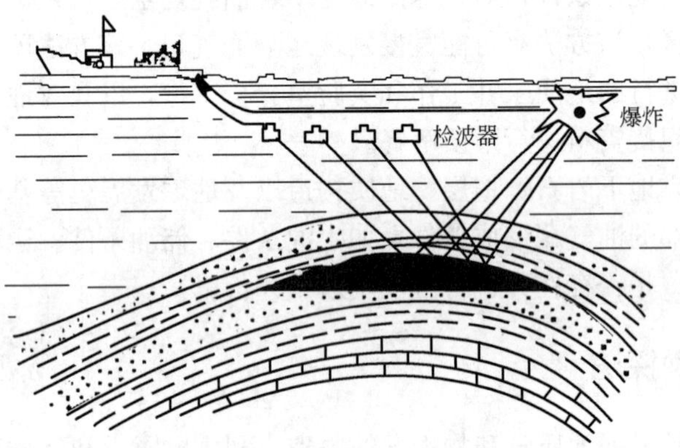

图 3－1　海上地震勘探原理示意图

（二）重力勘探

以地下不同岩石的密度差异为依据，在地面测量由密度差异引起的重力变化，进而推断地下地质构造和矿藏的方法，称为重力勘探。重力勘探通过野外重力测量、室内资料整理获得重力勘探资料，对资料进行解释可以研究地壳深部地层和区域地质情况，有条件的地区可以研究局部地质构造。

重力测量得到的重力变化值是很微小的，我们称为重力异常，其仅占重力全值的 200 万分之一，因此测量精度要求很高。由于重力仪中的弹簧有永久变形，仪器不可避免地产生零点变化，为此野外重力测量时要进行重复观测，并进行各种校正，去掉因非地质因素造成的重力变化值。

经过校正后的重力异常值主要反映地下岩石密度变化引起的地表重力变化，可以绘成重

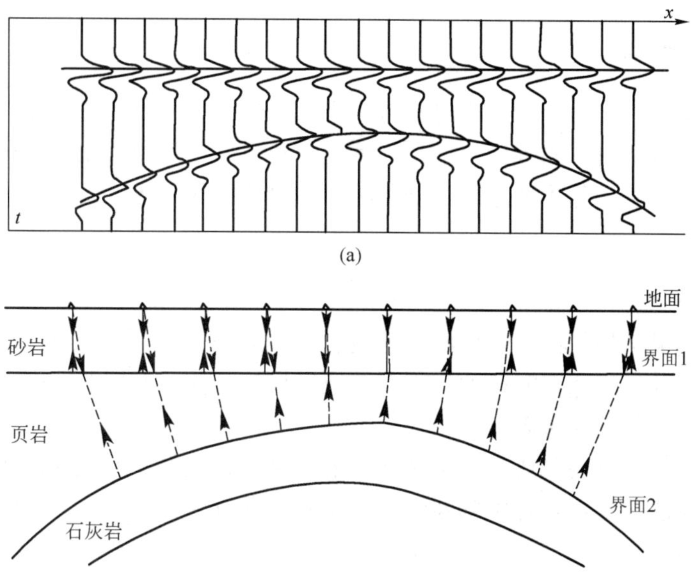

图 3-2　陆上地震勘探原理示意图

x—地震测线；t—地震波传播时间

力异常平面图和剖面图，用于分析和判断地下的地质构造和矿产情况。

（三）电法勘探

地下不同岩石存在着导电性、导磁性、介电性的差异，在地面测量由这些差异引起的电场的变化，进而推断地下地质构造和矿藏的方法，称为电法勘探。按电场的成因，电法勘探可以分为天然场法和人工场法两类。天然场法包括大地电磁法、声频电磁法，人工场法包括电阻率法、人工电磁法、激发激化法。

电法勘探在金属勘探领域应用最广泛，其次在工程地质和水文地质勘探方面也有较多应用。对石油勘探来说，主要用其中的电阻率法、大地电磁法、人工电磁法来测量地下地层界面深度，它可以研究区域地质情况和局部地质构造。

（四）磁法勘探

地下不同岩石存在着磁性的差异，在地面测量由地下磁性差异引起的地面磁场的变化（磁异常），进而推断地下地质构造和矿藏的方法，称为磁法勘探。磁法勘探可以研究大地构造单元、基底构造和沉积盖层等。该方法可以在地面和空中进行，分别称为地面磁力测量和航空磁力测量。

磁异常值是用磁力仪来观测的。磁力仪分为垂直磁力仪和水平磁力仪两种。测量方法有相对测量和绝对测量两种。绝对测量主要用于正常磁场的测量，油气勘探中主要采用相对测量。

磁异常解释方法包括三个方面：一是正问题研究，即已知地下地质体的形态，分析其在地面形成的磁异常特征，找出磁异常和地下地质体产状之间的关系，以指导磁异常的地质解释。二是对实测磁异常进行加工处理，消除干扰磁异常，突出地下地质因素引起的磁异常。三是反问题研究，即对实测磁异常进行地质分析，找出对应的地下地质特征和矿产。

三、地球化学法

地球化学法是利用化学分析方法对岩石、土壤、气体和水样本中的各种成分进行分析，测定地下油气的扩散所引起的各种化学、物理化学和生物化学的变化，分析地下油气存在与分布情况。地球化学法又称为地球化学勘探法，主要包括气测法、沥青法、水化学法、细菌法等具体方法。

（一）气测法

气测法是利用灵敏的气体分析仪测定土壤、表层岩石或水中的碳氢化合物气体的含量。其原理是：当地下油气藏存在时，油气就会向地表扩散，使其上部的地表出现气体异常，碳氢化合物气体含量较其他地区高。

目前气测法还处于发展阶段，无论在理论上还是实践上都不够完善，效果不理想。但地球物理测井的气测法却是在钻井中判断油气层位的一种有效方法。

（二）沥青法

沥青法包括测定发光沥青、氯仿沥青“A”等方法。各种方法在地面和井下测得发光沥青、氯仿沥青“A”等异常时，说明本地区有着油气生成、运移、扩散和氧化的过程存在，用来评价该区、该层的含油气远景。

（三）水化学法

水化学法主要是研究水中所含盐类、微量元素、水型以及它们在地表的分布情况，用以进行含油气可能性的判断。

（四）细菌法

细菌法是一种间接的地球化学方法。由地下运移、扩散至地表的某些烃类（如甲烷、乙烷、丙烷）在油藏上方形成相对富集带，而某些细菌对某种烃类有特殊嗜好，常在这些地区大量繁殖。通过采样进行细菌培养，可反映烃类异常区，用作寻找油气藏及评价含油气远景的重要指标。

四、钻井法

钻井是油气田勘探工作中不可缺少的手段。无论是地质法、地球物理勘探法、地球化学法，对确定地下有利的含油气构造或油气藏，都属间接方法。通过钻井手段才能最后确定油气藏是否存在，以及是否具有工业油气流。但与其他方法比较，钻井法却是速度最慢、投资最多的一种方法。它必须在地质、地球物理、地球化学等方法综合勘探的基础上进行。

第二节 地球物理测井

地球物理测井（以下简称测井）是用专门的仪器沿钻井井身测量岩石的各种物理特性、流体特性（如导电性、导热性、放射性、弹性，等等），根据不同岩石及其内部流体的这些特性的差别，可以间接划分地层，判别岩性和油、气、水层。测井具有工艺简便、成本低、获取资料迅速、效果好等特点，取得的资料是油气田地质研究、油气田开发工作必不可少的资料。测井技术发展很迅速，不但能定性判断岩性，还可以定量确定岩石物性、地层产状；不但用于油气勘探地质解释，还用于钻井、试油、采油工程等。下面简要介绍几种常用的测井方法。

一、视电阻率测井

视电阻率测井的实质是利用地下不同岩石导电性能的差别，间接判断钻穿岩层的性质，在井中下入测井仪，沿井身测定岩层电阻率的变化情况，与钻井过程中取得的地层岩心、岩屑等资料结合，可以较准确地划分井中地层界线和确定地层岩性。

（一）井下岩石电阻率的测量

视电阻率测井装置如图 3-3 所示，主要是包括供电线路、测量线路和井下电极系三部分。井下电极系是通过电缆与地面供电—测量系统连接。电极共有四个：A、B、M、N。其中 A、B 为供电极，接入供电线路；M、N 为测量电极，接入测量线路。接入同一电路中的电极称为成对电极。在井下，几个电极组成电极系，根据井内成对电极和不成对电极的距离不同，可以组成电位电极系和梯度电极系（见图 3-4）。成对电极在不成对电极下方的电极系，称底部梯度电极系。

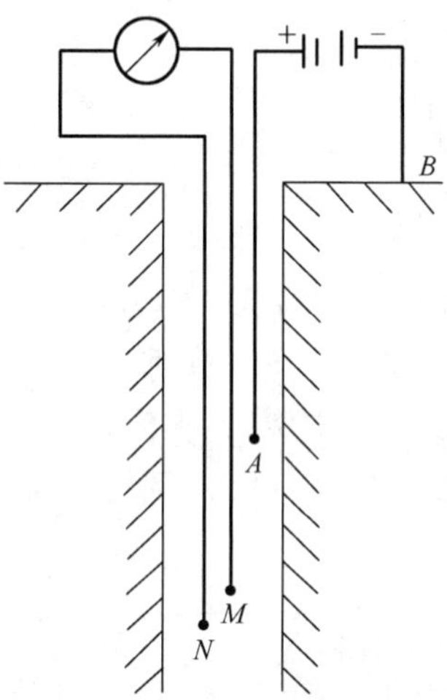

图 3-3　视电阻率测井原理图

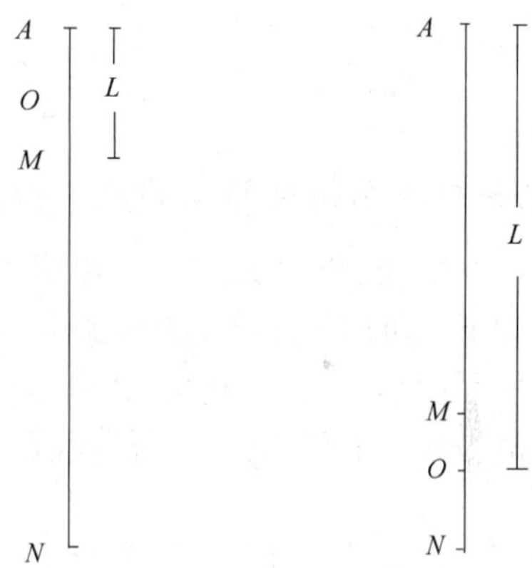

(a)电位极系（$MN>AM$）　(b)梯度电极系（$MN<AM$）

图 3-4　电极系的电阻距与记录点

为了表示电极系的大小和便于计算测量深度，规定了电极系的电极距 L 和记录点 O。电位电极系的电极距 L 为两个相邻最近电极 A、M 之间的距离，记录点 O 为 A、M 的中间点；梯度电极系电极距 L 为不成对电极到成对电极中点的距离，记录点 O 为成对电极之间的中间点。

当电极系由井底向井口移动时，由供电电极供给电流，在地层中形成人工电场。由测量电极 M、N 测量 M、N 两点的电位差 ΔU_{MN}。M、N 两点的电位差主要由其所在位置附近的岩层电阻率决定：岩层电阻率越高，测得的电位差越大；反之，测得的电位差越小。沿井身电位差的变化反映了井内不同地层电阻率的变化。由于电极系是在井筒钻井液中移动，钻井液电阻率以及钻井液侵入地层后侵入带电阻率都与岩层真实电阻率不同，加上上下邻层屏蔽等因素的影响，使得 M、N 两点测得的电阻率不能代表岩层真电阻率，我们称为视电阻率，用 R_a 表示。可以根据不同电极距测量结果，求得岩层真电阻率。

（二）视电阻率曲线形状

将电极系沿井身移动，通过地面仪器记录，可以测得一条反映地下岩层视电阻率变化的曲线。

1. 梯度电极系视电阻率曲线

当岩层厚度 h 大于电极距 AO 时，对于底部梯度电极系，在高电阻率岩层底界面出现视电阻率极大值（R_1），而在其顶界面出现视电阻率极小值（R_2），因此可以用这一特征划分岩层顶、底界面，如图 3－5（a）所示。

当岩层厚度小于电极距时，视电阻率曲线仍有上述特点，并出现假极大值。对于底部梯度电极系，假极大值位于岩层底界面以下一个电极距处，如图 3－5（b）所示。

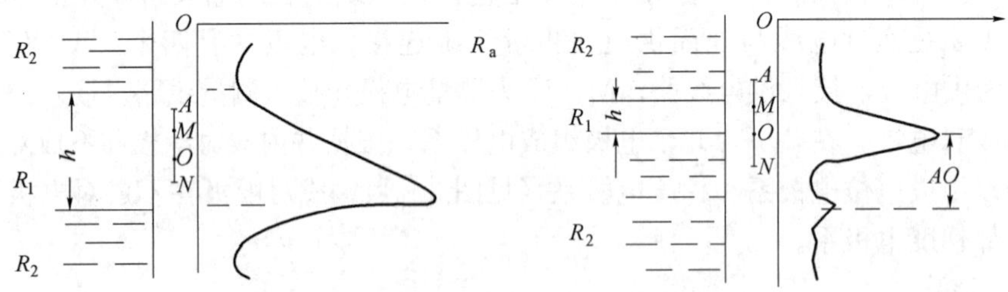

图 3－5　底部梯度视电阻率曲线

2. 电位电极系视电阻率曲线

当岩层厚度大于电极距时，视电阻率曲线以岩层中点为界上下对称，在岩层中点出现视电阻率极大值。可以用曲线的半幅点划分岩层顶、底界面，如图 3－6（a）所示。

当岩层厚度小于电极距时，在高电阻率岩层的中心出现视电阻率极小值。在这种情况下，电位电极系视电阻率曲线不能反映岩层的真实情况，如图 3－6（b）所示。

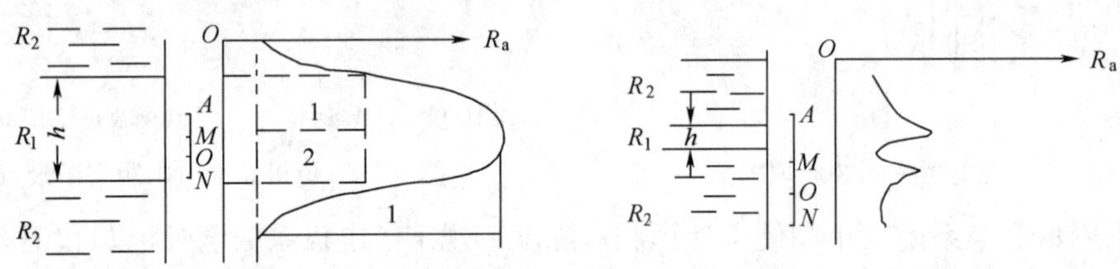

图 3－6　电位电极系视电阻率曲线

（三）视电阻率曲线应用

1. 划分岩层界面

在进行钻井地质剖面地质解释时，其他录井方法都不能准确确定岩层界面，必须依靠电阻率测井曲线来完成这项工作。根据各种类型电极系测得的曲线在岩层界面的特点，可以准确确定岩层分界面位置。当 $h > AO$ 时，曲线特征明显，岩层分界线位置可靠；当 $h < AO$ 时，曲线特征不明显，曲线分层的可靠程度降低，分层时需要参考其他测井曲线。

2. 确定岩性

地层孔隙水中含盐，导电性强、电阻率低；油层含水少，电阻率高。因此，利用视电阻率曲线可以判断岩石的岩性，划分油、气、水层。对于碎屑岩地层剖面和碳酸盐岩地层剖面，视电阻率曲线特征分别如图 3－7 和图 3－8 所示。

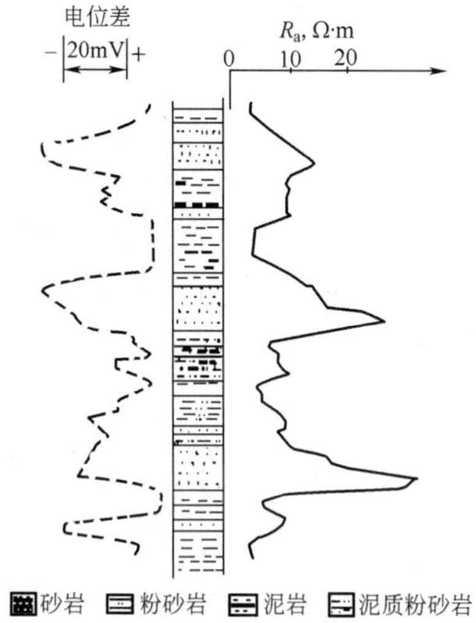

图 3－7　碎屑岩沉积剖面视电阻率与自然电位曲线示例

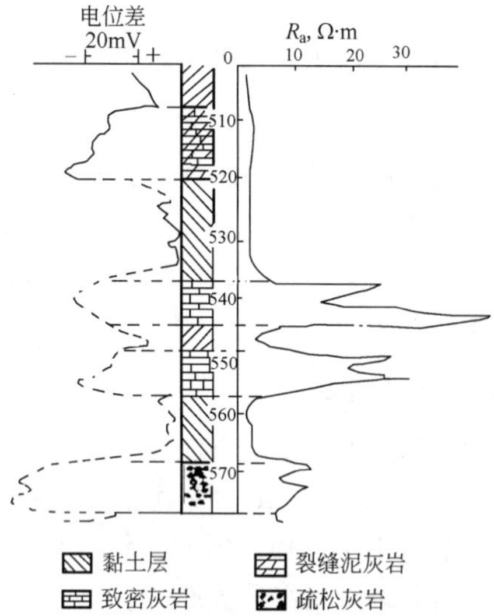

图 3－8　碳酸盐岩沉积剖面视电阻率与自然电位曲线示例

二、微电极测井

上述视电阻率测井在测量薄层时，曲线幅度没有明显变化，这是上下邻层影响的结果。另外井筒中的钻井液及井径的变化也影响了曲线的形状，使得不能较准确地划分薄层界线。

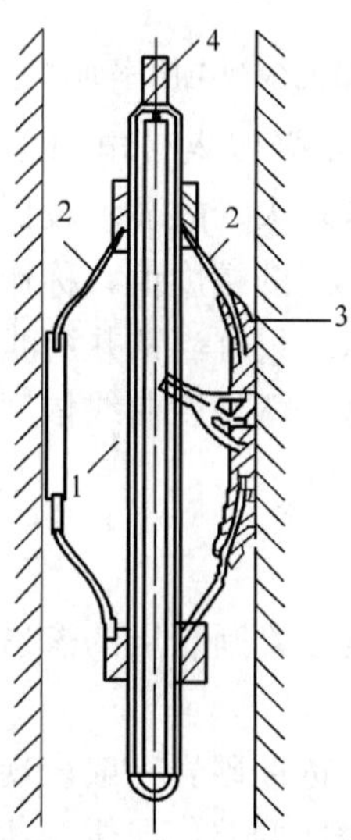

图 3－9　微电极测井下井装置

1—仪器主体；2—弹簧片；3—绝缘板；4—电缆

为了细分层，减少上下邻层、钻井液及井径对曲线的影响，改装下井的电极系，使电极系靠井壁测量岩层电阻率。改装后的电极系的最大特点是电极之间的距离大大缩小了（只有几厘米），由此得名为“微电极系测井”。

（一）微电极系结构

微电极系安装在一个特殊的下井装置上（见图 3－9）。图中，仪器主体上装有 3 个（或 2 个）弹簧片，互成 120°（或 180°）角；绝缘板装在弹簧片上，靠弹簧片的压力紧贴井壁。在三块绝缘板中，有一块装有三个电极 A、M_1、M_2，称极板；电极之间的距离为 0.025m；三个电极组成两组电极系，即 A0.025$M_1$0.025M_2 的微梯度电极系和 A0.05M_2 的微电位电极系。微电极系电极距短，探测半径小。实验证明，微梯度电极系探测半径为 5cm，而微电位电极系探测半径为 8cm 左右。由于微电极系探测范围小，因此在测量时井壁上有无泥饼对测量结果影响很大，故微电极系测得的视电阻率只反映了靠近井壁附近岩层电阻率的情况。当井径扩大、弹簧片不能与井壁接触时测得的电阻率为钻井液电阻率。若井径不规则，极板与井壁接触不良，在极板与井壁之间夹有薄层钻井液（钻井液薄膜），同样影响测量值。

（二）微电极测井曲线的应用

解释微电极测井资料时，必须参考其他测井资料，方能得到正确的地质解释。微电极测井在定性解释方面主要是确定岩层界面和划分渗透层。

1. *确定岩层界面*

由于微电极系的电极距短小，紧贴井壁进行测量，消除了邻层屏蔽影响并减小了钻井液影响，因此岩层界面在曲线上反映得很清楚。利用微电极曲线，一般可以划分厚度为 20cm 的薄层。实验结果显示：微电极测井曲线的分层原理是用微电位曲线的半幅点来确定高电阻地层的顶、底界面。

2. *划分渗透层*

渗透性岩层的井壁上有泥饼存在，而非渗透性岩层没有泥饼，但井壁与极板间有钻井液薄膜，钻井液薄膜与钻井液对微电极测井都有影响，但影响大小不一样，因此，我们有可能根据微电极测井资料划分出渗透性地层。

对于渗透层，泥饼厚度一般在 0.2～2cm，泥饼电阻率为钻井液电阻率的 1～3 倍。形成泥饼后，靠近井壁的岩层孔隙被钻井液滤液充填，形成钻井液侵入带（见图 3-10），其电阻率一般为 3～10 倍钻井液电阻率。微电位电极系的探测半径大于微梯度电极系，因此泥饼对微梯度电极系测量结果的影响大于微电位电极系。当用这两种微电极系对同一渗透层进行测量时，探测半径大的微电位电极系测得的视电阻率主要受侵入带电阻率的影响，显示出较高的数值；而微梯度电极系测得的视电阻率受泥饼影响较大，故显示较低的数值，此时两条微电极曲线出现幅度差。微电位曲线幅度大于微梯度曲线的幅度值，称作正幅度差。渗透性岩层在微电极曲线上一般呈正幅度差，如图 3-10 所示。只有当钻井液滤液矿化度很高，使得泥饼电阻率大于侵入带电阻率时，微电位曲线幅度低于微梯度曲线幅度，称为负幅度差。

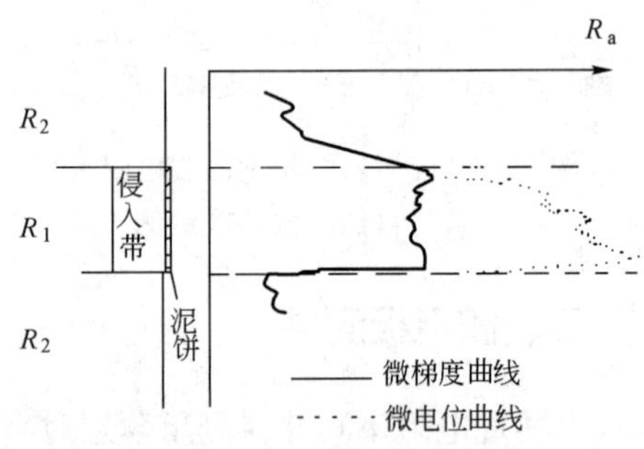

图 3-10　微电极视电阻率曲线

3. *确定岩性*

在碎屑岩沉积剖面上，根据两条微电极曲线幅度差大小，可以定性判断岩层的渗透性好坏、泥质含量的多少。

泥岩一般表现电阻率低，井壁无泥饼，曲线平缓，无幅度差。渗透性砂岩一般表现为曲线幅度值高，两条曲线存在正幅度差。随泥质含量的增加，岩层渗透性变差，泥饼变薄，正幅度差值变小。泥质粉砂岩的岩性致密，泥饼较薄，正幅度差很小，随泥质增加，正幅度差减小。

三、自然电位测井

如图 3-11 所示，在井内不供电情况下，测量电极 M 沿井身移动，可测量出 M、N 两点电位差，说明井内存在自然电场。井内自然电位的产生是钻井液与地层水之间离子扩散与吸附电化学活动作用造成的。自然电位测井就是测量自然电位随井深变化的数值，用以研究地下岩层性质的测井方法。

自然电位曲线主要应用于以下两方面：

（1）划分岩层界面。对于厚岩层，可用曲线半幅度点划分岩层界面；对于薄岩层，必须与视电阻率曲线配合，才能获得准确结果。

（2）确定渗透性岩层。视电阻率较高的岩层，可能是具有渗透性的油气层或淡水层，也可能是致密岩层（火山岩、石灰岩等），如果配合自然电位曲线解释会获得明确结论，即当地层水矿化度 C_w 大于钻井液矿化度 C_{mf}时，渗透性岩层的自然电位出现负异常，非渗透性致密层为正异常；而当 $C_w < C_{mf}$ 时，情况恰好相反，如图 3-12所示。

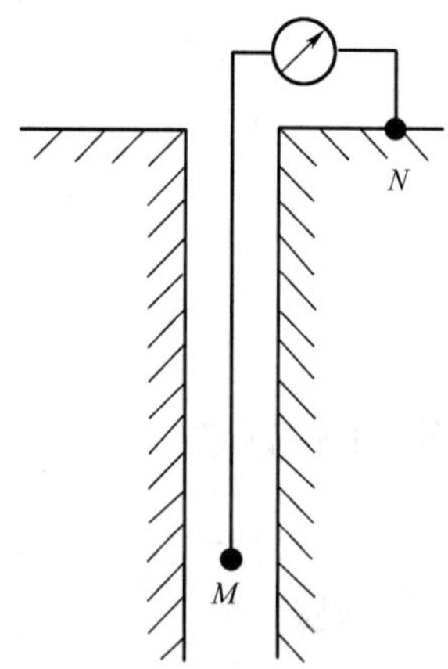

图 3-11　自然电位测井原理示意图

四、感应测井

感应测井是研究地层电导率的测井方法。岩石的电导率是电阻率的倒数，单位为 ms/m。电导率是衡量岩石导电能力大小的物理量，岩石的电阻率越大，电导率越小，导电能力越差。

（一）原理

下井仪器如图 3-13 所示，当振荡器向发射线圈输出固定频率的电流时，发射线圈就会在井周围地层中形成交变电磁场，此时地层中就产生感应电流（又称涡流）。感应电流是交变电流，该电流在地层中同时形成次生电磁场。在次生电磁场的作用下，接收线圈便产生感应电动势。该电动势大小与地层感应电流强度有关，感应电流强度大小与地层电导率成正比，通过电缆将接收信号输送到地面仪器，记录成曲线。

（二）曲线的应用

1. 确定岩性

地层电导率是地层电阻率的倒数，因此视电阻率曲线上幅度值大的岩层（如油层、气层、致密砂层等），在感应测井曲线上恰恰都是低幅度值；而低电阻率层（如泥岩层）反而为高幅度值。感应测井曲线上直接记录的是地层电导率，它可以换算成地层电阻率。

2. 判断油水层，划分油水界面

感应测井曲线对地层电导率反应极为灵敏，水层电导率明显高于油层。在油水界面附近，由于电阻率的急剧变化，引起地层电导率的急剧变化，在感应测井曲线上表现明显。

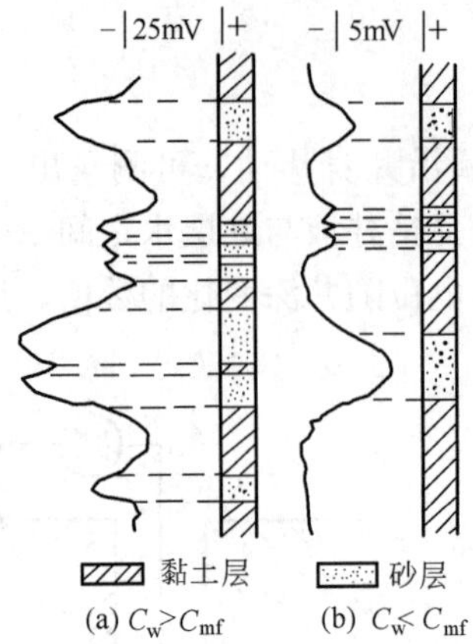

图 3-12　自然电位曲线

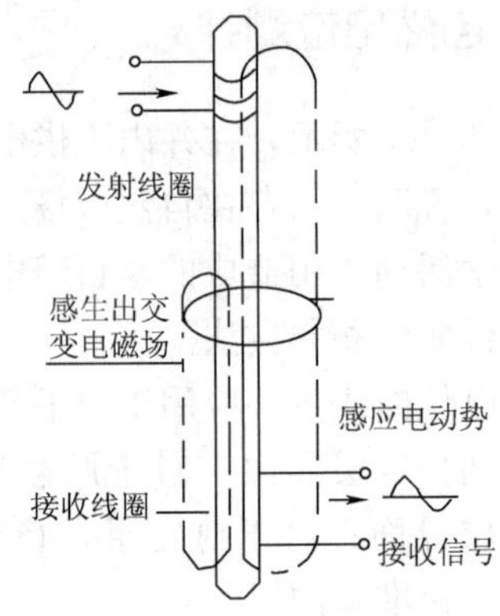

图 3-13　感应测井原理图

五、侧向测井

当井剖面岩层电阻率普遍很高或井内充满高矿化度钻井液时，用普通电极系很难划分岩层和确定岩层电阻率。因此采用带聚集装置的电极系进行侧向测井。

侧向测井电极系中除有主电极外，还有一对屏蔽电极，其作用是使从供电电极发出的电力线呈水平层状流入地层，目的是减小钻井液、侵入带和上下围岩对测量结果的影响。

侧向测井按附加电极的个数和电极之间相对距离又分为三侧向、六侧向、七侧向和微侧向测井等，它们的测量原理是相同的。下面以三侧向测井为例来介绍。

(一) 基本原理

三侧向测井电极系如图 3-14 所示。电极系是一个被绝缘物质分成三段的金属圆柱体，中间一段称主电极 A_0，两端两段称屏蔽电极 A_1、A_2。测井时，主电极 A_0 和屏蔽电极 A_1、A_2 通以相同极性的电流，并保持三个电极电位相等。由于电极系中绝缘物厚度很小，电极系长度很大，所以电极系的电场和一个完整的金属圆柱的电场基本一样。主电极的电流 I_0 夹在电极 A_1、A_2之间，被电极电流 I_1、I_2 屏蔽。因此主电极的电流不能四散，只能呈一板状电流束进入地层。可以从式（3-1）求得视电阻率值 R_s：

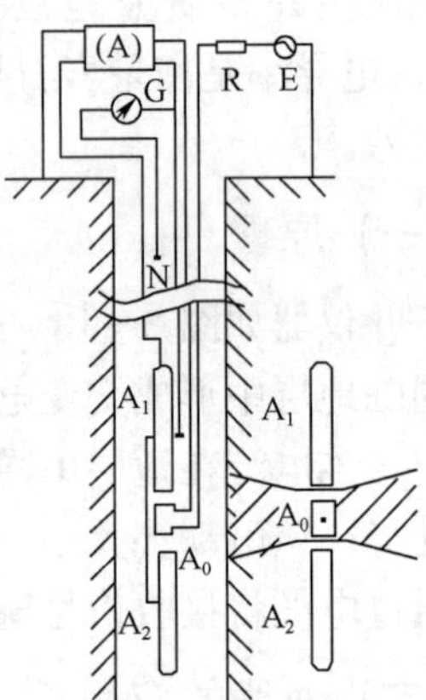

图 3-14　三侧向测井原理图

（A）—可控电路；R—可控电阻；E—电源；G—电位差计

$$R_s = KU_0 / I_0$$

式中　K——电极系数，与电极的尺寸有关；

U_0——用电位差计 G 测得的电极电位，mV；

I_0——主电极的电流，A。

U_0/I_0 是主电极接地电阻，它表示主电极电流从电极发出后传至无限远之间的介质电阻，用 R_0 表示，可以看作是井内钻井液电阻、侵入带电阻和地层电阻之和。对于高矿化度钻井液，钻井液电阻和侵入带电阻都很低，接地电阻主要取决于地层电阻。所以，在高矿化度钻井液中进行侧向测井，一般比普通电极系测井探测能力强。

（二）曲线特点及应用

侧向测井曲线中高电阻层具有对称性，最大值在地层中点，解释时只取最大值，可以近似以曲线突变点分层，对薄层分层能力比其他电阻测井要清晰得多。

如果用两条不同电极距的三侧向测井曲线，由于其探测深度不同，受钻井液侵入带电阻率、岩层电阻率影响不一样，根据两条曲线的幅度差可以划分渗透层和油、气、水层。油层、气层曲线幅度差大，且显示正幅度差；水层幅度小或显示负幅度差。

六、放射性测井

在地层水矿化度较高的地区钻井，钻井液常被盐侵，使钻井液电阻率变低，电阻率测井将无法进行。放射性测井是根据岩石的核物理性质，利用岩层中存在的放射性元素或人工产生放射性射线，间接研究钻井地质剖面。由于放射性元素所产生的射线可以穿过金属物质，所以下套管的井中仍然可以进行测井工作。这为油气田投入开发以后了解油、气、水重新分布情况带来方便。因此放射性测井也广泛应用于解决井下工程技术问题。下面介绍两种常用的放射性测井方法。

（一）自然伽马测井

自然伽马测井是通过岩石的自然伽马射线强度来研究岩性的一种测井方法。

1. 自然伽马测井装置

井内岩层自然放射性测量示意线路如图 3－15 所示。自然伽马测井装置包括井下仪器及地面记录装置两部分。记录放射性射线的主要装置是放电计数管，当有射线打入计数管时，它输出一个信号电流（脉冲），经放大器由电缆送到地面记录装置。岩石中自然放射性元素衰变放射出三种粒子，即 α、β、γ 射线。由于 α、β 射线的穿透能力弱，在未到达测量仪器之前就被吸收，因此仪器接收的放射性射线是 γ 射线。γ 粒子打入计数管后便由计数管输出一个脉冲。射线强度与放射性元素每秒衰变次数有关，每衰变一次放出一定 γ 粒子。岩层中放射性元素越多，衰变放出 γ 射线强度越大，每分钟脉冲值越高（由于放射性元素衰变不稳定，故测得曲线呈锯齿状）。

2. 自然伽马测井曲线的应用

自然伽马测井曲线可以配合其他测井资料或地质录井资料进行综合解释，确定岩层岩性。泥岩吸附放射性元素离子能力大，在自然伽马测井曲线上幅度值高；砂岩、碳酸盐岩、石膏等岩层在曲线上显示低幅度值；对于含泥质岩层，根据泥质含量多少，其在曲线上的幅度值介于上述两者之间，如图 3－16 所示。此外，曲线还可以判断岩层渗透性。

从自然伽马测井曲线上比较容易选择区域性对比标准层，因此，当其他测井曲线难以进行地层对比时，可以用自然伽马曲线进行。

另外，自然伽马测井可以在下套管的井中进行，因此广泛应用于工程技术测井，如跟踪定位射孔、找套管外窜槽等。

（二）中子伽马测井

中子伽马测井是一种人工的放射性测井法。它是用人工产生中子去“轰击”岩层，当中子与岩石中的矿物和岩石孔隙中流体的原子核碰撞后，中子损失了能量，最后被原子核俘获；原子核俘获中子以后，被激发成为激发状态的原子核，它由激发状态过渡到稳定状态时放出伽马射线。为了有别于自然伽马射线，将这种射线称为中子伽马射线或二次伽马射线。岩石性质不同，放出的二次伽马射线强度不同。中子伽马测井就是通过测量岩层原子核俘获中子后所放出的二次伽马射线的强度来研究钻井剖面的。

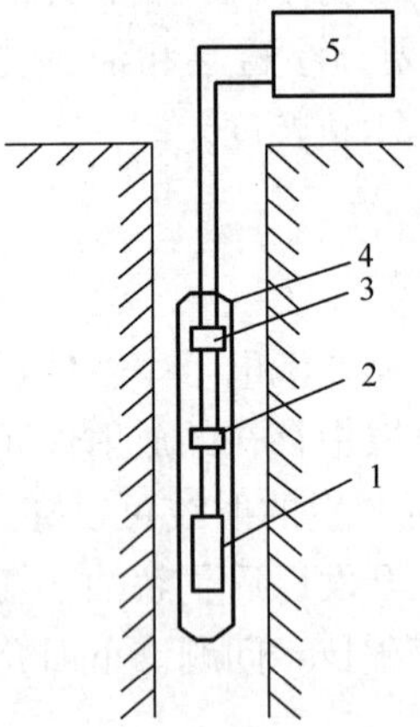

图 3-15　自然伽马测井装置

1—放电计数管；2—放大器；3—高压电源；4—仪器外壳；5—地面记录装置

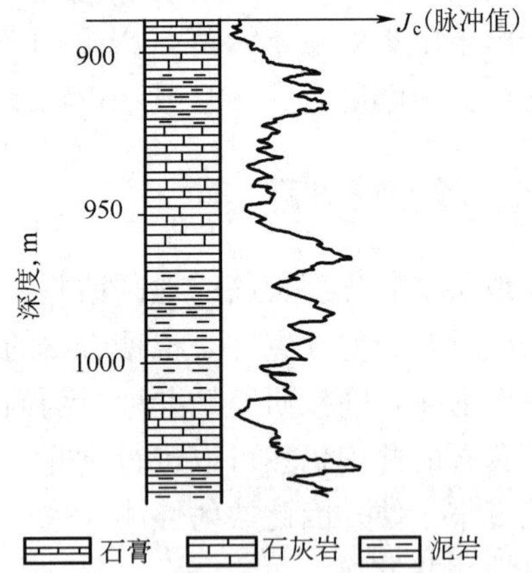

图 3-16　自然伽马曲线解释示例

1. 中子伽马测井装置

中子伽马测井地面记录设备与自然伽马测井相同，井下仪器往往也与自然伽马测井仪合为一体，装置结构见图 3-17：中子源是产生中子的装置；铅屏是消除干扰的装置，由于中子源在放出中子的同时，产生伽马射线，用铅屏可以消除伽马射线对中子伽马测井结果的干扰；计数管（3）是记录二次伽马射线的装置，由计数管中点到中子源的距离称为中子源距（L），一般 L 为 60～70cm；计数管（4）是用来记录自然伽马射线的装置。

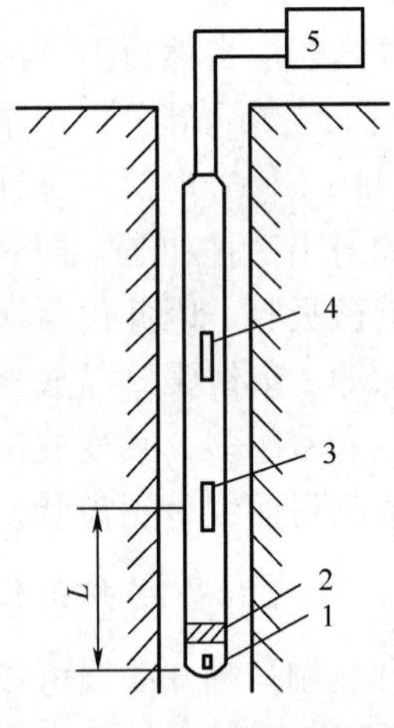

图 3-17　中子伽马测井装置

1—中子源；2—铅屏；3，4—计数管；5—地面记录装置

2. 中子伽马测井曲线的应用

1）判断岩性

自然伽马测井曲线可以区分碎屑岩剖面中砂岩与泥岩地层。如果砂岩中也含有放射性元素，也会有较高的放射性强度，对于这种剖面仅用一条自然伽马测井曲线是很难区分的。此时可用中子伽马曲线与自然伽马曲线配合。对于含氢量较多的泥岩，中子伽马曲线呈低幅度，而砂岩呈现高幅度。

2）判断油、气、水层

在含高矿化度地层水的地区，地层水含大量氯化钠，水层中的氯含量远大于油层。在这种情况下，水层的中子伽马曲线显示高值，而油层为中等值，利用这个特点可划分油水界面。中子伽马测井判断气层更为有效，气层含氢量低于油水层，曲线上显示为高值。

3）判断岩层孔隙度

岩层孔隙中，在溶液性质一定的情况下，曲线幅度反映了岩层孔隙度的大小。

七、声波时差测井

声波时差测井是利用测定声波在地层中传播的速度，从而确定岩层特性和区分油、气、水层一种测井方法。

（一）原理

如图3-18所示，在井下仪器中装有一个声波发生器和两个接收装置，两个接收器与发生器之间的距离不同。声波发生器向地层发射一定频率的声波时，经地层传至接收器的初至波到达两个接收器的时间不相同，两者的时差为 Δt（单位 μs，$1\mu s=10^{-6}s$），两个接收器一般相距0.5m，即 Δt 相当于声波在地层内通过0.5m所需的时间。随着仪器在井筒内上提，可以得到 Δt 沿井身的变化曲线。声波在岩石中传播速度随岩石密度的增加而加快。不同性质的岩石，其密度和结构不同，声波在岩石中的传播也速度不一样。因此，可以根据声波的传播速度来研究岩石特性。

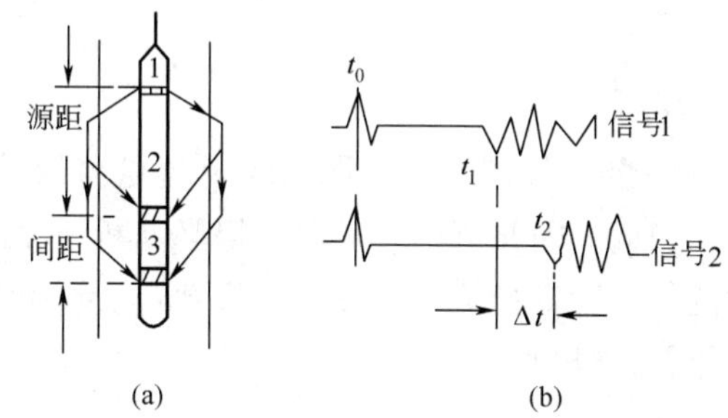

图3-18　声波时差测井原理图

1—声波发生器；2—接收器1；3—接收器2

（二）声波时差曲线的应用

1. 判断岩性

岩石越致密，声波时差测井的 Δt 越小；岩石越疏松，孔隙度越大，Δt 越大。

2. 区分油、气、水层

声波在水中传播的速度大于在石油中传播的速度，而在石油中的传播速度大于在天然气中的传播速度，故孔隙中含有不同的流体可以从声波时差曲线上反映出来，对油气界面和气水界面划分尤为明显。

八、井径测井

在钻井过程中，由于钻井液、钻头和钻杆对地层的撞击等原因，使岩性不同的井段井径大小不一样。在地球物理资料解释和解决某些油气井技术问题时，需要了解沿井身井径的变化情况。

（一）测量原理

如图 3－19 所示，电阻式井径仪的仪器腿依靠弹簧的张力与井壁紧密接触，当井径改变时，仪器腿绕腿轴转动，使凸轮带动连杆上下移动，连杆与电位器滑动端相连接，可变电阻随井径改变而改变。

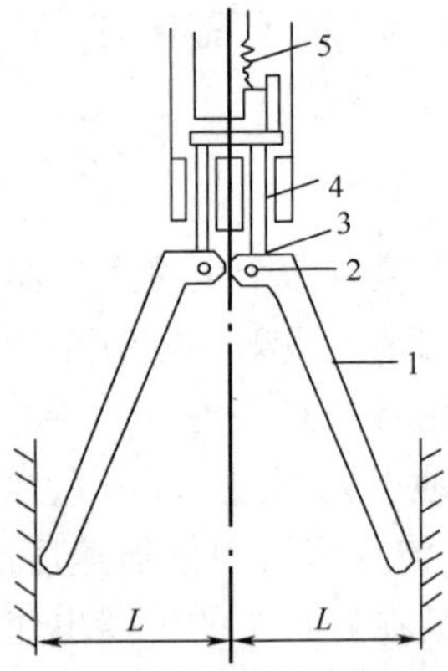

图 3－19　电阻式井径仪工作原理

1—仪器腿；2—腿轴；3—凸轮；4—连杆；5—可变电阻

（二）井径测井曲线的应用

渗透性岩层井壁有泥饼，会使井径缩小；泥岩层、疏松岩层井壁易垮，井径变大；坚硬、致密层井径与钻头直径相近。因此可用井径曲线粗略判断钻穿地层的岩性。

另外，可根据平均井径、套管直径及固井井段的长度，计算固井水泥用量。井径还可以作为地球物理测井曲线解释参考资料。

第三节　油气田勘探阶段

油气田勘探阶段的主要任务是高水平、高效率地寻找油气田，最大幅度地增加石油工业后备油气储量，并要查明油气田的基本情况，取得开发油田所需的全部数据，为油气田全面开发做好准备。由此可见，勘探阶段的核心问题是如何寻找到油气田。

整个油气田勘探过程中，根据主要任务的不同，可分为两个大阶段，每个大阶段又各分为两个小阶段。不同阶段在工作范围、工作方法等方面各不相同。

一、区域勘探阶段

区域勘探是在一个地区开展油气勘探工作的最初阶段。其主要任务是从区域（盆地、坳陷、凹陷）出发，进行整体调查，了解区域地质和石油地质概况，查明生、储油条件，指出油气聚集的有利地带，评价含油气远景，进行油气资源量估算，准备好油气钻探的有利构造。

区域勘探大阶段内部还可以划分为普查和详查两个阶段。普查是战略性的，是区域勘探的主体；详查是战术性的，是在普查指出的含油气有利地带上，准备出钻探的构造。普查的比例尺为 1∶100 万～1∶10 万，详查为 1∶10 万～1∶2.5 万。

二、工业勘探阶段

工业勘探阶段的主要任务是发现油气田、查明油气田。这一阶段又可分为构造预探和油气田详探两个阶段。

（一）构造预探

构造预探的主要任务是在详查准备出的构造上，部署预探井，寻找油气田，或者对该构造进行否定评价。发现油气田后，应查明含油气层位及工业价值，控制部分含油气面积，计算三级概算油气储量。

（二）油气田详探

通过油气田详探，进一步查清构造预探阶段在该构造所发现的油气藏特性，控制含油气边界，提交二级探明油气储量，为编制油气田开发方案提供所需要的各项地质参数。

上述四个阶段是客观事物发展的反映，不是主观随意确定的。它们之间也不是相互孤立、相互分割的，而是由大区到小区，由面到点有机联系着的，前阶段为后阶段做准备，后阶段又是前阶段的继续深入和验证。四个阶段在工作对象上也有所差别：普查是以一个可能的含油气盆地、坳陷、凹陷为对象；详查则把工作集中至一个可能是油气聚集带的二级构造带上，或者可能是一个局部构造上；预探的对象则主要是一个局部构造，或者是一个二级构造带；当经过预探找到油气藏后，详探则以一个圈闭为其主要研究对象。因此，在一个盆地内的各个地区，勘探阶段必然是交叉并举的，最有远景的地方可能已进入预探阶段，而另一些地方则还没有进行详查。这样，可以把力量集中到最有希望的地方，争取早日见油。但目前国内外对勘探程序的划分或名称上尚不完全一致，反映了认识上的差别。

复习思考题

1. 油气勘探方法有哪些？

2. 什么是地球物理测井？有哪些测井方法？

3. 电位电极系和梯度电极系有何区别？两者曲线形状、岩层界面的确定方法各有何不同？

4. 视电阻率曲线有何应用？

5. 微梯度电极系和微电位电极系各测定什么电阻率？微电极测井曲线何有应用？

6. 井内自然电位是如何产生的？当地层水矿化度大于钻井液矿化度时，渗透性地层自然电位曲线是____，泥岩地层出现____。

7. 感应测井与视电阻率测井有何区别？感应测井曲线有何应用？

8. 什么情况下用测向测井？裂缝性碳酸盐岩三侧向测井曲线有何特点？

9. 什么情况下应用放射性测井？自然伽马曲线与什么有关？中子伽马射线与自然伽马射线有何区别？因 Cl^- 和 H^+ 具有较强的俘获能力，据此分析油、气、水层的中子伽马曲线幅度有何不同？

10. 根据岩石声波时差计算地层的孔隙度，属何种孔隙度？油、气、水层在声波时差曲线上有何不同？

11. 什么地层扩径？什么地层缩径？扩径、缩径对钻井有何影响？

12. 油气田勘探分为几个阶段？各阶段的任务是什么？

第四章 钻　　井

要了解地下地质情况，证实已探明的构造是否有油、含油面积和油气储量，并把石油、天然气从地下开采出来，就需要钻井。因此，钻井是寻找和开发石油的主要手段。

钻井就是为了勘探和开发地下石油和天然气，通过一定的设备、工具和工艺技术手段，形成一个从地表到地下某一深度处具有不同轨迹形状的孔道。我国是世界上最早进行钻井采油的国家之一，远在四百多年前（1521 年），在四川嘉州一带钻成的井中已采出了油，这口井比美国所谓的“世界第一口井”（1859 年）要早三百多年，比俄罗斯自称的“世界第一口采油井”（1848 年）也要早三百多年。

本章主要介绍钻井类型、钻井设备、钻进工具、钻井技术、固井、钻井事故的预防与处理等内容。

第一节　钻 井 分 类

石油钻井按钻井的目的分为勘探井和生产井；按井眼的轨迹形式分为垂直井和定向井，定向井又包括斜直井和水平井；按钻井的环境条件分为陆地钻井和海洋钻井，海洋钻井又按钻井装置分固定钻井和浮式钻井；按井眼深度分为浅井、中深井、深井、超深井、特超深井，等等。

一、勘探井和生产井

（一）勘探井

勘探井是以获取地质资料为目的而钻的井，包括地质井、预探井、详探井、评价井等。勘探井一般都打垂直井。

（1）预探井：是指在经地震详查和地质综合研究所确定的有利圈闭上，为发现油气藏而钻的井，包括在已知的油田上为发现新的油气藏所钻的井。

（2）详探井：是指在已发现的油气圈闭上，为探明含油气边界和储量、了解油气层构造与产油能力而钻的井。

（3）评价井：是指在预探井发现含油气储集层后，为探明这个圈闭含油气面积和地质储量所钻的井。

由于地层情况不明，又要取岩心、测取地质资料，所以钻勘探井所需时间长、费用高。海上一般用活动式钻井装置钻勘探井。

（二）生产井

生产井又叫开发井，是在油田开发阶段为油气生产而钻的井，包括油（气）井、注水（气）井、调整井等。钻生产井一般不取岩心，地层情况清楚，钻井速度快、费用低。

（1）油（气）井：在进行油田开发时，为开采石油和天然气所钻的井，又可分为产油井和产气井。

（2）注水（气）井：为了提高采收率而对油田进行注水、注气，以补充和合理利用地层能量所钻的井，又可分为正注井（从油管向地层注水的井）和反注井（从套管向地层注水的井）。

（3）调整井：在原有井网基础上，为改善油田开发效果而补充钻的一些零散井或成批成排的加密井。

二、定向井

石油钻井中，除垂直井外，按照一定的目的与要求，沿着设计轨迹打的井都称为定向井，包括水平井和斜度井。随着钻井技术的发展和完善，为满足油气田开采的需要，20 世纪 90 年代以来，大斜度井、水平井和大位移井是发展的方向。

（一）水平井

水平井是指设计最大井斜角在 86°～120°之间，并沿（近）水平方向钻进一定长度的井。由于水平井能增加开发油层的裸露面积，提高油层的产油量和油田的采收率，所以水平井技术从 20 世纪 90 年代开始发展起来。水平井可分为长、中、中短、短四种曲率半径。水平井钻井相对较难，多数需要特殊设备、钻具、工具、仪器以及特殊工艺。

（二）斜度井

斜度井是指设计的最大井斜角不超过 85°的井，可分为低斜度井、中斜度井、大斜度井等，其中中斜度井使用较多。

（三）丛式井

油田在开发时，由于地面、环境等条件的限制，以及合理利用土地资源的要求，往往要在一个井场或平台上有计划地钻几口或几十口定向井和一口直井，这些井统称丛式井。丛式井各井口间距离（井距）一般为 2～3m。丛式井可以减少井场或平台的建设费用，又便于油井的生产管理，广泛用于海上油田开发。

三、深井和超深井

油井按井深（H）分为浅井（$H\leqslant 2500$m）、中深井（2500m$<H\leqslant 4500$m）、深井（4500m$<H\leqslant 6000$m）、超深井（6000m$<H\leqslant 9000$m）和特超深井（$H>9000$m）。

第二节　钻 井 设 备

钻井设备主要指的是钻机。现代石油钻机是一套联合的工作机组，由动力机、传动箱、绞车、天车、游动滑车、大钩、水龙头、转盘、钻井泵以及钻井液净化设备等组成，还有井架、底座等结构，以及电力、液压和空气动力等辅助设备。当前，我国乃至世界广泛使用的是旋转钻井法，其相应的钻井设备称为转盘旋转钻机，见图 4－1。

一、钻机的组成

根据钻井工艺各工序的不同要求，一套钻机必须具备下列系统和设备。

（一）起升系统

起升系统主要包括主绞车、辅助绞车（或猫头）、辅助刹车（水刹车、电磁刹车等）、游动系统（包括钢丝绳、天车、游动滑车和大钩）以及悬挂游动系统的井架等。另外还有起下钻具操作使用的工具及设备（吊环、吊卡、卡瓦、大钳、立根移运机构等）。绞车是该系统的核心部件。

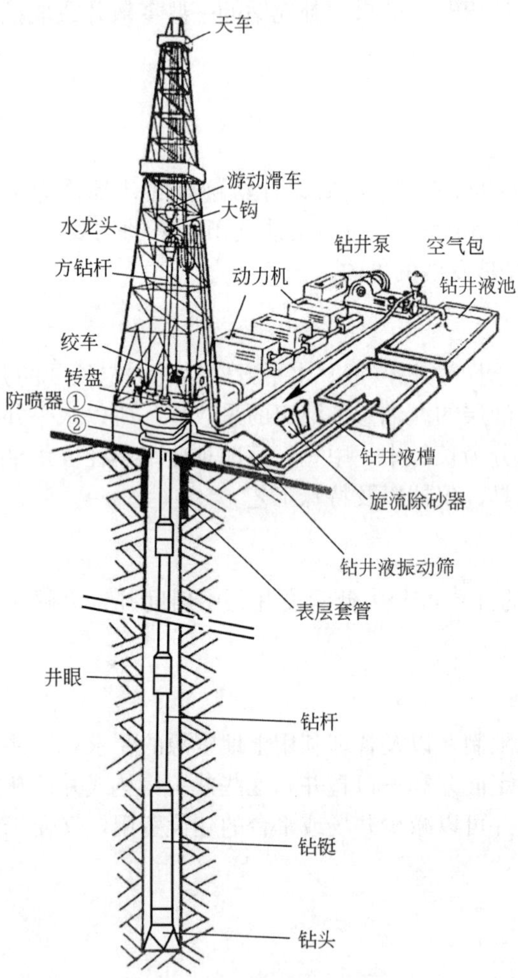

图 4-1　典型旋转钻井设备

①—转盘；②—防喷器组

（二）旋转系统

钻机的旋转系统主要由转盘、水龙头、方钻杆、钻杆、钻铤、配合接头、钻头等组成，转盘驱动方钻杆、钻杆、钻头破碎岩石，钻出井眼，所以转盘是该系统的核心设备。另外，丛式井或定向井还需配备井下动力钻具，这就构成了旋转钻进系统。

（三）循环系统

钻井液循环系统设备主要由钻井泵、振动筛、除砂器、除泥器、离心机、钻井液罐、钻井液枪、钻井液搅拌器、混合漏斗等组成，钻井泵是该系统的核心设备。

（四）动力系统

动力系统为钻机提供动力。不同的钻机配备的动力设备不一样。机械钻机主要以柴油机为动力设备，电动钻机主要以电动机为动力设备。目前国内外主要以柴油机和柴油发电机作为钻机动力源。

（五）传动系统

传动系统的主要任务是把动力设备的机械能传递和分配给绞车、钻井泵和转盘等工作机。传动系统在传递和分配动力的同时具有减速、并车、倒车等特种功能。石油钻机的传动方式有机械传动（包括万向轴、减速箱、离合器、链传动和三角带传动等）、机械—涡轮传动（液力传动）、电传动、液压传动。

（六）控制系统

为了使钻机各个系统协调工作，钻机上配有气控制、液压控制、机械控制和电控制等各种控制设备，以及集中控制台和显示仪表等。

（七）底座系统

钻机底座是钻机组成重要部分，包括钻台底座、机房底座和钻井泵底座等。车装钻机的底座就是汽车或拖拉机的底盘。钻机底座主要用来安装钻井设备，以及方便钻井设备的移运等。

（八）辅助系统

成套钻机除具有上述的主要设备外，还必须配备供气设备、井口防喷设备、钻鼠洞设备、辅助发电设备及起重设备，在寒冷地区钻井时还应配备保温设备，以保证钻机能安全、可靠运行。

二、钻机类型

（一）按钻井深度划分

（1）浅井钻机：指钻井深度不大于 2500m 的钻机，主要有用于钻地质调查井的钻机、岩心钻机、水井钻机、地震及炮眼钻机等；

（2）中深井钻机：指钻井深度在 2500～4500m 之间的钻机；

（3）深井钻机：指钻井深度在 4500～6000m 之间的钻机；

（4）超深井钻机：指钻井深度超过 6000～9000m 之间的钻机；

（5）特超深井钻机：指的是钻井深度超过 9000m 的钻机。

上述的中深井钻机、深井钻机、超深井钻机主要用于钻生产井、注水井及勘探井等深井。

（二）按驱动设备类型划分

（1）机械驱动钻机：包括柴油机直接驱动或柴油机—液力驱动的钻机，以及采用三角胶带、链条、齿轮等主传动副进行统一、分组或单独驱动的钻机。

（2）电驱动钻机：包括交流电驱动钻机、直流电驱动钻机等。目前主要采用 AC－AC 交流电驱动，AC－SCR－DC 可控硅整流直流电驱动及 AC－DC－AC 交流变频电驱动。

（3）液压钻机：通过液压动力和传动方式驱动的钻机。

三、钻机标准

石油钻机标准主要包括钻机参数标准、钻机最大井深标准、钻机等级标准及钻机型号标准。

（一）钻机参数标准

（1）名义钻深范围：钻机在规定的钻井用绳下，使用规定的钻柱时钻机的经济钻井深度范围。

（2）最大钩载：钻机在规定的最多绳数下进行作业时，大钩上所允许的最大载荷。

（3）钻井绳数：用于正常钻进、起下钻柱时的游动系统（属上述起升系统）有效绳数。

（4）游动系统最多绳数：钻机配备的天车、游车轮系所能提供的最多有效绳数。

（二）钻机等级标准

我国对石油钻机等级规定了九个级别，即 ZJ10/585，ZJ15/900，ZJ20/1350，ZJ40/2250，ZJ50/3150，ZJ70/4500，ZJ90/6750，ZJ120/9000。

其中“ZJ”为钻机汉语拼音字头；10、15、20、40、50、70、90、120 为最大钻井深度（单位为 m）的 1/100；585、900、1350、2250、3150、4500、5850、6750、9000 为钻机最

大钩载（单位为kN)。

（三）石油钻机型号标准

下面举例说明钻机型号标准：

ZJ15/900DBZ-2，表示交流变频自走式车载钻机，最大钻深1500m，最大钩载900kN，第三代产品；

ZJ40/2250L，表示链条为主驱动原型模块式机械钻机，最大钻深4000m，最大钩载2250kN；

ZJ50/3150DB-1，表示模块式交流变频电驱动钻机，最大钻深5000m，最大钩载3150kN，第二代产品；

ZJ70/4500DZ：表示模块式DC-SCR-DC驱动的可控硅整流电驱动钻机，最大钻深7000m，最大钩载4500kN。

四、钻井绞车

钻井绞车不仅是起升系统设备，而且也是整个钻机的核心部件，是钻机三大工作机之一。

（一）钻井绞车应具备的功能

根据钻井工艺的特点，所配备的绞车应具有以下功能：

(1) 具有足够大的功率。有提升最重钻柱和解卡能力，在最低转速下钢丝绳能产生足够大的拉力，保证游动系统安全可靠。

(2) 各提升部件具有足够的强度和刚度。滚筒、滚筒轴、轴承以及各机构、易损件具有足够长的寿命。

(3) 绞车滚筒具有足够的尺寸和容绳量，保证缠绳状态良好以延长钢丝绳寿命。

(4) 能适应起重量的变化，具有足够的起升挡数，以提高功率利用率，节约起升时间。

(5) 具有灵敏而可靠的刹车机构及强有力的辅助刹车，能准确调节钻压、均匀送进钻具，在下钻过程中能随意控制下放速度以及能在较省力的状态下将最重钻柱载荷刹住。

(6) 具有一个或两个猫头——紧扣猫头和卸扣猫头，以满足用大钳紧扣和卸扣及其他辅助起重的需要，有时还应配有死猫头。

(7) 具有稳定的支架和底座；整个绞车不应超重、超宽、超长、超高，以免给运输带来困难；传动部分应有严密的保护罩，易损件要拆卸、更换方便。

(8) 采用集中控制，使控制手柄、刹把、指重表等集中在司钻控制台上，便于司钻的操作。

（二）绞车的结构类型

绞车种类繁多，有多种分类方法，如按轴数分，有单轴、双轴、三轴及多轴绞车；按滚筒数目分，有单滚筒和双滚筒绞车；按提升速度分，有二速、三速、四速、六速、八速绞车。常用的是三轴绞车。

五、钻井泵

钻井泵是钻井液循环系统中的关键设备，现场习惯称为泥浆泵，一般用于在高压下向井底输送高黏度、高密度和含砂量较高的钻井液（同时也是井底动力钻具的动力液），以便冷却钻头和携带岩屑等。

（一）钻井泵的分类

钻井泵的种类较多，石油矿场上常用的是三缸单作用卧式往复泵，这种泵活塞在液缸中往复一次吸入或排出液体。

我国用于石油和天然气钻井的国产钻井泵已逐步系列标准化，如3NB××1000，3NB××1300，3NB××1600等。其中NB表示“钻井泵”、NB前面的数字表示泵的液缸数，无数字则为双缸泵；NB的下标表示设计序号，后面的数据表示泵的额定输入功率（单位为hp）。

（二）钻井泵的基本参数

钻井泵工作能力的大小可以用其基本参数来表示，分别是流量、压头、功率、效率、冲次和泵压。

1. 流量

流量是指在单位时间内泵通过排出管输出的液体量。流量通常以体积单位表示，又称为体积流量，其单位为L/s或m^3/s。钻井泵中的流量又分为平均流量和瞬时流量，现场上所说的流量一般是指平均流量。石油矿场上又习惯把流量称作排量。

2. 压头

压头指的是单位质量的液体经泵压所增加的能量，也称为扬程。

3. 功率和效率

功率是指泵在单位时间内所做的功。一般把在单位时间内发动机传到泵轴上的能量称作输入功率或主轴功率。把在单位时间内液体经过泵后增加的能量称作泵的有效功率。功率的单位为“kW”。泵的效率是指有效功率与输入功率之比。

4. 冲次

泵的冲次是指在单位时间内活塞的往复次数，单位为“次/min”。

5. 泵压

泵压是指泵排出口处的液体压力，单位为“MPa”。

第三节　钻 进 工 具

钻进工具包括钻头、钻柱等钻进工具，是破碎岩石的主要工具。

一、钻头

钻头质量的优劣及其与岩性和其他钻井工艺是否适应，将直接影响钻井速度、钻井质量和钻井成本。

（一）钻头破碎岩石的工作原理

钻头破碎岩石的工作原理与方式有三种：

（1）切削：利用轴向压力使破碎工具吃入岩石，钻头旋转挤压破碎岩石并进行切削，其方式类似于金属切削。

（2）冲压：利用轴向载荷使岩石在冲击和挤压作用下破碎。

（3）研磨：利用抗磨性高的材料，在一定压力和适当的转速下，对岩石进行研磨破碎。

上述三种方式中，钻头对岩石的作用形式主要是压挤和切削。实际上钻头在井内破碎岩石钻进时，这三种破岩方式兼有，只是根据岩石的强度和钻头类型以某种破碎方式为主而已。塑性岩石一般强度较小，钻头以切削破碎为主；塑脆性和脆性岩石一般强度较高，以冲击和压挤破碎为主；对强度和硬度都很大的岩石，则以研磨破碎为主。

（二）钻头的类型

目前常用的钻头按其破碎岩石的方式和作用原理分为刮刀钻头（切削型）、牙轮钻头（冲压型）及研磨型钻头（金刚石钻头）三大类，见图 4－2。其中牙轮钻头使用较多，而刮刀钻头使用量最小。钻头尺寸以其钻出的井眼内径为公称尺寸，国际上已形成基本统一的系列。常见钻头尺寸为 26in，20in，$17\frac{1}{2}$in，$14\frac{3}{4}$in，$12\frac{1}{4}$in，$10\frac{5}{8}$in，$9\frac{1}{2}$in，$8\frac{1}{2}$in，$7\frac{7}{8}$in，$6\frac{1}{2}$in，$5\frac{7}{8}$in，$4\frac{3}{4}$in（1in＝25.4mm）。

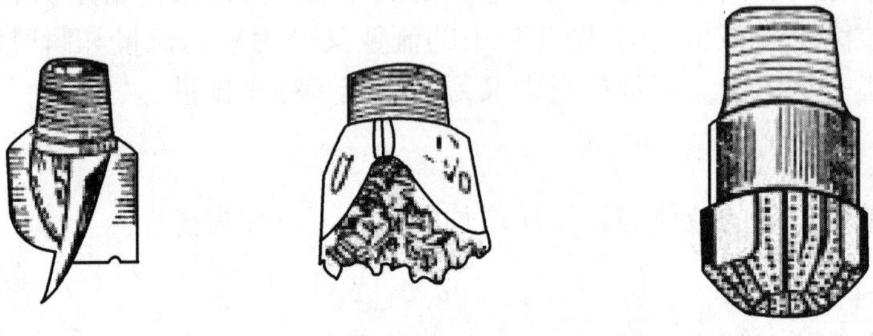

(a)刮刀钻头　　(b)牙轮钻头　　(c)研磨型钻头

图 4－2　典型钻头结构图

1. 刮刀钻头

刮刀钻头为切削型钻头，适用于软塑性岩层。这种钻头体上镶焊有几个刮刀片，在刮刀翼上加焊上耐磨的硬质合金材料，根据塑性岩石软硬的特点，刮刀钻头有两翼的（称鱼尾钻头）、三翼的和四翼的，最常用的为三翼刮刀钻头。

2. 牙轮钻头

牙轮钻头在石油钻井中使用最多、适应性最广。它主要用于钻中硬至硬度较大的塑脆性及脆性地层。牙轮钻头是在钻头体上安装几个能随钻头公转又能绕着牙轮轴自转的牙轮。有两牙轮钻头、三牙轮钻头及四牙轮钻头，用得最多的是三牙轮钻头。根据岩石破碎规律，牙轮钻头结构设计应满足在旋转动力及钻压作用下，牙轮在公转和自转运动中，具有滚动产生冲击和挤压作用，又有滑动产生刮削的作用，有效破碎岩石。牙齿长、齿排少、刮削功能强、冲击力小的牙轮钻头用于钻硬度不大的地层；牙齿短、齿排多、冲击力大、刮削功能弱的钻头用于钻硬地层。

3. 研磨型钻头

研磨型钻头用于钻坚硬的地层。它选用硬度大于岩石而耐磨性强的材料（如金刚石、特种硬质合金）镶焊在钻头体上，在钻头旋转和钻压作用下研磨岩层，如同用砂轮打磨铁器一样。

（三）钻井工艺对钻头的要求

钻井工艺对钻头有两个基本要求：一是钻进速度要快，能直接缩短钻井时间；二是使用寿命要长，更换钻头次数要少，单个钻头钻进的总进尺要多。这两项分别称为钻头的机械钻速和钻头的总进尺，是钻头的两个主要技术指标。为了降低钻井成本，提高上述两项技术指标，石油科技人员一直致力于改善钻头结构，提高钻头破碎效率，延长钻头使用寿命的研究工作。20 世纪 70 年代末开始采用高硬度、高耐磨性的聚晶金刚石钻头，将聚晶金刚石材料镶焊在牙轮上，因而成倍地提高了钻井效率。

二、钻柱

钻柱是钻头以上、水龙头以下部分钻具的总称。钻具的连接如图 4－3 所示。

（一）钻柱的作用

1. 钻柱的主要作用

（1）为钻井液由井口流向钻头提供通道；

（2）给钻头施加适当的压力（钻压），使钻头的工作刃不断吃入岩石；

（3）把地面动力（扭矩等）传递给钻头，使钻头不断旋转破碎岩石；

（4）起下钻头；

（5）根据钻柱的长度计算井深。

2. 钻柱的特殊作用

（1）通过钻柱可以观察和了解钻头的工作情况、井眼状况及地层情况等；

（2）进行取心、挤水泥、打捞井下落物、处理井下事故等特殊作业；

（3）对地层流体及压力状况进行测试与评价，即钻杆测试，又称中途测试。

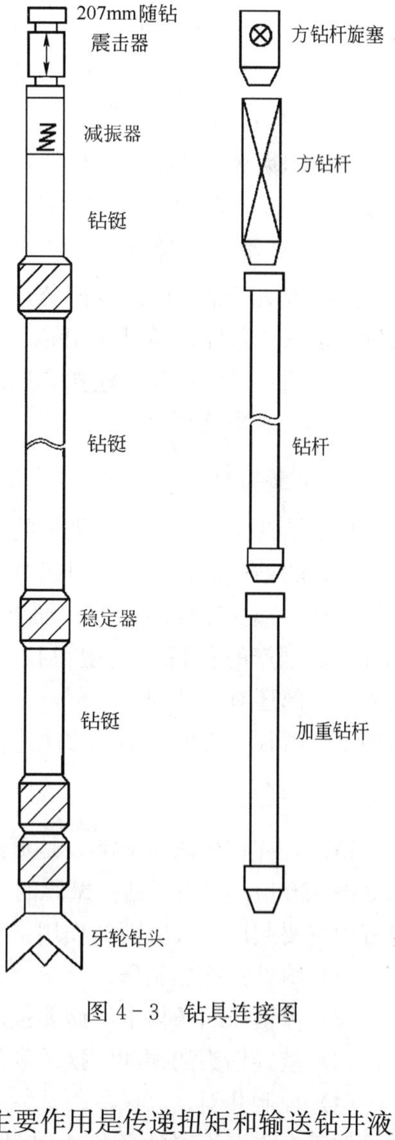

图 4－3　钻具连接图

（二）钻柱的组成

钻柱由方钻杆、钻杆段和下部钻具组合三大部分组成。钻杆段包括钻杆和接头，有时也装有扩眼器。下部钻具组合主要是钻铤，也可能安装稳定器、减震器、震击器、扩眼器及其他特殊工具。钻柱的具体组成随不同的目的、要求而不同。

1. 普通钻杆

钻杆是钻柱的基本组成部分，位于方钻杆和钻铤之间。它是用无缝钢管制成，壁厚一般为 9～11mm。其主要作用是传递扭矩和输送钻井液，并靠钻杆的逐渐加长使井眼不断加深。

1）钻杆结构与规范

钻杆由钻杆管体与钻杆接头两部分组成，见图4-4。钻杆管体与接头的连接有两种方式：一种是用细螺纹连接，即管体两端都车有外（内）螺纹，与接头一端的内（外）螺纹相连接；另一种是管体与接头用摩擦焊对焊在一起，称这种钻杆为对焊钻杆。我国现在生产或进口的钻杆全部为对焊钻杆。

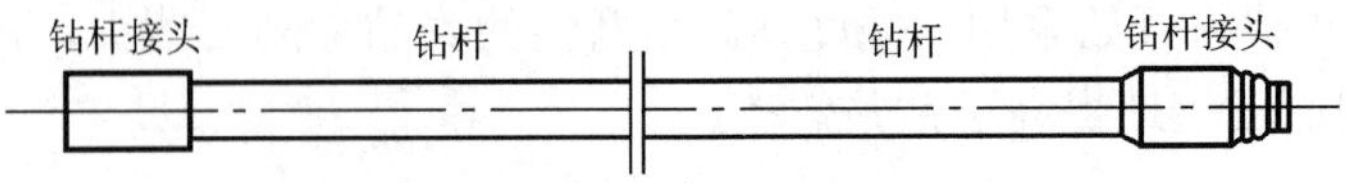

图4-4　钻杆结构示意图

为了增强管体与接头的连接强度，管体两端加厚。常用的加厚形式有内加厚、外加厚、内外加厚三种。

最常用的钻杆长度8.230～9.144m（27～30ft），钻杆尺寸（直径）有88.9mm，114.3mm，127.0mm（3.5in，4.5in，5in）三种。

2）钻杆钢级与强度

钻杆的钢级是指钻杆钢材的等级，它由钻杆钢材的最小屈服强度决定。API规定钻杆的钢级有D、E、95（X）、105（G）、135（S）级共五种，其中，X、G、S级为高强度钻杆。

3）钻杆接头及螺纹

钻杆接头是钻杆的组成部分，分内螺纹和外螺纹，连接在钻杆管体的两端。螺纹的连接必须满足三个条件，即尺寸相等，螺纹类型相同，内外螺纹相匹配。不同尺寸钻杆的接头尺寸不同。同一尺寸钻杆的丝扣类型也不尽相同，主要有内平型（IF）、贯眼型（FH）、正规型（REG）和数字型（NC）。

2. 加重钻杆

加重钻杆是一种和钻杆类似的中等重量钻具，其管壁比钻杆厚、比钻铤薄。管体连接有特别加长的钻杆接头。在钻具组合中，加重钻杆一般加在钻杆与钻铤之间，防止钻柱界面的突然变化，减少钻杆的疲劳。加重钻杆的总长度一般为9.3m，也有特殊长度为2m、3m、13m的。国产的有JZ-51型和JZ-5II型两种加重钻杆。加重钻杆除两端有超长的外加厚接头外，中部还有一外加厚部分，在其两端接头和中部加厚部分都有表面耐磨带，用以保护管体使不受磨损。长度为13m的加重钻杆还有2个中间加厚部分。

3. 钻铤

钻铤处在钻柱的最下部，是下部钻具组合的主要组成部分。其主要特点是壁厚大（一般为38～53mm，相当于钻杆壁厚的4～6倍），具有较大的重量和刚度，见图4-5。它在钻井过程中主要起以下几方面的作用：

（1）给钻头施加钻压；

（2）保证压缩条件下的必要强度；

（3）减轻钻头的振动、摆动和跳动等，使钻头工作平稳；

（4）控制井斜。

钻铤有许多不同的形状，如圆形、方形、三角形和螺旋形等。最常用的是圆形（平滑的）钻铤和螺旋形钻铤两种。

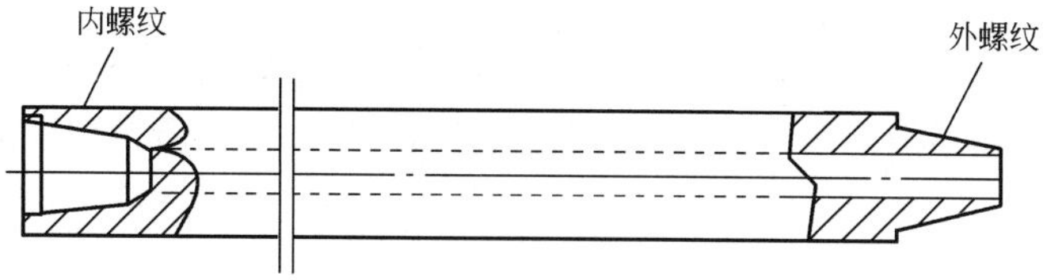

图 4－5　钻铤结构示意图

4. 方钻杆

方钻杆位于钻柱的最上端，有四方形（见图 4－6）和六方形两种。在转盘钻井中，钻进时，方钻杆与方补心、转盘补心配合，将地面转盘扭矩传递给钻杆，带动钻头旋转，并承受钻柱悬重；在涡轮和螺杆钻具的钻井中，承受钻柱悬重重量和反扭矩。一般大型钻机使用四方形方钻杆，小型钻机都用六方形方钻杆。标准方钻杆全长有 12.19m 和 16.46m 两种，驱动部分长度分别为 11.25m 和 15.54m。为了配合钻柱，方钻杆也有多种尺寸和接头类型。方钻杆的壁厚一般比钻杆大 3 倍左右，并用高强度合金钢制造，故具有较大的抗拉强度及抗扭强度，可以承受整个钻柱的重量和旋转钻柱及钻头所需要的扭矩。

图 4－6　四方形方钻杆结构示意图

方钻杆旋转时，上端始终处于转盘面以上，下部则处在转盘面以下。方钻杆上端至水龙头连接部位的螺纹均为左旋螺纹（反扣），以防止方钻杆转动时松动。方钻杆下端至钻头的所有连接螺纹均为右旋螺纹（正扣），在方钻杆带动钻柱旋转时，螺纹越上越紧。为减轻方钻杆下部接头螺纹（经常拆卸部位）的磨损，常在该部位装一保护接头。

（三）钻具的组合

钻具的合理组合是确保优质快速钻井的重要条件。钻具尺寸的选择，首先取决于钻头尺寸和钻机的提升能力，还要考虑井身结构及防斜措施。通常钻具组合考虑的原则是：在可能条件下选用大尺寸方钻杆；在钻机提升能力及钻杆下入深度允许的条件下选用大尺寸的钻杆；钻铤长度根据钻压及防斜措施来选择，一般情况下钻铤总重量应大于最大钻压的 20%～30%，以保证钻杆在不受压条件下正常工作。

常见的钻具组合有：正常钻进时，“钻头＋钻铤＋钻杆＋方钻杆＋水龙头”；用涡轮（螺杆）钻具钻井时，“钻头＋涡轮（螺杆）钻具＋钻铤＋钻杆＋方钻杆＋水龙头”。

第四节　钻 井 液

在旋转钻井过程中，凡是能够满足钻井工艺要求的循环流体都称为钻井液。因早期的钻井液是由黏土加水配制而成，故人们常将其称为“泥浆”。钻井液是石油钻井的“血液”。

一、钻井液的功用

在钻井过程中，钻井液的主要功用有：清洗井底，携带岩屑；冷却和润滑钻头；形成泥饼，保护井壁；控制和平衡地层压力；悬浮加重剂和岩屑；提供所钻地层的有关资料；将水功率传给钻头。因此，钻井液性能的好坏直接关系到钻井质量、速度和钻井成本。

二、钻井液的组成

多数钻井液是黏土以小颗粒状态分散在水中所形成的悬浮体。黏土颗粒大小不一，多数在悬浮体的范围内（0.1μm 以上），属多级分散体系。为使钻井液具有钻井工艺所要求的各种性能，常需加入各种化学处理剂。重钻井液中含有重晶石粉等惰性物质加重剂。此外，还有以油（原油和柴油）为分散介质的油基钻井液。所以钻井液是由固体、液体及化学处理剂组成的混合物质。

三、钻井液的种类

随着钻井工艺技术的发展，许多钻井液公司积极研究和发展了一些新型钻井液和钻井液添加剂，使钻井液更能满足钻井优质、快速和低成本的需要。按照 API 标准，钻井液分为水基钻井液、油基钻井液、气体钻井液和合成基钻井液四大类型。

（一）水基钻井液

水基钻井液以水为分散介质，其基本组分是黏土、水和化学处理剂。这类钻井液使用最广泛，可分为以下几类。

（1）淡水钻井液。淡水钻井液含盐（NaCl）量小于 1%，含钙量小于 120mg/L。这是最早使用的钻井液，目前已逐渐被粗分散钻井液和不分散低固相钻井液所代替。

（2）盐水钻井液。盐水钻井液含盐量大于 1%，分为盐水钻井液、饱和盐水钻井液和海水钻井液，主要用于海上钻井。

（3）钙处理钻井液。含钙量大于 120mg/L 的为钙处理钻井液。它分为石灰钻井液（低钙）、石膏钻井液（中钙）和氯化钙钻井液（高钙），主要特点是防塌性能好，抗可溶盐侵蚀的能力强，性能稳定。

（4）低固相钻井液。一般的低固相钻井液黏土含量小于 7%（体积分数）。现在在现场应用的不分散低固相钻井液的含量小于 4%，密度小，流动性能好，可以提高钻速，降低钻井成本。

（5）混油钻井液。混油钻井液是根据需要在钻井液中混加若干数量的原油或柴油，使油呈分散的乳化状态。该类钻井液的主要特点是润滑性、流动性好，失水量低，泥饼摩擦系数低，常用于钻定向井和水平井。

（二）油基钻井液

油基钻井液包括以下两种。

（1）油包水乳化钻井液：以柴油（或原油）作分散介质，水及有机黏土或其他的亲油粉末状物质作分散相，加乳化剂等处理剂配制而成。其主要特点是热稳定性高，有较好的防塌效果，对油气层的伤害小，常用于超深井的高温井段、易塌地层和低压油气层。

（2）油基钻井液：由柴油（或原油）、沥青（或有机黏土）及有关处理剂配成，主要特点是对油气层的伤害小，抗可溶盐侵蚀的能力强；但这种钻井液对生物有毒性。

（三）气体钻井液

气体钻井液是以空气或天然气作为钻井循环流体的钻井液。气体钻井液的优点为：低密度，对地层的回压小，能大大提高机械钻速，延长钻头寿命；对敏感性油气藏的伤害小，可有效保护低压油气层；不漏失，可在溶洞性和严重漏失地层钻进；钻井用水量很少，特别适用于水源缺乏的地区。

（四）合成基钻井完井液

合成基钻井完井液是以人工合成或改性的化学品（如酯类、醚类、合成烃类等）为基液的一类钻井完井液。其优点为：合成基液易于降解，利于环境保护，多用于海洋钻井、完井；凝固点比矿物油低，低温可泵送性好，可在寒冷地区使用；液相黏度比矿物油高，利于悬浮和携带钻屑；有较强的抑制性和井眼稳定性，以及较好的润滑性和携屑性能，特别适合于水平井、大斜度井、大位移井和分支井的钻进。

四、钻井液的性能

钻井液的性能指标主要有密度、黏度、切力、失水量等。钻进过程中，可根据钻遇岩层情况配制或在钻井液中加处理剂，调节成具有所需性能的钻井液。

（一）密度

钻井液单位体积的质量称为钻井液的密度，单位为“g/cm^3”。钻井液的密度主要用来调节钻井液静液柱压力，以平衡地层孔隙流体压力，防止发生井喷，有时亦用来平衡地层构造应力，控制或减轻井塌。

（二）流动性

流动性主要指的是黏度和切力。黏度包括漏斗黏度（单位为“s”）、表观黏度及塑性黏度（单位为“mPa·s”）。切力包括静切力、动切力，单位为“Pa”。

（三）造壁性能

钻井液造壁性能主要指护壁能力。它取决于两个方面的内容：一是滤失量，即其滤液进入地层的多少；二是在井壁形成泥饼质量的好坏（包括致密程度、强度、摩阻性及厚度）。钻井液泥饼质量差，滤失量大，易造成井壁坍塌。

（四）固相含量

固相含量一般是指钻井液中水不溶物的全部含量，包括加重材料、黏土及钻屑，常以质量分数或体积分数（%）表示。对各种化学剂基本不起化学反应的物质叫惰性固相（指加重材料及钻屑）；与处理剂起化学反应的叫活性固相（指黏土）。钻井液中的无用惰性固相（钻屑）必须彻底清除，活性固相（黏土）要控制在规定的范围内。清除方法有化学和机械两种，前者主要使用絮凝包被剂，使钻屑不分散，而后者使用固控设备。常用的固控设备有振动筛、水力旋流器等。振动筛是一种过滤性的机械分离设备。水力旋流器是除砂器和除泥器的通用名称，两者之差仅在于内径尺寸不同。目前除砂器内径尺寸为150～300mm；除泥器内径尺寸为125～50mm，其中100mm的最为常用。

（五）酸碱度

钻井液的酸碱度指的是钻井液中含碱量的多少或者它对酸中和能力的大小。人们常用pH值来衡量钻井液的酸碱度。钻井液的碱度应根据不同钻井液类型及地层的需要而加以控制，否则会出现不良后果，钻井液的pH值一般控制在8.5～9.5之间。

（六）可溶性盐类含量

在钻井液中含有多种水溶性盐类，这些盐来源于地层和加入的化学剂及配制钻井液用水，通常用总矿化度、含盐量（指NaCl含量）、含钙量及游离石灰含量表示。总矿化度是指钻井液中所含水溶性无机盐的总浓度；含盐量单指氯化钠的含量；而含钙量指含游离Ca^{2+}的浓度；游离石灰（或称自由石灰）含量是指在钻井液中未溶解的$Ca(OH)_2$含量。

第五节　钻 井 技 术

为满足不同条件的钻井需要，优质、安全、快速钻进，钻井工作者几十年来研究了各种钻井技术，现已发展成为以喷射钻井及优化参数钻井为核心的钻井综合配套技术。下面重点介绍喷射钻井技术、优选参数钻井技术、直井防斜技术、定向井技术、钻井取心技术等。

一、喷射钻井技术

喷射钻井技术在我国是从1978年开始试验并在生产上逐渐推广的。喷射钻井的实质就是钻井水力参数的优化。喷射钻井的一个显著特点是从钻头喷射出来的钻井液射流具有很高的喷射速度，井底得到较大的冲击力和水功率，从而及时清除井底岩屑，破碎井底岩石，提高钻井速度。

（一）射流对井底的水力作用

1. 射流特性

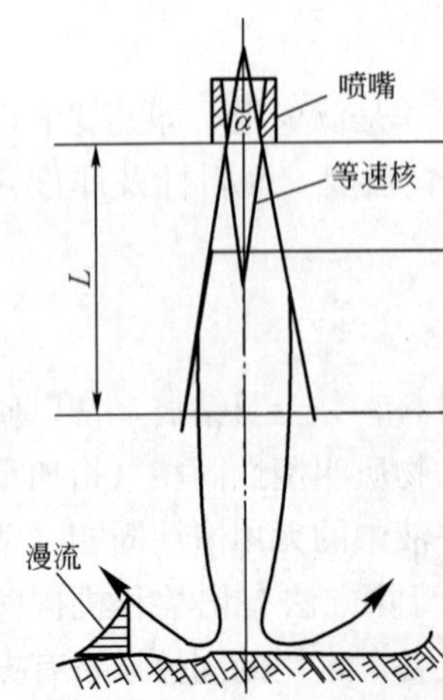

图4-7　射流结构

射流是指通过管嘴或孔口，过水断面周界不与固体壁接触的液流，见图4-7。射流出喷嘴后，由于摩擦作用，射流流体与周围流体产生动量交换，带动周围流体一起运动，使射流的周界直径不断扩大。射流纵剖面上周界母线的夹角称为射流扩散角（α）。α越小，则射流的密集性越高，能量就越集中。在射流中心，各点的流速等于出口流速（v_{jo}）部分称等速核。在射流的任一横截面上，从等速核向外速度很快降低，到射流边界上速度为零。超过等速核以后，射流轴线上的速度迅速降低。当射流撞击井底后，形成井底冲击压力波和井底漫流。L为射流轴线上某点距出口的距离，v_{jm}为距出口L处的最大射液速度。

2. 射流对井底的清洗作用

射流撞击井底后形成的井底冲击压力波和井底漫流是射流对井底清洗的两种主要形式。

(1) 射流的冲击压力作用。射流撞击井底后形成的冲击压力波并不是作用在整个井底，而是作用在如图 4-8 所示的小圆面积上，井底岩屑所受冲击压力极不均匀。极不均匀的冲击压力使岩屑产生一个翻转力矩，从而离开井底，如图 4-9 所示，这就是射流对井底岩屑的冲击翻转作用。

(2) 漫流的横推作用。射流撞击井底后形成的漫流是一层很薄的高速液流层，具有附面射流的性质。这层具有很高速度的井底漫流，对井底岩屑产生一个横向推力，使其离开原来的位置。因此，井底漫流对井底清洗有非常重要的作用。

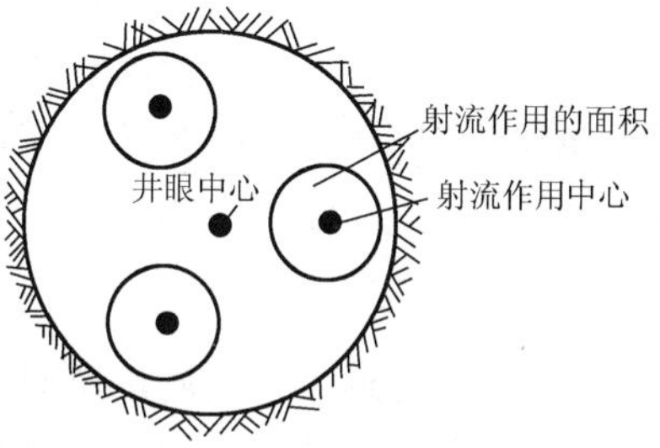

图 4-8 射流作用

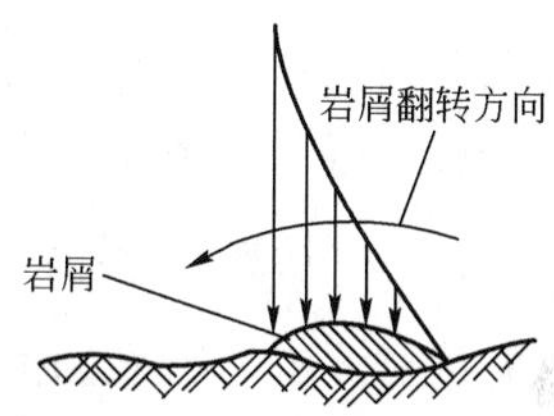

图 4-9 岩屑翻转

3. 射流对井底的破岩作用

当射流的水功率足够大时，射流不但有清洗井底的作用，而且还有直接或辅助破碎岩石的作用。

(二) 射流水力参数和钻头水力参数

射流水力参数包括射流的喷射速度、射流冲击力和射流水功率。钻头喷嘴出口处的射流速度称为射流喷射速度，习惯上称为喷速。射流冲击力是指射流在其作用的面积上的总作用力的大小。单位时间内射流所具有的做功能量就是射流水功率。

钻头水力参数包括钻头压力降和钻头水功率。钻头压力降是指钻井液流过钻头喷嘴以后钻井液压力降低的值。钻头水功率是指钻井液流过钻头时所消耗的水力功率。

二、最优化钻井技术（优选参数钻井技术）

钻进过程中的机械破岩参数主要包括钻压和转速。为寻求一定的钻压、转速参数配合，使钻进过程达到最佳的技术经济效果，首先需要确定一个衡量钻进技术经济效果的标准，并将各参数对钻进过程影响的基本规律与这一标准结合起来，建立钻进目标函数。然后，运用最优化数学理论，在各种约束条件下，寻求目标函数的极值点。满足极值点条件的参数组合，即为钻进过程的最优机械破岩参数。利用这个最优参数实施的钻井方法称为最优化钻井。因此，最优化钻井的实质就是对影响钻进速度的主要因素以及钻进过程中的基本规律进行分析，并建立相应的数学模型。

(一) 影响钻速的主要因素

除了前面已经介绍的岩石特性和钻头类型对钻速有重要影响外，钻进过程中的钻压、转速、水力因素、钻井液性能以及钻头的牙齿磨损等也是影响钻速的主要因素。

1. 钻压对钻速的影响

在钻进过程中，钻头牙齿在钻压的作用下吃入地层、破碎岩石。钻压的大小决定了牙齿吃入岩石的深度和岩石破碎体积的大小。因此，钻压是影响钻速的最直接和最显著的因素之一。钻进实践表明，在其他钻进条件保持不变的情况下，钻压与钻速的典型关系近似于线性关系。

2. 转速对钻速的影响

转速对钻速的影响是人们早就认识到，并已研究解决了的问题。在钻压和其他钻井参数保持不变的条件下，随着转速的提高，钻速是以指数关系变化的，但指数一般都小于1。

3. 牙齿磨损对钻速的影响

钻进过程中钻头在破碎地层岩石的同时，其牙齿也受到地层的磨损。随着钻头牙齿的磨损，钻头工作效率将明显下降，钻进速度也随之降低。

4. 水力因素对钻速的影响

表征钻头及射流水力特性的参数统称为水力因素，其总体指标通常用井底单位面积上的平均水功率（称为比水功率）来表示。水力因素对钻速的影响表现为两个方面：一是水功率大，钻头喷嘴所产生的钻井液射流对井底岩屑的冲洗作用大。但当实际水功率大于净化所需的水功率时，井底达到完全净化后，水功率的提高不会进一步提高钻速。二是水力能量的破岩作用。当水功率超过井底净化所需的水功率后，机械钻速仍有可能增加。

5. 钻井液性能对钻速的影响

钻井液性能对钻速的影响规律比较复杂，其复杂性不仅在于表征钻井液性能的各参数对钻速都有不同程度的影响，而且几乎不可能在改变钻井液某一性能参数时不影响其他性能参数的变化。因此要单独评价钻井液的某一性能对钻速的影响相当困难。试验研究表明，钻井液的密度、黏度、失水量和固相含量及其分散性等，都对钻速有不同程度的影响。

（二）目标函数的建立

衡量钻井整体技术经济效果的标准有多种类型。目前，一般都以钻头单位进尺成本作为标准，其表达式为：

$$C_{pm}=\frac{C_b+C_r(t+t_t)}{H} \tag{4-1}$$

式中 C_{pm}——单位进尺成本，元/m；

C_b——钻头成本，元；

C_r——钻机作业费，元/h；

t——钻头钻进时间，h；

t_t——起下钻及接单根时间，h；

H——钻头进尺，m。

式中的钻头进尺和钻头工作时间与钻进过程中所采用的各参数有关。建立各参数与 H 和 t 的关系，并代入进尺成本表达式，即形成以每米钻井成本表示的钻进目标函数。并对目标函数的极值条件和约束条件进行确定。各种条件确定后，就可以通过最优化数学方法，求解出在约束条件限定范围内使钻井成本最低的一组最优钻压、最优转速和最优钻头磨损量组合。

三、直井防斜技术

直井就是设计轨道是一条铅垂线的井。直井防斜技术也称直井的轨迹控制，就是要防止实钻轨迹偏离设计的铅垂直线。一般来说，实钻轨迹总是要偏离设计轨道的，所以实钻的直井总是会发生井斜的。要想控制直井井眼绝对不斜是不可能的，问题在于能否控制井斜的度数或井眼的曲率在一定范围之内。

（一）井斜的原因分析

影响井斜的因素很多，但概括起来可分为两大类：一类是地质因素，一类是钻具因素。找到井斜的原因，就可以提出防斜的措施。

1. 地质因素

地质因素导致的井斜最本质的原因是地层可钻性的不均匀性（由地层层理、岩层硬度不同引起）和地层的倾斜。

1）地层层理的影响

沉积岩具有层理，在垂直于层面方向上可钻性高，平行于层面方向的可钻性低，如图 4－10 所示。钻头总是有向着容易钻进的方向前进的趋势。在地层倾斜且地层倾角小于 45°时，钻头前进方向偏向垂直于地层层面的方向，于是偏离铅垂线。在地层倾角超过 60°以后，钻头前进方向则沿着平行于地层层面方向下滑，也要偏离铅垂线。当地层倾角在 45°～60°之间时，井斜方向属不稳定状态。

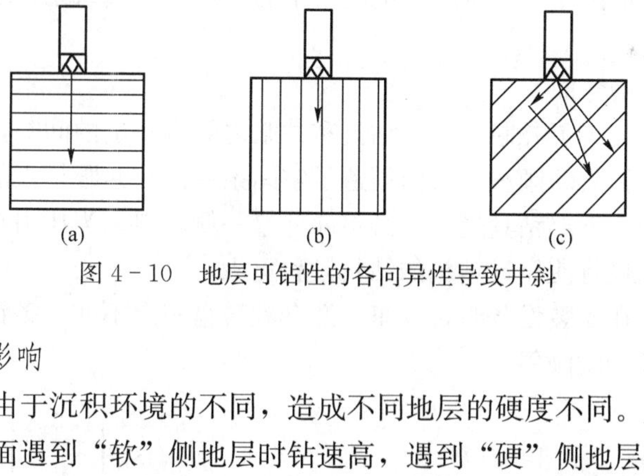

图 4－10　地层可钻性的各向异性导致井斜

2）地层硬度的影响

在沉积过程中，由于沉积环境的不同，造成不同地层的硬度不同。如图 4－11 所示，由于地层倾斜，钻头底面遇到“软”侧地层时钻速高，遇到“硬”侧地层时钻速低，于是井沿轴线偏离，发生井斜。如图 4－12 所示，在钻头的一侧下面钻遇溶洞或较疏松的地层，而另一侧则遇较致密的地层。于是钻头前进方向发生偏离，偏向难以钻进的一侧。

从以上分析可知，地层可钻性的各种不均匀性和地层倾斜引起井斜的机理，最终体现在钻头对井底的不对称切削，使钻头轴线相对于井眼轴线发生倾斜，从而使新钻的井眼偏离原井眼。

2. 钻具因素

钻具，尤其是靠近钻头部分钻具（称作“底部钻具组合”）的倾斜和弯曲是导致井斜的

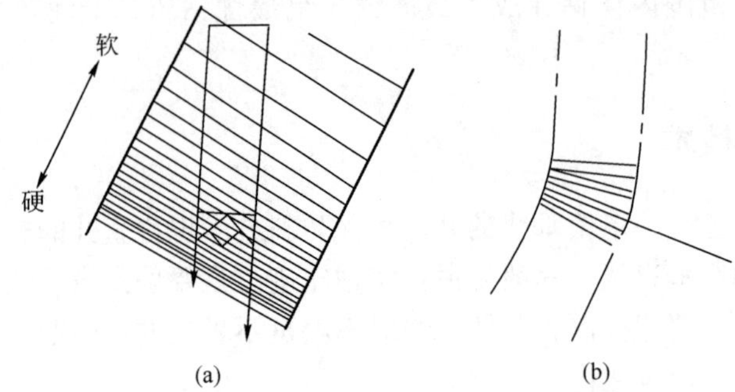

图 4-11　地层可钻性纵向变化引起井斜

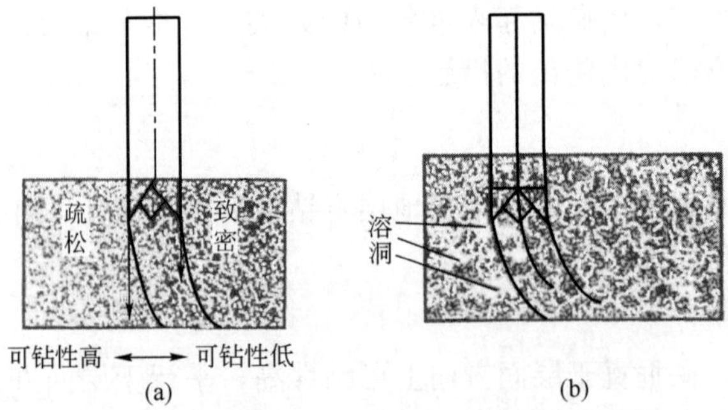

图 4-12　地层可钻性的横向变化引起井斜

主要因素。钻具的倾斜和弯曲将产生两个后果：一是引起钻头倾斜，在井底形成不对称切削，如图 4-13 所示，新钻的井眼不断偏离原井眼方向；二是钻头受到侧向力的作用，迫使钻头进行侧向切削，如图 4-14 所示，也使新钻的井眼不断偏离原井眼方向。导致钻具倾斜和弯曲的原因有：

（1）入井钻具本身弯曲。

（2）由于钻具直径小于井眼直径，钻具和井眼之间有一定的间隙，所以钻具在井眼内活动余地很大，这就给钻具的倾斜和弯曲创造了空间条件。在井眼扩大的井中尤其如此。

（3）钻压的作用。下部钻具受压后必将向井壁一侧倾斜。当压力超过一定值后，钻柱将发生弯曲。弯曲的钻柱将使靠近钻头的钻具倾斜更大。

（4）安装误差。在安装设备时，天车、游车和转盘三点不在一条铅垂线上，或转盘安装不平而引起钻具一开始就倾斜。

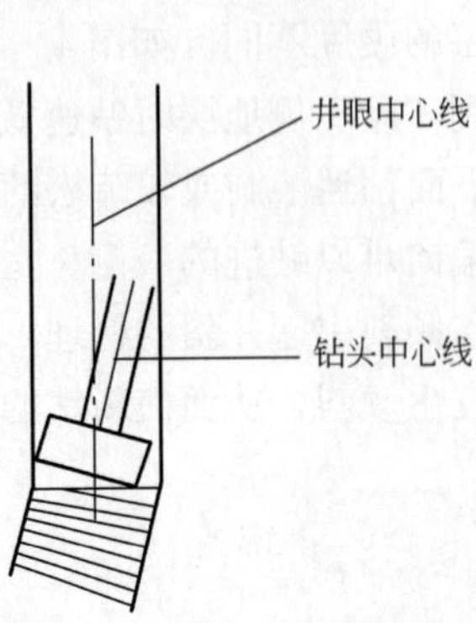

图 4-13　钻头不对称切削导致井斜

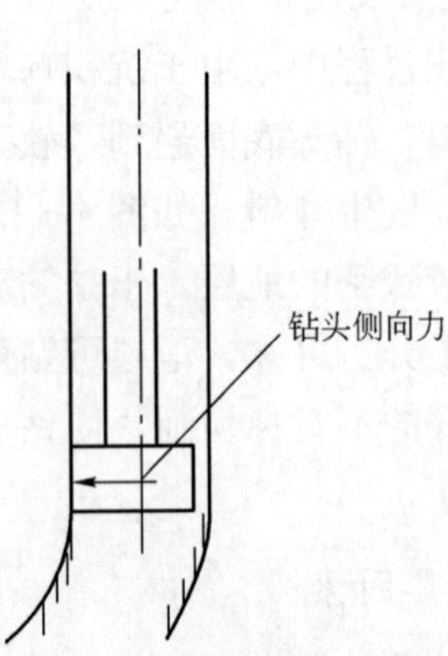

图 4-14　钻头侧向切削导致井斜

（二）防斜技术

上述井斜原因中，地质原因是客观存在的，无法改变；井眼扩大总是有个过程，不会刚一钻成就马上扩大，所以可以利用这个过程防斜；钻具原因则可以人为控制。在防斜方面人们进行了大量研究，设计了许多种防斜钻具组合，最常见的两种是满眼钻具组合和钟摆钻具组合。

1. 满眼钻具组合控制井斜

从上述对井斜原因的分析可知，井斜的原因可归结为钻头对井底的不对称切削、钻头轴线相对于井眼轴线发生倾斜，以及钻头上侧向力导致对井底的侧向切削。防斜的措施就是想办法克服这三个原因，满眼钻具组合就是这样设计的。

设想，如果钻具的直径与钻头的直径完全相等，上述三个井斜原因就都会被克服。但这样做将无法循环钻井液，而且会引起一系列其他问题，在工程上是行不通的。实际应用中采用扶正器组合的办法来解决。

满眼钻具组合的结构是，在靠近钻头大约 20cm 长的钻铤上适当安置扶正器，以此来达到防斜的目的。所谓“适当安置”，包括扶正器的数量、位置和直径。一般安装四个扶正器，如图 4－15 所示。

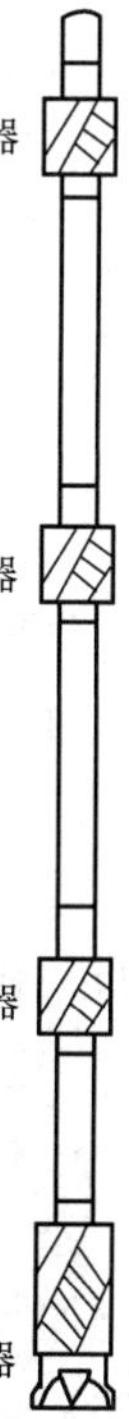

图 4－15　满眼钻具组合

（1）近钻头扶正器：安装在钻头之上，简称“近扶”。近扶直径较大，与钻头直径仅差 1～2mm。在易斜地区，近扶的长度可加长；在特别易斜的地层，可将两个扶正器串联起来作为近扶。近扶的主要作用是，依靠其支撑在尚未扩大的井壁上，抵抗钻头所受的侧向力，有效防止钻头侧向切削。同时，近扶由于直径大、长度大、刚性大，也可有效防止钻头倾斜，从而阻止钻头的不对称切削。

（2）中扶正器：简称“中扶”或“二扶”。中扶的位置需要经过严格计算。中扶的直径与近扶相同。中扶的主要作用是保证中扶与钻头之间的钻柱不发生弯曲，使这段钻柱不发生倾斜，从而防止钻头对井底的不对称切削。

（3）上扶正器：简称“上扶”或“三扶”。上扶安置位置在中扶之上的一个钻铤单根处。上扶的直径一般与近扶和中扶相同，但要求可以稍松。

（4）第四扶正器：简称“四扶”，一般情况下不需要，仅在特别易斜的地层才安装四扶。四扶安置位置在上扶之上的一个钻铤单根处，直径要求与上扶相同。上扶与四扶的作用在于增大下部钻柱的刚度，协助中扶防止下部钻柱轴线发生倾斜。

2. 钟摆钻具组合控制井斜

钟摆钻具原理如图 4－16 所示。当钟摆摆过一定角度时，在钟摆上会产生一个向回摆的力 G_C，简称钟摆力，$G_C = G \cdot \sin\alpha$，G 为切点 A 到井底钻头位置 B 点的重力。显然，钟摆摆动的角度越大，钟摆力就越大。如果在钻柱的下部适当位置加一个扶正器，该扶正器支撑在井壁上，使下部钻柱悬空，则该扶正器以下的钻柱就好像一个钟摆，也要产生一个钟摆力。此钟摆力的作用是使钻头切削井壁的下侧，从而使新钻的井眼不断下斜。

钟摆钻具组合设计的关键在于计算扶正器至钻头的距离 L_Z，此距离太小则钟摆力小；此距离太大则扶正器和钻头间的钻柱与井壁会产生新的接触点，所以 L_Z 称为最优距离。考虑到扶正器的磨损和井径的扩大，在实际使用时，扶正器至钻头的距离可比计算的 L_Z 降低 5%～10%。

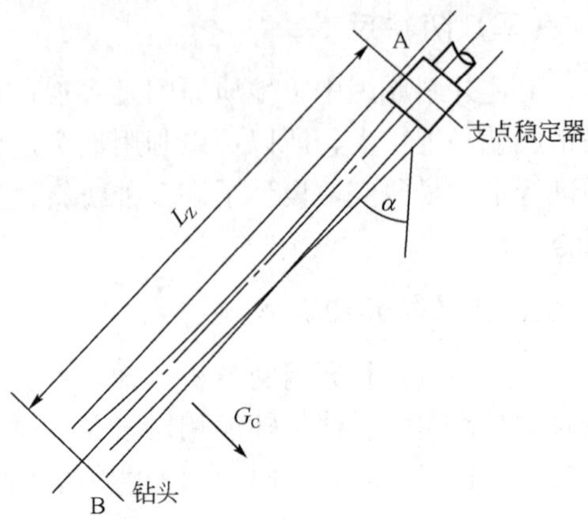

图 4－16　钟摆钻具原理图

四、定向井技术

(一) 定向井及其应用领域

使井眼轴线沿着预计轨迹钻达目的层的钻井方法称为定向钻井。

定向井应用领域大体有三种情况。

(1) 受地面环境条件限制的情况：当地面上是高山、湖泊、沼泽、河流、沟壑、海洋、农田或重要的建筑物等，难以安装钻机进行钻井作业或者安装钻机和钻井作业费用很高时，为了勘探和开发地下油田，最好是钻定向井。

(2) 地下地质条件有要求的情况：对于断层遮挡油藏，定向井比直井可发现和钻穿更多的油层；对于薄油层，定向井和水平井比直井的油层裸露面积要大得多。另外，侧钻井、多底井、分支井、大位移井、侧钻水平井、径向水平井等定向井的新种类，显著扩大了勘探效果，增加了原油产量，提高了油藏采收率。

(3) 处理某些井下事故时：当井下落物或断钻事故最终无法捞出时，可从上部井段侧钻打定向井；特别是遇到井喷着火，用常规方法难以处理时，在事故井附近打定向井（称作救援井），与事故井贯通，进行引流或压井，处理井喷着火事故。

目前，定向钻井已成为油田勘探开发极为重要的手段。井眼轨道设计和井眼轨迹控制是定向钻井技术的基本内容。事实上，直井可以看作是定向井的特例，其设计的轨道为一条铅垂线。直井防斜和定向井井眼轨迹控制，在技术原理上是一致的，只是应用方向不同而已。

(二) 定向井的基本参数

所谓井眼轨迹，实质就是井眼轴线。一口实钻井的井眼轴线乃是一条空间曲线。为了进行轨迹控制，就要了解这条空间曲线的形状，就要进行轨迹测量，这就是“测斜”。目前常用的测斜方法并不是连续测斜，而是每隔一定长度的井段测一个点，这些井段称为“测段”，这些点被称为“测点”。测斜仪器在每个点上测得的参数有三个，即井深、井斜角和井斜方位角，这三个参数就是井眼轨迹的基本参数。

井深指井口（通常以转盘面为基准）至测点的井眼长度，也有人称之为斜深，国外称为测量井深。井深是以钻柱或电缆的长度来量测。井深既是测点的基本参数之一，又是表明测点位置的标志。

过井眼轴线上某测点作井眼轴线的切线，该切线向井眼前进方向延伸的部分称为井眼方向线。井眼方向线与重力线之间的夹角就是井斜角。井斜角表示了井眼轨迹在该测点处倾斜度的大小。

某测点处的井眼方向投影到水平面上，称为井眼方位线或井斜方位线。以地理正北方位线为始边，顺时针方向旋转到井眼方位线上所转过的角度，即井眼方位角。

需要注意的是，目前广泛使用的磁性测斜仪是以地球磁北方位为基准的。磁北方位与地理正北方位并不重合，而是有个夹角，称为磁偏角。用磁性测斜仪测得的井斜方位角称为磁方位角，并不是真方位角，需要经过换算求得真方位角。

（三）定向井轨道分类

根据设计轨道（而不是根据实钻轨迹）的不同，定向井可分为二维定向井和三维定向井两大类。所谓二维定向井，是指设计的轨道都在一个铅垂线平面上变化，即设计轨道只有井斜角的变化而无井斜方位角的变化。三维定向井则既有井斜角的变化又有井斜方位角的变化。二维定向井又可分为常规二维定向井和非常规二维定向井。常规二维定向井段形状都是由直线和圆弧曲线组成。非常规二维定向井的井段形状除了直线和圆弧曲线外，还有某种特殊曲线，例如悬链线、二次抛物线，等等。三维定向井可分为纠偏三维定向井和绕障三维定向井。

在实际工程中，最常见的是常规二维定向井。

（四）定向控制技术

在定向井、水平井及大位移井等特殊工艺钻井中，不仅需要对垂直井段防斜打直，更需要定向造斜、定向增斜或降斜及定向稳斜等作业。在这些定向钻进过程中，井眼轨迹的定向控制技术是不可缺少的关键性技术。在井眼轨迹的定向控制中，井下动力钻具组合和转盘钻具组合均获得了成功的应用。

1. 井下动力钻具组合

在定向井和水平井钻井中，广泛采用了导向钻井系统。导向钻井系统包括井下动力钻具组合、长寿命的高效钻头、随钻测量工具及地面配套系统等，其中井下动力钻具组合是核心部分，它主要由带弯接头或具有弯外壳或偏心稳定器的井下动力钻具及普通稳定器构成。采用井下动力钻具组合滑动钻进，可以有效控制井眼轨迹。井下动力钻具组合具有多种不同的组合形式，比较典型的是带弯接头的井下动力钻具组合、涡轮钻具组合、螺杆钻具组合。

2. 转盘钻具组合

对于转盘钻具组合，扶正器（稳定器）的安装位置和个数是至关重要的。通过合理的扶正器安放组合，便可得到所需要的增斜、稳斜或降斜钻具组合，如图 4 - 17 所示。

1）增斜钻具组合

在定向井中，用造斜工具初始造斜后，通常使用增斜钻具组合。紧接在钻头上方的单稳定器因支点效应可使井斜角增加，为了达到所要求的井眼轨迹，可通过增加稳定器来改变增斜组合的造斜率。

2）稳斜钻具组合

一旦井斜角增至所需的角度，就要用稳斜钻具组合来钻稳斜井段。现在的问题是要减小钻具组合的增斜或降斜趋势。实际上这一点很难做到，因为地层效应和重力会改变井斜角。为了消除增斜和降斜趋势，稳定器安装间隔要小，必要时可采用短钻铤。一般稳斜组合只装三个稳定器。钻压变化基本上不影响这种组合的定向特性。

3）降斜钻具组合

在定向井中，只有S形（五段制）的剖面设计要求降斜。降斜钻具组合的另一个应用是，当井斜角增加到超出设计要求时必须降斜，以把井眼纠回到原定的轨道。最好是在较软的地层中降斜，因为在硬地层钟摆钻具组合降斜很慢。

五、钻井取心技术

岩心是提供地层剖面原始标本的唯一途径，从岩心标本可以得到其他方法无法得到的资料。在油气田勘探、开发各阶段，为查明储油、储气层的性质或从大区域的地层对比到检查油气田开发效果、评价和改进开发方案，任一研究步骤都离不开对岩心的观察和研究。

常规钻进取心工具的基本组成都包括：取心钻头，内、外岩心筒，岩心爪，扶正器及其悬挂装置，见图4－18。

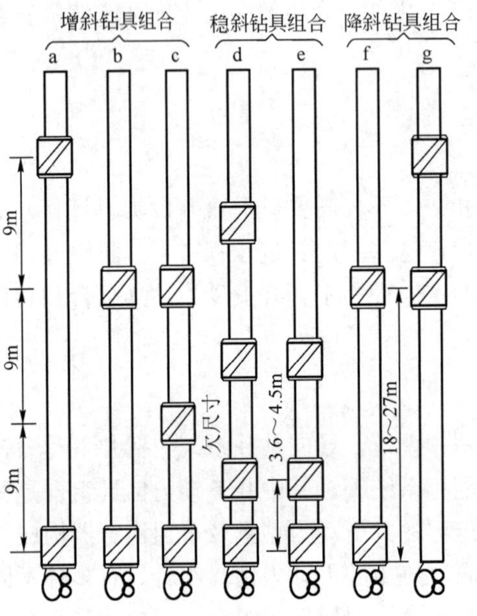

图4－17　转盘钻具组合

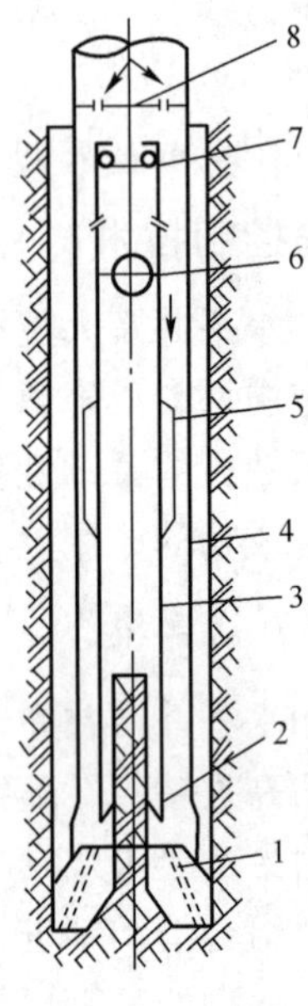

图4－18　取心工具组成示意图

1—取心钻头；2—岩心爪；3—内岩心筒；4—外岩心筒；5—扶正器；6—回压阀；7—悬挂轴承；8—悬挂装置

取心钻头是钻进地层、形成岩心的关键工具。取心钻头可分为刮刀式取心钻头、牙轮取心钻头、金刚石取心钻头三种。

岩心筒是取心工具的重要部分之一，包括内岩心筒、外岩心筒、扶正器、回压阀及悬挂总成等部件。外岩心筒为优质无缝钢管制成，上接钻柱，下接取心钻头。内岩心筒的作用是在取心钻进时接受、储存和保护岩心。

悬挂总成包括悬挂轴承组和悬挂装置。

岩心爪的作用是在取心钻进结束后用以割断岩心，并在起钻时承托已割取的岩心以防其脱落。

第六节　固井与完井

一、固井

固井就是在钻出的井眼内下入套管柱，并在套管柱与井壁之间部分或全部注入水泥浆，使套管与井壁固结在一起。固井是钻井过程中的重要环节，固井质量的好坏不仅影响到该井能否钻进，而且影响到油井开采期能否正常作业和安全生产。

（一）井身结构及套管规范

1. 井身结构

井身结构如图 4－19 所示。正常压力系统的井通常仅下三层套管：导管、表层套管和生产套管。异常压力系统的井至少多下一层技术套管。尾管则是一种不延伸到井口的套管柱。

导管的作用是在钻表层井眼时将钻井液从地表引导到井眼内。这一层管柱的长度变化较大，在坚硬的岩层中仅用 10～20m，而在沼泽地区则可能上百米。

表层套管下入深度一般在 30～1500m，通常引导水泥浆返至地表，用来防止浅水层污染，封隔浅层流砂、砾石层及浅层气，同时用来安装井口防喷器以便继续钻进。表层套管也是井口设备（套管头及采油树）的唯一支撑件，并承载依次下入的各层套管（包括采油管柱）的载荷。

技术套管用来隔离坍塌地层及高压水层，防止井径扩大，减少阻卡及键槽的发生，以便继续钻进。技术套管还用来分隔不同的压力层系，以便建立正常的钻井液循环。它也为井控设备的安装、防喷、防漏及悬挂尾管提供了条件，对油层套管还具有保护作用。

生产套管的主要作用是将储集层中的油气从套管中采出来，并用来保护井壁，隔开各层的流体，达到油气井分层测试、分层采油、分层改造之目的。

尾管分为钻井尾管和采油尾管。尾管的优点是下入长度短、费用低。在深井中，尾管另一个突出的优点是，在继续钻进时可以使用异径钻具。尾管的顶部通常要进行抗内压试验，以保证密封性。

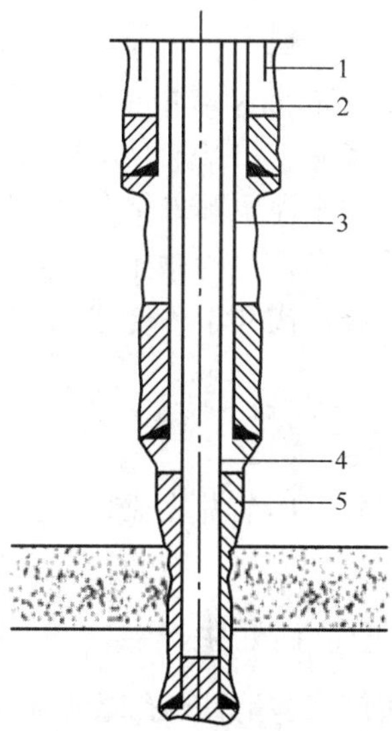

图 4－19　井身结构示意图

1—导管；2—表层套管；3—技术套管；4—油层套管；5—水泥环

2. 套管和套管柱

油井套管是优质钢材制成的无缝管或焊接管，两端均加工有锥形螺纹。大多数的套管是用套管接箍连接组成套管柱。套管柱用于封固井壁的裸露岩石。常用的标准套管外径从 114.3～502mm，共有 14 种；套管的壁厚范围为 5.21～16.13mm；套管的连接螺纹都是锥形螺纹；目前，套管钢级 API 标准有 8 种共 10 级，即 H40、J55、K55、C75、L80、N80、C90、C95、P110、Q125，常用钢级为 P110、N80、J55。

套管柱（套管串）通常是由同一外径、相同或不同钢级及不同壁厚的套管用接箍连接组成的，应符合强度及生产的要求。

（二）固井工艺过程

固井工艺过程主要有下套管和注水泥两个步骤。

1. 下套管

下套管前根据井身设计，将要下入井内的套管运到平台，逐根检查套管是否有暗伤、变形，然后丈量长度、清洗螺纹，编好顺序排放好，以待下井；对机器设备及辅助工具认真检查，保证下套管时不出故障，调节好钻井液性能，起出井中钻具；逐根将套管下入井中，下完套管后循环钻井液洗井，然后接注水泥管汇（水泥头）准备注水泥。

2. 注水泥

注水泥（即注水泥浆）的主要目的在于封隔油、气、水层，保护生产层。为实现这一目的，要解决以下两个方面的问题：一是如何使环形空间充满水泥浆；二是如何使水泥浆在凝结过程中压稳和封隔好油、气、水层。根据固井设计，将固井所需的水泥、淡水、水泥外加剂运到井场。检查注水泥的机器设备，使之处于良好的工作状态；配制水泥浆；注水泥浆。当水泥浆注满套管后，用钻井液把水泥浆迅速顶替到井筒环形空间的预定高度，这个顶替过程叫替浆。在下套管前，按设计位置在最下端设一阻流环，用于替浆时承受胶塞碰压，替浆前先把胶塞压入套管内，胶塞起到阻止水泥浆与钻井液相混的隔离作用，同时又像一个活塞；替浆时，钻井液顶着胶塞，胶塞顶着水泥浆在套管中下行，水泥浆被顶入环形空间，在环形空间水泥浆顶着钻井液上返。当胶塞与阻流环相碰时，封闭了环形通道，此时替浆的泵压突然升高，称为碰压，碰压是水泥浆返到环形空间预定高度的信号。至此替浆结束，待水泥浆凝固后固井工作完成。

二、完井

完井（即油井完成）是钻井工程的最后一个环节，其主要作业内容包括钻开生产层、确定井底完井方法、安装井口装置。

（一）钻开生产层

生产层多是具有孔隙的碎屑岩或碳酸盐岩。在钻开生产层的过程中，若井内液柱压力小于油气层的压力，会发生井喷；但若井内液柱压力比油气层的压力大，钻井液（时称“完井液”）中的水和黏土便进入到油气层，形成“水侵”和“泥侵”，堵塞油流通道，使油层渗透率下降，严重时会使油井丧失生产能力。因此，在钻开生产层时，保护油气层、防止钻井液侵害和控制油气层、防止井喷是两项重要的工作。要做到这两点，选择合适的钻井液是关键。

对低压低渗透率油气层，最好选用油基钻井液和油包水乳化钻井液。它们可以从根本上避免水侵和泥侵的危害，但存在成本高、易燃、配制和使用不如水基钻井液方便的缺点。

对高压高渗透率油气层，可以采用低固相水基钻井液。这类钻井液常加有高黏度特性的高分子化合物提高黏度；加有盐类物质（如 $CaCl_2$，$ZnCl_2$ 等）增加其密度，减少地层中黏土膨胀；加有表面活性剂提高地层渗透率的恢复率。

（二）完井方法

目前世界各国采用的完井方法可分为油层裸露式和非裸露式两种类型，具体有裸眼完井法、射孔完井法、割缝衬管完井法和砾石充填完井法（见图 4－20)。具体到每一口井采用何种井底完井方法，要视实际油层条件而定。

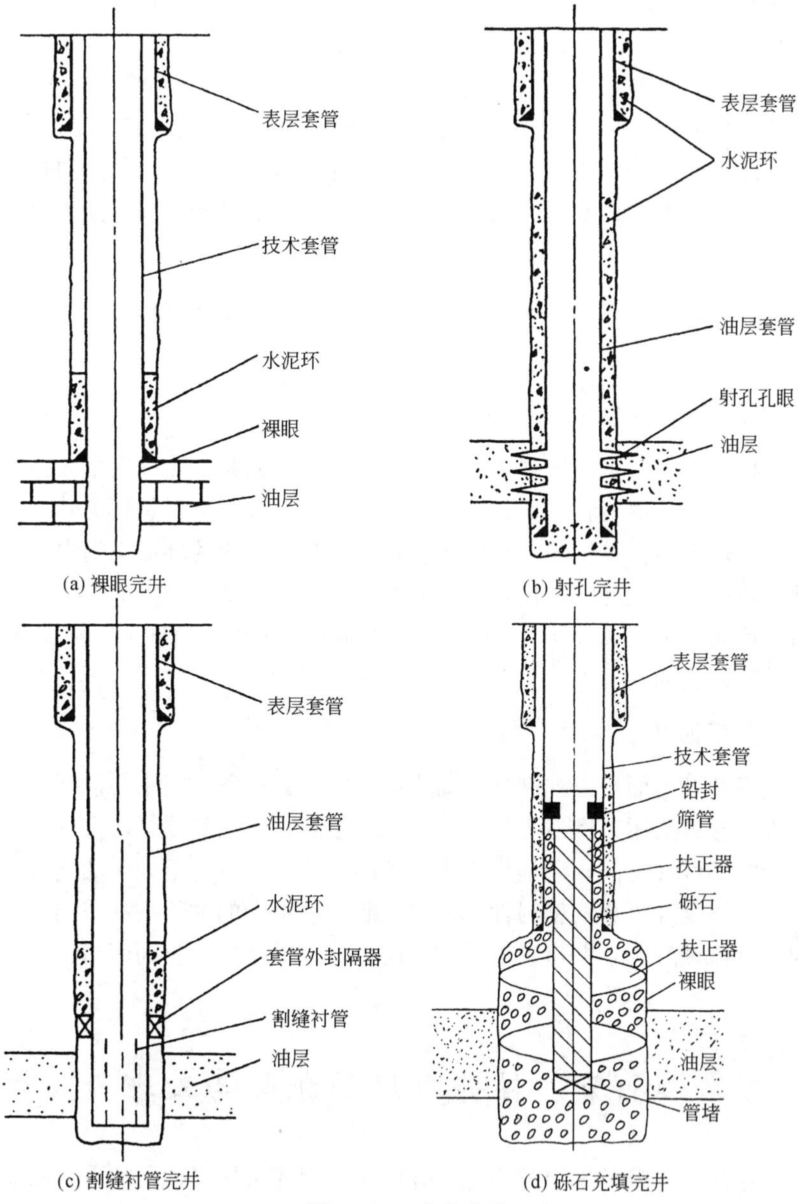

图 4－20 完井方法

1. 裸眼完井法

裸眼完井法可分为先期裸眼完井和后期裸眼完井两种。先期裸眼完井是先钻至油层顶部，下油层套管，然后再钻开生产层；后期裸眼完井是在钻穿生产层之后将油层套管下至油气层顶部。裸眼完井法的最大优点是油气层和井底直接连通，油流面积大，油流阻力小。

裸眼完井法虽然保证了油层和井底具有良好的连通性，但不能克服井壁坍塌和油层出砂对油井生产的影响，不能防止油、气、水层互相窜扰。因此，它只适用于岩性坚固而稳定，又无气、水夹层的单一油层或一些油层性质相同的多油层。

2. 射孔完井法

射孔完井法属于非裸露式完井法。其实质是钻穿油层后，将套管下至油层底部固井，然后用射孔枪将套管和水泥石射穿，使油气沿孔道流至井底。

射孔完井法的优点是能够封隔油、气、水层，防止互相窜通，能消除井壁坍塌对油井生产的影响。因此，这种完井方法特别适用于井壁严重坍塌的疏松生产层、含有水层的生产层、油层压力和原油性质均不相同而需要分层试采的多油层。射孔完井法的缺点是油气层被钻井液和水泥浆侵害较严重；其次是油流面积小，孔眼处油流密度大，油流阻力大。

3. 割缝衬管完井法

割缝衬管完井是在裸眼完井的基础上，在裸眼井内下入割缝衬管，在直井、定向井、水平井中都可采用。

4. 砾石充填完井方法

对于胶结疏松、出砂严重的地层，一般采用砾石充填完井方法。它是先将绕丝筛管下入井内油层部位，然后用充填液将在地面上预选好的砾石（砾石可以是石英砂、玻璃珠、树脂涂层砂或陶粒）泵送至绕丝筛管与井眼或绕丝筛管与套管之间的环形空间内，构成一个砾石充填层，以阻挡流层砂流入井筒，达到保护井壁、防砂入井之目的。砾石充填完井在直井、定向井中都可以使用，但在水平井中应慎重，因为搞不好易发生砂卡，从而使砾石充填失败，达不到有效防砂目的。

（三）安装井口装置

井口装置是安装在地面用以控制井内高压油气的一套设备。它主要包括套管头、油管头和采油树三大件。套管头用以密封各层套管的环形空间并承受部分管柱重量；油管头用于密封油管和油层套管的环形空间；采油树则用以控制油井生产。对于高压油气井，要求井口装置要有足够的耐压强度和可靠的密封性，用以控制油井生产的油管头和采油树装在油层套管法兰之上。对于低压油气井，井口装置可大为简化，只要把环形空间密封起来，装上油管头和采油树即可。

第七节　钻井事故的预防与处理

随着井眼的形成，井壁的地层裸露在钻井液中，因而破坏了地层的平衡状态，可导致一些不良后果。例如，破碎裂隙地层引起井漏；井壁掉块引起卡钻；高压油气流跑到井中引起井喷等。这些情况如不及时发现并采取措施，就会引起严重后果，甚至造成井眼报废。因此我们应对发生事故的原因及应采取的预防措施有所了解。常见的事故有井漏、井喷、卡钻、钻具折断及井下落物等。

一、井漏

钻井过程中，正常情况下，井内钻井液液柱压力大于地层压力，在压差作用下钻井液有轻微失水现象，并伴有钻井液少量消耗。产生井漏时，钻井液池液面明显下降或钻井液不从井中返出（钻井液不再循环），严重时钻井液只进不出，全部流入地层中。此时井内钻井液液柱压力降低，将引起井壁坍塌（见图4－21），严重时引起井喷。发生井漏的原因是地层疏松、处于渗透性地层、有地层断裂带或有裂缝。井漏的处理方法是：

（1）对渗透性漏失，首先提高钻井液黏度、切力，降低钻井液密度和泵的排量。

（2）严重漏失时，在钻井液中加入堵漏物质，如锯末、麻刀、黏土块（黏土球）等，并注入胶质水泥或将石灰乳配成的新钻井液，然后加入烧碱水和水玻璃，使其具有一定的流动性。

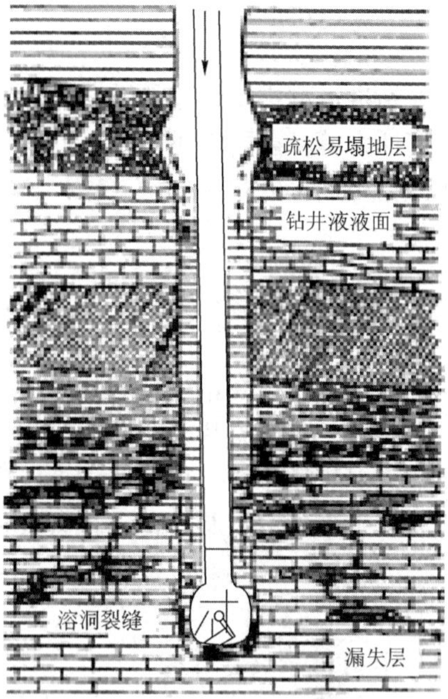

图4－21　井漏井塌示意图

二、井喷

在钻进过程中，当钻遇高压油、气、水层时，如果该油、气、水层的压力大于循环钻井液液柱的压力，或者由于起下钻作业对井筒产生抽吸作用，降低了井筒压力，油、气、水就会从地层进入循环钻井液中，引起钻井液的密度下降、黏度升高，泵压下降，钻井液进少出多，钻井液池液面升高。当油气侵入严重时，从井中返出的钻井液中有强烈的天然气和原油的气味，钻井液有气泡，井口有外涌现象，进而产生井喷。如果井喷不能及时控制住，往往引发火灾、爆炸，尤其是海上钻井，一旦井喷失去控制引起火灾，可能酿成井毁人亡，同时可能使一个有价值的油气田枯竭失去开发价值，造成难以估量的损失。这是石油钻井中最严重的灾难性事故。

当发生井喷时，应立即关闭防喷器，提高钻井液密度压井，控制井喷；同时清除钻台和钻井液净化系统附近的易燃物，关闭全部发动机，切断电源，避免引起火灾；将不必要人员撤离现场。如果井喷控制不住，需请井控专家处理。一旦发生火灾，就得采用空中爆炸或打救援井等特殊方法灭火。

三、卡钻

卡钻是指在钻进过程中钻柱转动和上提、下放活动受阻。常见的卡钻故障如能及时妥当处理便可消除，否则，就发展成钻柱卡住、完全不能活动的事故。在这种情况下，如硬拔、硬转可能导致钻柱折断；如钻柱折断处理无效，可能造成井眼报废。从原因上看，常见的卡钻事故有沉沙卡钻、落石卡钻、地层膨胀卡钻、泥饼黏附卡钻、键槽卡钻。

处理卡钻事故时，首先要找出卡钻原因，才能采取有效措施。处理一般卡钻，可采取上下活动及转动钻具的措施。上提钻具时，应注意设备和井架的许可负荷及钻具的强度，并加大泵量冲洗井眼。当上提活动钻具仍不能解卡时，可向井内注入原油或碱水浸泡，降低吸附和摩擦力，并活动钻具。如上述方法均不奏效，可用倒扣或爆炸的方法，将卡点以上的钻柱取出，另钻侧眼。

四、钻柱折断事故

在钻进过程中，钻柱承受着拉、压、弯、扭力（力矩），井壁摩擦力，钻井液冲刷力，岩屑磨蚀力等复杂的作用力，往往由于操作不当和钻柱疲劳而引起钻柱折断事故。一般折断发生在钻杆连接的螺纹部位。钻柱折断后必须进行打捞，如打捞不上来，可在折断部位旁钻侧眼。

五、井下落物

井下落物是指在钻进过程中或起下钻时，由于检查不严、措施不当、操作不慎而将工具、钻头牙轮、刮刀片、测井仪等物件掉落井中。发生落物而不能继续钻进时，必须及时进行打捞。对铁质小物件可在井中下入磁铁打捞器，将落物吸上来；对一些难以打捞的落物，可在井中下入磨鞋将其磨掉，也可根据情况自行设计工具打捞。

复习思考题

1. 钻井的含义是什么？
2. 生产井、调整井、水平井的含义是什么？
3. 钻机的基本组成是什么？
4. 钻井用钻头类型有哪些？
5. 钻柱的作用及组成是什么？
6. 钻井液的功用是什么？
7. 钻井液的性能参数有哪些？
8. 井斜的原因是什么？如何控制井斜？
9. 固井的含义是什么？
10. 井身结构包括哪些？
11. 固井工艺过程包括哪些内容？
12. 什么叫卡钻？卡钻类型有哪些？

第五章　油井试油与开采技术

油井钻探过程中或钻成后，为证实地下地层中是否含有油气，获取油层压力、油井产能等资料，必须对油井进行试油。不同的油井，由于油层物性和压力不同，其开采方法也不相同。

第一节　油 井 试 油

所谓试油，就是对确定可能的油气层，利用一套专用的设备和方法，降低井内液柱压力，使产层内的流体流入井内并诱导到地面，从而取得流体产量、压力、温度、流体性质、流动规律和地层参数等资料的工艺过程。试油的目的和任务就是为了获取这些资料，为确定油田开采的工业价值、开采储量，以及油井的生产能力等提供可靠的依据。此工艺过程的成败，关系到人们对基本石油地质条件的认识和深化，关系到前期的投入是否能够获得丰厚的生产效益，关系到对新、老油区的评价认识。

一、试油的方式

（1）多油层合层试油：全井所有油层同时打开进行试油，以求得油井的最大产能。这种方法多在油田勘探初期阶段第一、第二口井发现油流时采用，也用于合层开采的油井。

（2）分层系统试油：对需要测试的油层，自下而上逐层射孔、逐层测试，测试完一层注水泥塞或下丢手封隔器封闭该层，改试上层；也可对油层的某一个层位先进行测试，然后再测试其他层位。

（3）钻井中途测试：在钻井过程中，遇到油气显示时，也可停钻进行试油，以便及时获得显示层位的地质资料，尽快发现新的油气藏。

二、试油的主要工序

油井试油工艺程序一般为：通井、洗井、冲砂、试压、射孔（对于射孔完成的井）、诱导油流、求油气层产能等。其中，诱导油流是最重要的一道工序，如果经过诱导之后井未喷，则应采取重复射孔或压裂、酸化等特殊技术，以达到诱导油流的目的。

通井的目的一是清除套管内壁上粘附的固体物质，如钢渣、毛刺、固井残留的水泥等；二是检查通径及变形、破损情况；三是检查固井后形成的人工井底是否符合试油要求；四是调整井内的压井液，使之符合射孔要求。

洗井的目的是为了井筒干净，清除套管内壁上粘附的固体物质或稠油、蜡质物质，为下一步施工扫清道路。洗井可分为正循环洗井和反循环洗井两种方式。正循环洗井是将洗井液从油管打入，套管返出；反循环洗井是将洗井液从套管打入，油管返出。在施工中，当泵的排量足够大时，应采取正循环方式，此时对油层回压小，脏物不易阻塞油层；当泵的排量较小时，可采用反循环方式，此时液体上返速度较快，携带脏物的能力较强，但对油层的回压较大。洗井期间，要用尽可能大的排量，不停泵，才能把井洗干净。

对于因井下有沉砂未达到人工井底或未达到要求深度的井，应进行冲砂。

井筒试压的目的一是检查固井质量；二是检查套管密封情况；三是检查升高短节、井口和环形铁板的密封情况。根据井身条件可进行增压试压或负压试压。

射孔的内容本书第四章中已述及，此处不再重复。

油气层射开后，为了防止井喷，油气井内充满着钻井液或其他压井液。只有降低井内液柱压力，造成储集层压力大于井内液柱压力，才能使油气从储集层流入井内，这一过程称为诱导油流，是试油工作的一道主要工序。诱导油流的方法很多，如抽汲法、提捞法、替喷法、气举法、混气水排液法及连续油管注入液氮气举法等。其中，抽汲法、提捞法是通过降低井内液柱高度来减小井筒液柱压力，其余方法均是通过降低井内压井液密度来减小井筒液柱压力。不同的油井，具体采取何种诱导油流方法，应根据油气层性质、产液能力等具体情况而定。

油气层产能是油气层在某一生产压差下的产量。求油气层产能一般简称求产。求产过程中的生产压差受求产工作制度的控制，在某一工作制度的产量能够反应油气层产液能力。

第二节　油井采油技术

油井试油并确认具有工业开采价值后，如何最大限度地将地下原油开采到地面上来，实现合理、高产、稳产，选择合适的采油工艺方法和方式十分重要。目前，常用的采油方法有自喷采油和机械采油（见图 5－1）。

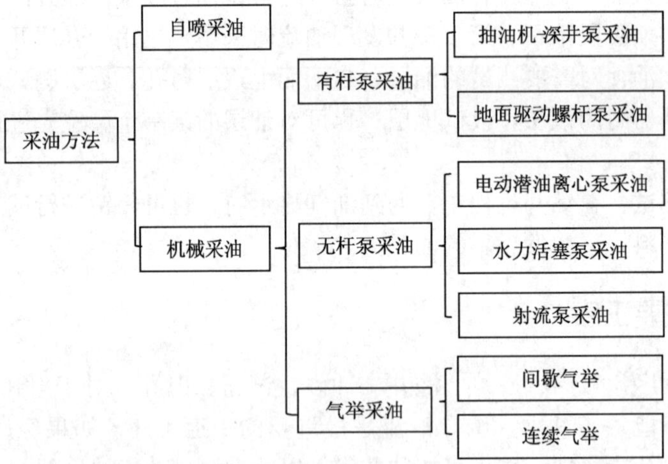

图 5－1　采油方法分类

一、自喷采油

依靠油层自身能量，将石油从油层驱入井底，并由井底举升到地面，这样的生产方式称自喷采油。依靠自喷方法生产的油井称为自喷井。自喷井地面设备简单、操作方便，产量较高，采油速度快，经济效益好。

（一）自喷井采油原理

1. 原理

油井之所以能够自喷是由于地层能量充足。地层能量的高低就反映在油层压力的高低。当地层打开之后，原油在较高的地层压力作用下，从地层深部向井底流动，克服了地层的渗滤阻力，剩余后的压力是井底压力。原油在井底压力作用下，沿着井筒从井底流到井口，同时溶解在原油中的天然气开始分离出来，气体也会成为举升原油的能量。

2. 自喷井的四种流动过程

自喷油流从油层流到地面转油站可以分为四个基本流动过程——地层渗流、井筒多相管流、嘴流、水平管流，如图 5－2 所示。

（1）地层渗流：从油层流入井底，流体是在多孔介质中渗流，故称渗流。如果井底压力大于饱和压力，为单相渗流；如果井底压力小于饱和压力，为多相渗流。在渗流过程中，压力损失约占总压降的 10%～15%。

（2）井筒多相管流：即垂直管流，从井底到井口，流体在油管中上升，一般在油管某断面处压力已低于饱和压力，故属于油、气或油、气、水多相流。垂直管流压力损失最大，占总压降的 30%～80%。

（3）嘴流：通过油嘴的流体称为嘴流。嘴流流速较高，其压力损失占总压降的 5%～30%。

（4）水平管流：流体进入出油管线后，沿地面管线流动，属多相水平管流。水平管流压力损失一般占总压降的 5%～10%。

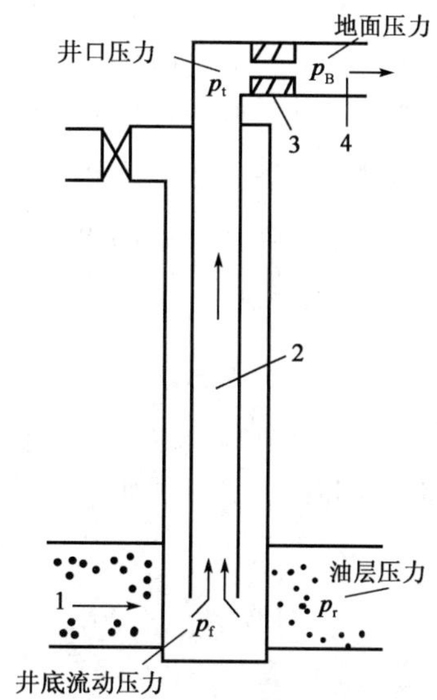

图 5－2　自喷井的四种流动过程

1—地层渗流；2—井筒多相管流；3—嘴流；4—水平管流

四个流动过程之间既相互联系又相互制约，同处于一个动力系统。从油层流到井底的剩余压力称井底压力（井底流动压力）。对某一油层来说，在一定的开采阶段，油层压力稳定于某一数值不变，这时井底压力变大，油井的产出量就会减少；井底压力变小，则油井产量就会增加。可见，在油层渗流阶段，井底压力是阻力，而对垂直管流阶段，井底压力是把油气举出地面的动力。把油气推举到井口后剩余的压力称为井口油管压力。井口油管压力对油气在井内垂直管流来说是一个阻力，而对嘴流来说又是动力。

3. 垂直管流中的能量来源与消耗

由于压力损失主要消耗在垂直管流中，下面重点介绍垂直管流。

1）单相垂直管流

当油井的井口压力大于原油的饱和压力时，井中为单相原油。流出井口后压力低于饱和压力时，天然气才从原油中分离出来，这样的油井属于单相垂直管流。

单相垂直管流的能量来源是井底流动压力。能量主要消耗在克服相当于井深的液柱压力，及液体从井底流到井口过程中垂直管壁间的摩擦阻力。所以，单相垂直管流中，能量的供给与消耗关系可用下列压力平衡式表示：

$$p_f = p_H + p_{fr} + p_{wh}$$

式中 p_f——井底流动压力；

p_H——液柱压力；

p_{fr}——摩擦阻力；

p_{wh}——井口压力。

2）多相垂直管流

当井底流动压力低于饱和压力时，则油气一起进入井底，整个油管为油气两相。当井底流动压力高于饱和压力，但井口压力低于饱和压力时，则油中溶解的天然气在井筒中某一高度上，即饱和压力点的地方开始分离出来，井中存在两个相区，下面是单相区，上面是两相区。在两相区，气体从油中分离出来并膨胀，不断释放出气体弹性膨胀能量，参与举升。因此，多相垂直管流中能量的来源，一是进入井底的液气所具有的压能（即流压）；二是随同油流进入井底的自由气及举升过程中从油中分离出来的天然气所表现的气体膨胀能。气体的膨胀能是通过两种方式来利用的：一种是气体作用于液体上，垂直推举液体上升；另一种是靠气体与液体之间的摩擦作用，携带液体上升。

（二）自喷井采油设备

自喷采油设备包括井口设备和地面流程设备。

1. 井口设备

自喷井井口装置从下到上依次是套管头、油管头和采油树三部分，如图 5-3 所示。自喷井的井口设备是其他各类采油井的基础设备，其他采油方式的井口装置都是以此为基础。

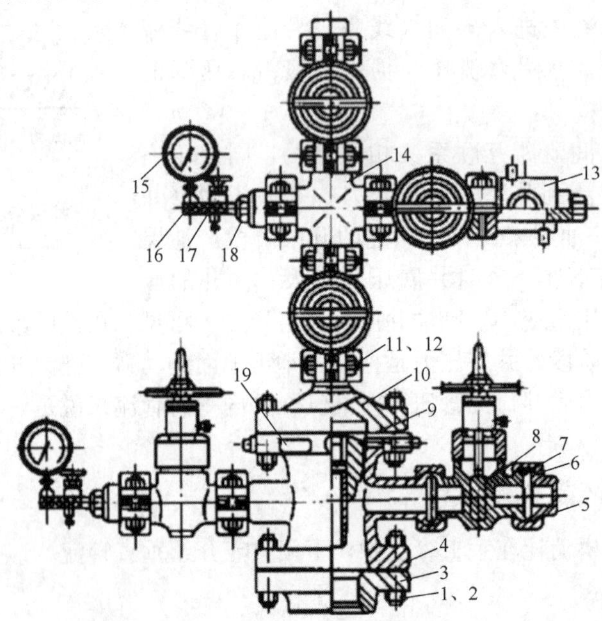

图 5-3 自喷井井口结构图

1—螺母；2—双头螺母；3—套管法兰头；4—锥座式油管头；5—卡箍短节；6—钢圈；7—卡箍；8—闸阀；9—钢圈；10—油管头上法兰；11—螺母；12—双头螺栓；13—节流器；14—小四通；15—压力表；16—弯接头；17—压力表截止阀；18—接头；19—铭牌

1）套管头

套管头在井口装置的下端，是连接套管和各种井口装置的一种部件，由本体、套管悬挂器和密封组件组成。其作用是支持技术套管和油层套管的重力，密封各层套管间的环形空间，为安装防喷器、油管头和采油树等上部井口装置提供过渡连接，并通过套管头本体上的两个侧口可以进行补挤水泥、监控井液和平衡液等作业。

2）油管头

油管头安装于采油树和套管头之间，其上法兰平面为计算油补距和井深数据的基准面。其作用是支撑井内油管的重力；与油管悬挂器配合密封油管和套管的环形空间；为下接套管头、上接采油树提供过渡；并通过油管头四通体上的两个侧口（接套管阀门），完成注平衡液及洗井等作业。

3）采油树

采油树是指油管头以上的部分，连接方式有法兰式和卡箍式。采油树的作用是控制和调节油井生产，引导从井中喷出的油气进入出油管线，实现下井工具仪器的起下等。

采油树的主要组成部件及附件的作用如下：

（1）总闸门：安装在油管头的上面，用于控制油气流入采油树的通道，因此，在正常生产时它都是全开的，只有在需要长期关井或其他情况下才关闭。

（2）油管四通（或三通）：其上下分别与清蜡闸门和总闸门相连，两侧（或一侧）与生产闸门相连。它既是连接部件，也是油气流出和下井仪器的通道。

（3）生产闸门：安装在油管四通或三通的两侧，其作用是控制油气流向出油管线。正常生产时，生产闸门总是打开的，在更换检查油嘴或油井停产时才关闭。

（4）清蜡闸门：安装在采油树最上端的一个闸门。正常生产时保持开启状态以便观察油管压力，它的上面可连接清蜡或试井用的防喷管，清蜡或试井时打开，清蜡或试井后关闭。

（5）套管四通：其上面与总阀门相通，下部连接套管头，左右与套管闸门相连。它是油管套管汇集分流的主要部件。通过它密封油套环空、油套分流。外部是套管压力，内部是油管压力。

（6）回压闸门：安装在油嘴后的出油管线上，在检查和更换油嘴以及维修生产闸门及修井作业时关闭，以防止出油管线内的流体倒流，有的油井在此位置上装了一个单流阀代替了回压闸门。

（7）防喷管：防喷管是用 ϕ63mm（2.5in）油管制成，外部套 ϕ89mm（3.5in）管，环空内循环蒸汽或热水（油）保温（不保温循环的就不用外套），在自喷井中有两个作用：一是在清蜡前后起下清蜡工具及溶化刮蜡片带上来的蜡；二是各种测试、试井时的工具起下。

（8）单流阀：防止流出井口原油倒流回井筒。

2. 地面流程主要设备

一般来说，自喷井井口地面流程都安装一套能够控制、调节油气产量的采油树；还有对油井产物和井口设备加热保温的一套装置，以及计量油气产量的装置，主要包括加热炉、油气分离器、高压离心泵及地面管线等。这一系列流程设备对其他采油方式也具有通用性。

二、机械采油

在油田开发过程中，由于油层本身压力就很低，或由于开发一段时间后油层压力下降，使油井不能自喷或不能保持自喷，有时虽能自喷但产量很低，必须借助人为能量进行采油，即利用一定的机械设备（地面和井下）将井中油气采至地面的方法。机械采油可分为有杆泵采油和无杆泵采油两大类。

（一）有杆泵采油

有杆泵采油装置包括游梁式抽油机—深井泵装置和地面驱动螺杆泵抽油装置。

1. 游梁式抽油机—深井泵装置

1）游梁式抽油机

游梁式抽油机结构见图 5-4。它是有杆泵采油的主要地面机械传动装置。它和抽油杆、深井泵配合使用，能将原油抽到地面。使用抽油装置的油井通常称为“抽油井”。抽油机的工作特点是连续运转、长年在野外、无人值守。因此，对抽油机的要求应当是强度高、使用寿命长、有一定的超载能力、安装维修简单、适应性强。

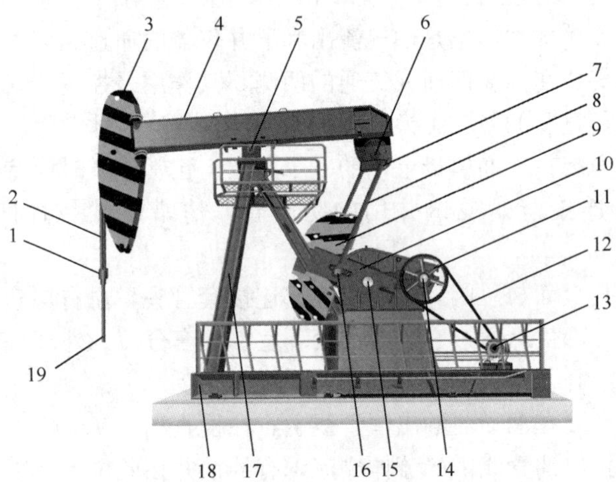

图 5-4　游梁式抽油机结构图

1—悬绳器；2—毛辫子；3—驴头；4—游梁；5—支架轴；6—横梁轴；7—横梁；8—连杆；9—平衡块；10—曲柄；11—大皮带轮；12—皮带；13—电动机；14—输入轴；15—输出轴；16—曲柄销；17—支架；18—底座；19—光杆

（1）主要部件的作用。

①驴头：装在游梁的前端，其作用是保证抽油时光杆始终对准井口中心位置。驴头的弧线是以支架轴承为圆心、游梁前臂长为半径画弧而得到的。

②游梁：游梁固定在支架上，前端安装驴头承受井下负荷，后端连接连杆、曲柄、减速箱传送电动机的动力。

③曲柄—连杆机构：它的作用是将电动机的旋转运动变成驴头的上下往复运动。在曲柄上有 4～8 个孔，是调节冲程时用的。

④减速箱：它的作用是将电动机的高速旋转运动变成曲柄轴的低速转动，同时支撑平衡块。

⑤平衡块：平衡块装在抽油机游梁尾部或曲柄轴上。它的作用是：当抽油机上冲程时，平衡块向下运动，帮助克服驴头上的负荷；在下冲程时，电动机使平衡块向上运动，储存能量。在平衡块的作用下，可以减少抽油机上下冲程的负荷差别。

⑥悬绳器：它是连接光杆和驴头的柔性连接件，还可以供动力仪测示功图用。

(2) 工作原理。

电动机将其高速旋转运动通过皮带和减速箱传给曲柄轴，并带动曲柄轴作低速旋转运动；曲柄又通过连杆经横梁带动游梁上下摆动。游梁前端装有驴头，挂在驴头上的悬绳器便带动抽油杆作上下垂直往复运动，抽油杆带动活塞运动，从而将原油抽出井筒。

2) 深井泵

深井泵是油井的核心抽油设备，它是通过抽油杆和油管下到井中并沉没在液面以下一定深度，靠抽吸作用将原油送到地面。

深井泵主要由工作筒（包括外筒和衬套）、活塞、游动阀（排出阀）及固定阀（吸入阀）组成，其工作原理见图 5-5。

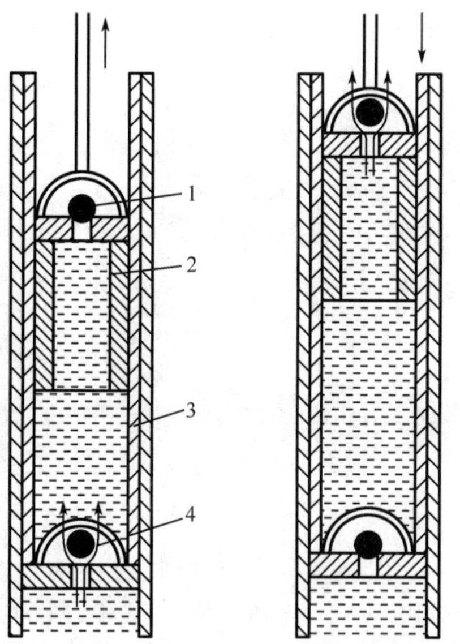

(a)上冲程　　(b)下冲程

图 5-5　泵的工作原理图

1—排出阀；2—活塞；3—衬套；4—吸入阀

上冲程：驴头上行，抽油杆柱带着活塞上行，活塞上的游动阀受内液柱的压力而关闭。如管内已经充满液体，则将在井口排出相当于活塞冲程长度的一段液体。与此同时，活塞下面泵筒内的压力降低，当泵内压力低于沉没压力（环行空间液柱压力）时，在沉没压力的作用下固定阀被打开，原油进入泵内占据活塞所让出的体积，如图 5-5 (a) 所示。

下冲程：驴头下行，抽油杆柱带着活塞向下运动，吸入泵内的液体受压，泵内压力升高。当此压力与环形空间液柱压力相等时，固定阀靠自重而关闭。在活塞继续下行中，泵内压力继续升高，当泵内压力超过活塞以上液柱压力时，游动阀被顶开，活塞下部的液体通过游动阀进入上部油管中，即液体从泵中排出，如图 5-5 (b) 所示。

3）抽油杆及井口装置

（1）抽油杆。

抽油杆是抽油装置的重要组成部分，它上连抽油机，下接深井泵，起中间传递动力的作用。抽油杆的工作过程中受到多种载荷的作用，且上下运动过程中受力极不均匀，上行时受力大，下行时受力小。这样一大一小反复作用的结果，很容易使金属疲劳，使抽油杆产生断裂。因此，要求抽油杆强度高、耐磨、耐疲劳。

抽油杆一般是由实心圆形钢材制成的杆件。两端均有加粗的锻头，下面有连接螺纹和搭扳手用的方形断面。抽油杆柱最上面的一根抽油杆称为光杆。光杆与井口密封填料盒配合使用，起密封井口的作用。

（2）井口装置。

抽油井井口装置和自喷井相似，承受压力较低。它主要由套管四通（或套管三通）、油管四通（或油管三通）、胶皮闸门和光杆密封段（或密封填料盒）组成，其他附件的多少及连接方法，视各油田的具体情况而定。但无论采取什么形式，抽油井井口装置必须具备能测示功图、动液面，能取样、观察压力等功能，并且要方便操作和管理。图 5－6 是抽油井掺水井口装置。

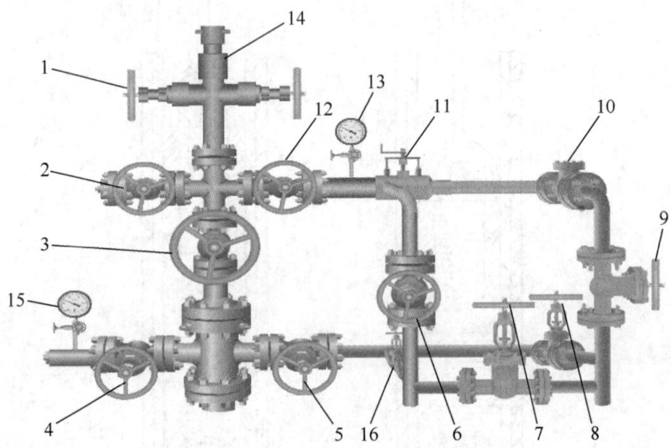

图 5－6　抽油机掺水井口装置

1—胶皮闸门；2—油管放空阀门；3—总闸门；4—套管测试闸门；5—套管闸门；6—回压闸门；7—直通阀门（小循环）；8—热洗阀门；9—掺水阀门（大循环）；10—单流阀；11—掺水调节阀；12—生产闸阀门；13—油压表；14—光杆密封段；15—套压表；16—套管出液阀

2. 地面驱动螺杆泵抽油装置

20 世纪 70 年代后期，螺杆泵开始应用于原油开采。螺杆泵是一种容积式泵，按驱动形式可分为地面驱动螺杆泵和井下驱动螺杆泵。

地面驱动螺杆泵设备如图 5－7 所示。它是由地面驱动系统、抽油杆柱、抽油杆柱扶正器、螺杆泵等部分组成。其工作原理是：螺杆泵是靠空腔排油（即转子与定子间形成的一个个互不连通的封闭腔室），当转子转动时，封闭空腔沿轴线方向由吸入端向排出端方向运移。封闭腔在排出端消失，空腔内的原油也就随之由吸入端均匀地挤到排出端，同时又在吸入端重新形成新的低压空腔将原油吸入。这样，封闭空腔不断地形成、运移和消失，原油便不断地充满、挤压和排出，从而把井中的原油不断地吸入，通过油管举升到井口。

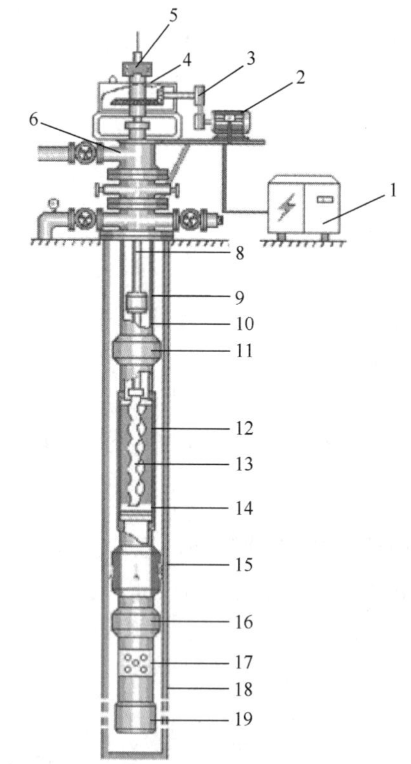

图 5-7　螺杆泵采油示意图

1—电控箱；2—电动机；3—皮带；4—减速箱；5—方卡子；6—专用井口；7—套压表；8—抽油杆；9—油管；10—抽油杆扶正器；11、16—油管扶正器；12—定子；13—转子；14—定位销；15—油管防脱装置；17—筛管；18—套管；19—丝堵

螺杆泵采油装置结构简单，占地面积小，有利于海上平台和丛式井组采油；只有一个运动件（转子），适合稠油井和出砂井应用；排量均匀，无脉动排油特征；阀内无阀件和复杂的流道，水力损失小；泵实际扬程受液体黏度影响大，黏度上升，泵扬程下降较大。

(二) 气举采油

当油气能量不足以维持油井自喷时，为使油井继续出油，人为地将气体（天然气或空气）压入井底，利用气体的膨胀能量将原油升举到地面，这种采油方法称为气举采油法。气举方式有环形空间进气方式和中心进气方式两种。

气举采油法的井口、井下设备比较简单，管理调节与自喷井一样方便。

1. 气举原理

以环形空间进气方式为例。油井停产时，油管、套管内的液面在同一个位置上。开动压风机向油套环形空间注入压缩气体（空气或天然气），环形空间液面被挤压向下（如果不考虑液体被挤进油层，则环形空间内的液体全部进入油管），油管内液面上升，当环形空间的液面下降到管鞋时，压风机达到最大压力，称为气举启动压力。当压缩气进入油管后，油管内原油混气，液面不断升高，直至喷出地面。

在开始喷出之前，井底压力总是大于油层压力。喷出之后，由于环形空间继续压入气体，油管内混气液体不断喷出，使混气液体的密度也越来越小，管鞋压力急剧下降。当井底压力低于油层压力时，原油便从油层流入井底。由于油层出油，使油管内混气液体的重度稍有增加，因而使压缩机的压力又有所上升，经过一段时间后趋于稳定，稳定后的压风机压力称为气举工作压力。这时，油层连续不断地稳定出油，井口连续不断地生产。

2. 气举方式

气举方式有两种：

(1) 环形空间进气方式。该气举方式也称反举。它是指压缩气体从油套环形空间注入，原油从油管中举出。

(2) 中心进气方式。它与环形空间进气方式正好相反，即从油管注气，原油从油套环形空间返出。该气举方式也称正举。

当油中含蜡、含砂时，如采用中心进气，因油流在环形空间流速低，砂子易沉降下来，同时在管子外壁的蜡也难清除，所以在实际工作中，多采用环形空间进气方式。

3. 气举采油的特点

气举采油的优点：井下设备一次性投资低，维修工作量小；井下无摩擦件，适宜于含砂、蜡、水的井；不受开采液体中腐蚀性物质和高温的影响；易于在斜井、拐弯井、海上平台使用；易于集中管理和控制。缺点：气举采油必须有充足的气源；如在高压下连续气举工作，安全性较差；套管损坏了的高产井、结蜡井和稠油井不宜采用气举；小油田和单井使用气举采油效果较差。

(三) 无杆泵采油

无杆泵采油包括电动潜油离心泵采油、水力活塞泵采油和射流泵采油。

1. 电动潜油离心泵采油

电动潜油离心泵（简称潜油电泵或电泵）属于无杆泵抽油设备。它是用油管把离心泵和潜油电动机下入井中，用潜油电动机带动离心泵把油举升到地面。电泵的排量及扬程调节范围大，适应性强，地面工艺流程简单，管理方便，容易实现自动化，经济效益高。

电泵设备由地面、中间和井下三大部分组成，如图 5-8 所示。

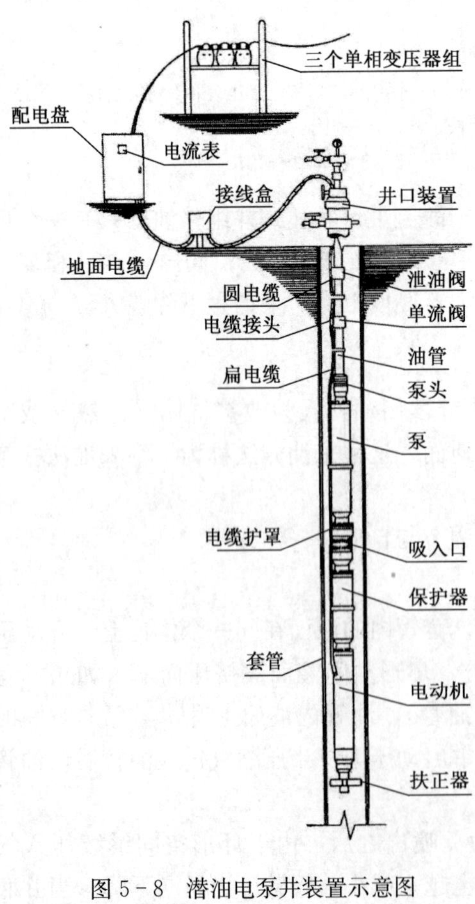

图 5-8　潜油电泵井装置示意图

地面部分由变压器、接线盒、控制柜（配电盘）、电缆及井口装置等组成，主要起控制、保护、记录的作用。

中间部分主要是电缆，有动力电缆和引线电缆。动力电缆将地面电流传送到井下引线电缆；而引线电缆的作用是连接动力电缆和电动机。

井下部分一般自上而下依次是泄油阀、单流阀和井下机组。井下机组包括多级离心泵、油气分离器、保护器和潜油电动机。有的电泵井潜油电动机下部还装有监测装置，可测定井底压力、温度、电动机绝缘程度、液面升降情况，并将信号传送给地面控制台。

潜油电动机安装在井下机组的最下部，是电泵的动力。地面的高压电流经电缆传输给潜油电动机。潜油电动机把电能变为机械能输出，通过轴带动电泵工作。保护器安装在潜油电动机的上部，起平衡电动机中的压力，润滑、密封电动机的作用。油气分离器通常安装在保护器的上端、多级离心泵的下端，用来分离原油中的游离气体，提高泵效。多级离心泵由固定部分和转动部分组成。转动部分有泵轴，轴上安装有大量叶轮。当电动机带动泵轴上的叶轮高速旋转时，充满在叶轮内的液体在离心力的作用下，被甩向叶轮的四周，给井液加速，使井液具有动能，并由导壳引入次一级叶轮，这样逐级叠加后就获得一定扬程，并将井液举升到地面。

电泵机组的工作过程可简单地叙述为：地面电源通过潜油电泵专用电缆输入给井下的潜油电动机，潜油电动机就带动多级离心泵旋转，通过离心泵多级叶轮的旋转离心作用，将井底原油举升抽汲到地面。

实践表明，对于强水淹井、高产井、不同深度井以及定向井、多砂和多蜡井，电泵的使用效果都很好。其排量范围为 16～14310m^3/d；最大下泵深度可达 4600m，井下最高工作温度可达 230℃。

2. 水力活塞泵采油

水力活塞泵是一种液压传动的无杆泵抽油装置，是液压传动在抽油设备上的应用。与有杆泵相比，其根本特点是改变了能量的传递方式。水力活塞泵由地面、中间和井下三大部分组成，如图 5 - 9 所示。

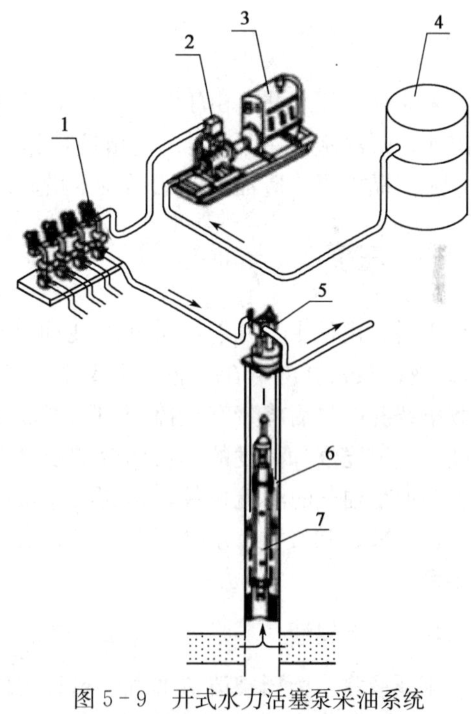

图 5 - 9　开式水力活塞泵采油系统

1—高压控制管汇；2—地面动力泵；3—发动机；4—动力液处理罐；5—井口装置；6—井下泵工作筒；7—沉没泵

地面部分包括动力液处理罐、发动机、地面动力泵、高压控制管汇、阀组及井口装置，担负提供动力的任务。

中间部分是动力液由地面到井下机组的中心油管，乏动力液和产出液排至地面的专门通道。

井下部分由工作筒和沉没泵等组成，起抽油的主要作用。

水力活塞泵的工作原理是：电动机带动地面动力泵，从储液罐来的液体经动力泵升压后进入中心油管，高压动力液体进入井下的水力活塞泵后，带动泵工作，抽汲的液体和做功后的动力液共同经外层油管返回地面。

水力活塞泵排量范围较大（16 ～ 1600 m^3/d），对油层深度、含蜡、稠油、斜井及水平井具有较强的适应性，可用于各种条件的油井开采，并可在温度相对较高的井内工作。但机组结构复杂，加工精度要求高，动力液计量困难。

3. 射流泵采油装置

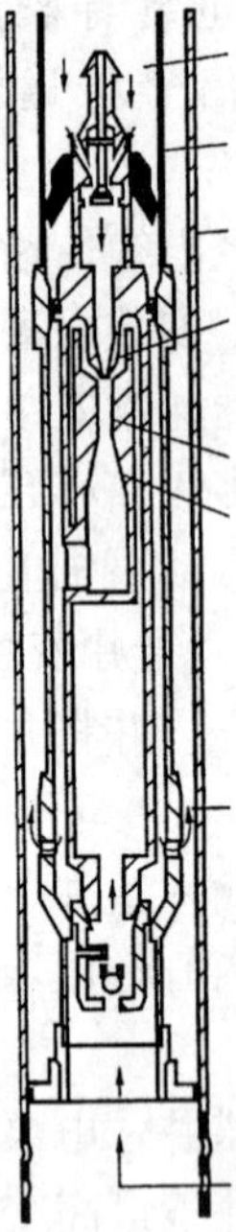

图 5-10 射流泵工作原理图

射流泵分为地面部分、中间部分和井下部分。其中地面部分和中间部分与水力活塞泵相同，所不同的是水力喷射泵只能安装成开式动力液循环系统。井下部分是射流泵，由喷嘴、喉管和扩散管三部分组成，如图 5-10 所示。

射流泵的工作原理：动力液从油管注入，经射流泵的上部流至喷嘴喷出，进入与地层液相连通的混合室。在喷嘴处，动力液的总压头几乎全部变为速度水头。进入混合室的原油则被动力液抽汲，与动力液混合后流入喉管，在喉管内进行动量和动能转换，然后通过断面逐渐扩大的扩散管，使速度水头转换为压力水头，从而将混合液举升到地面。

射流泵的特点：井下设备没有动力件；射流泵可坐入与水力活塞泵相同的工作筒内；不受举升高度的限制；适于高产液井；初期投资高；腐蚀和磨损会使喷嘴损坏；地面设备维修费用相当高。

第三节　油水井增产增注措施

采油井或注水井，由于某些因素，使井底附近的油层堵塞，结果使油井产量降低，甚至不出油，或注水井注不进水，影响油层压力和水驱油效果，降低油层采收率。在这种情况下，人们提出了改造油层的两项技术措施：压裂和酸化。

一、压裂

压裂，也称水力压裂，是利用地面高压泵组，以超过地层吸收能力的排量将高黏液体(压裂液)泵入井内，在井底产生高压。当该压力超过地层破裂压力时，就在井底产生一条或数条裂缝。然后将带有支撑剂的压裂液注入裂缝中，停泵后，就可在地层中形成具有足够长度、一定宽度和高度的不再闭合的裂缝。这种填砂裂缝具有很高的导流能力，从而大为改善近井地带油气的渗流条件，达到油井增产或水井增注的目的。

近年来，随着技术水平不断提高，水力压裂已成为低渗透储集层改造和增产、增注的重要手段。

(一) 压裂液

压裂液是水力压裂改造油气层过程中的工作液，起着传递压力、形成和延伸裂缝、携带支撑剂的作用。压裂液及其性能与造缝尺寸的大小和裂缝的导流能力有着密切的关系，所以，压裂液是影响压裂效果的重要因素。

压裂液是压裂施工液的总称。根据压裂液在压裂过程中不同阶段的作用，可分为：

清孔液——5%HCl 和 0.2%的表面活性剂水溶液与堵球配合，疏通压裂井段射孔孔眼。

前垫液——对水敏、结垢或含蜡量高的地层进行压裂时，需要提前泵注黏土稳定剂、除垢剂或清蜡剂；同时，这段液体还可以对高温、深井地层起到降低地层温度的作用。

前置液——一般用不含支撑剂的压裂液作前置液，用以压开地层，降低地层温度和延伸裂缝，为携砂液进入裂缝准备空间。

携砂液——用来进一步扩伸裂缝，携带支撑剂进入裂缝，填铺高导流能力的砂床。携砂液是完成压裂作业、评价压裂液性能的主体液。

顶替液——用来将携砂液全部顶入地层裂缝，以免沉砂井底。顶替液量为井筒容积，不能过量顶替。

随着压裂工艺水平的不断提高，性能优越的压裂液也不断涌现。现在经常使用的压裂液有水基压裂液、油基压裂液、乳状压裂液、泡沫压裂液等。尤其近十几年发展起来的水基冻胶压裂液具有黏度高、摩擦阻力低及悬砂性能好的优点，现已成为国内外使用最广泛的压裂液。

(1) 活性水压裂液（水基）：在水溶液中加入表面活性剂的低黏压裂液。此压裂液配制简单、成本低廉、黏度低、滤失量大、携砂能力弱，适用于浅井低砂量、低砂比小型解堵压裂和煤层气井压裂。

(2) 稠化水压裂液（水基）：以稠化剂及表面活性剂配制的黏稠水溶液。稠化水压裂液比活性水压裂液黏度有所提高，携砂能力稍强，降滤失性能稍好，主要用于低温（小于60℃）、浅井（小于1000m）和低砂比（小于15%）的小型压裂。

(3) 水基冻胶压裂液（水基）：这是一种有弹性、不黏手和容器的胶冻状压裂液。水基冻胶压裂液携砂能力很强，摩擦阻力极小，是一种较理想的压裂液。

(4) 稠化油压裂液（油基）：是高分子聚合物溶于油中配成的压裂液。其基液为原油、汽油、柴油、煤油、凝析油。其优点是黏度高、悬砂能力强、滤失量小、不伤害油层；缺点是成本高、流动时摩擦阻力高，且黏度随温度升高降低很快，因此只适用于低压、亲油、强水敏地层。

(5) 乳化压裂液：为一种液体分散于另一种与它不相混溶的液体中形成的多相分散体系。以液珠形式存在的一相称为分散质（或称内相、不连续相）；起分散作用的一相称为分散介质（或称外相、连续相）。用作压裂液的乳状液中，一相是水或盐水溶液、聚合物稠化水溶液、水冻胶溶液、酸液以及醇液；另一相则是原油、成品油、凝析油或液化石油气。此外，体系中还须加入有利于形成稳定乳状液的表面活性剂。乳化压裂液的特点是：具有一定的黏度，滤失量低，对地层伤害小，但其摩擦阻力一般高于水或油，适用于水敏、低压地层。

(6) 泡沫压裂液：是气体分散于液体中的分散体系。为了使泡沫稳定，通常加入起泡剂。体系中气相为CO_2、N_2、空气；液相为稠化水、水冻胶、酸液、醇或油；起泡剂多为非离子型表面活性剂。这种压裂液的特点是：摩擦阻力损失小，滤失量少，返排速度快，携砂能力强，对地层伤害小，适用于含气砂岩或页岩地层，低渗、低压、水敏性地层。

（二）支撑剂

在水力压裂中，支撑剂的作用在于充填压裂产生的水力裂缝，使之在岩石应力作用下不再重新闭合，且形成具有一定导流能力的流动通道。显然，被支撑裂缝的长度、宽度越大，裂缝的导流能力越强，裂缝的增产效果越好。

压裂用的支撑剂可大致分为天然、人造和天然改性三大类型。天然的以石英砂为代表，人造的以陶粒为代表，天然改性的以树脂包层砂为代表。

1. 石英砂

石英是一种分布广、硬度大的稳定性矿物，也是首先得到广泛应用的支撑剂，至今在国内外的用量仍然居于首位。石英砂硬度大，性脆，遇硬地层破碎后将大大降低裂缝的导流能力，遇软地层又容易嵌入裂缝里面。但石英密度低，便于施工泵送；价格便宜，容易获得；圆球度好，导流能力强，仍为目前国内外最常用的支撑剂。

2. 人造陶粒

自20世纪70年代末以来，随着向深层、致密层的勘探开发的需要，我国先后研制出喷吹的铝矾土高强度支撑剂、中高密度高强度烧结铝矾土陶粒和低密度中等强度烧结铝矾土陶粒。我国将这些烧结或喷吹形成的人造支撑剂统称为陶粒，其主要特点是：具有很高的强度，具有抗盐、耐温性能，破碎率低；但其相对密度较高，对压裂液的性能及泵送条件都提出了更高的要求，且加工工艺复杂，成本较高。

3. 树脂包层砂

树脂包层砂是采用一种特殊工艺，将改性酚醛树脂包裹在石英砂的表面，并经热固处理制成的一种支撑剂。按树脂的包裹方法，可分为预固化和（可）固化两种包层砂，它们在压裂中承担着不同的任务。前者是在石英砂的表面包了一层树脂，即使压碎了包层内的砂子，外面的树脂仍可以将碎块、微粒包裹在一起，从而保持裂缝有较高的导流能力；后者是在石英砂表面上事先包裹一层与压裂层温度相匹配的树脂，并作为尾随支撑剂置于水力裂缝的近井缝段，当裂缝闭合且地层温度恢复后，这种（可）固化的树脂包层砂先在地层温度下软化成玻璃球状，然后由软至硬地将周围相同的（可）固化的树脂包层砂胶结起来，这样在裂缝深处与井筒地带形成一道“屏障”，起到防止缝内支撑剂反吐回流的作用。

除上述类型外，20世纪50～60年代曾使用过的金属铝球、塑料球、核桃壳与玻璃球等支撑剂，由于受自身的缺点所限制，已被更好的支撑剂替代，现已不再使用。

（三）压裂工艺

压裂工艺包括压裂井（层）的选择、压裂工艺方式的选择、压裂施工参数的优化设计等一系列工作。在压裂液、支撑剂及压裂设备都已确定的情况下，压裂效果的好坏取决于压裂工艺。

各地区的油层性质、压力、温度等条件不同，完井方法、技术设备条件也有差异，因此，压裂工艺方式也不同。下面介绍几种较为常用的压裂工艺方法。

1. 合层压裂技术

油气井的生产层往往是一个层组，压裂时对这个层组的各个小层同时进行施工，就叫做合层压裂，也叫笼统压裂。对于裸眼完成的井，其裸眼段由于难以分小层，常用此方法压裂。具体施工时又分为油管压裂、套管压裂和油套管同时压裂三种情况。油管压裂是将压裂液由油管挤入井底，并采取了带水力锚和套管加平衡压力等保护措施；套管压裂是井内不下油管，装好井口直接压裂；油套管同时压裂是将油管和套管出口各接一些压裂车，同时向井内注入压裂液，从套管加砂。

2. 分层压裂技术

压裂施工中，当目的层有多层时，为了达到彻底改造的目的，要采用分层压裂技术。

目前国内外应用较为广泛的一种压裂技术是封隔器分层压裂。它是通过封隔器分层管柱来实现的。封隔器是分层压裂管柱的关键，它的作用是将目的层与上、下油层隔离开来，阻止压裂液进入上、下油层，使目的层独立地与压裂管柱内压力系统连接起来。对最下面一层，可以用单封隔器进行压裂；对射开多层的井，可用双封隔器对其中任意层进行压裂；对射开多层的深井，也可以用“桥塞＋封隔器”分层压裂。

二、酸化

酸化是将按要求配制的酸液从地面经井注入到地层中，以用于除去近井地带的堵塞物，恢复地层的渗透率，或通过酸、岩的化学反应，腐蚀油层中的某些成分，恢复或提高油层的渗透能力的一种化学增产增注措施。

（一）酸液类型

酸化时采用何种酸液，必须根据酸化井地层和堵塞物的特点、措施目的和施工要求进行选择。

1．盐酸

酸化时，盐酸的浓度一般在 6％～15％，但随着高效缓蚀剂的出现，可直接使用工业盐酸（浓度约 30％）酸化。使用浓盐酸可以酸化深层，减少地层水的稀释，生成较多的 CO_2，利于残酸的排出。

盐酸可溶解堵塞水井的腐蚀产物，从而恢复地层的渗透率，例如：

$$Fe_2O_3+6HCl \longrightarrow 2FeCl_3+3H_2O$$

盐酸也可溶解油水井及地层中的碳酸盐矿物（方解石、白云石等），例如：

$$CaCO_3+2HCl \longrightarrow CaCl_2+CO_2\uparrow+H_2O$$

反应物可溶于水，它们可随废酸排到地面，这样就可增大地层的孔道，提高近井地带的渗透率。

如果酸化高温井或深井，就不能直接用盐酸，因为反应速度太快，无法作用于深远地层。这时可用潜在酸，所谓潜在酸，是指那些在一定条件下能产生酸的物质，如：

$$CCl_4+2H_2O \xrightarrow{120\sim370℃} 4HCl+CO_2\uparrow$$

2．氢氟酸

氢氟酸（HF）可以溶解堵塞地层或胶结地层的黏土（主要是蒙脱石、伊利石、高岭石等矿物），也可溶解砂岩中的硅质物质（石英和长石），从而恢复或提高地层的渗透率。

$$SiO_2\text{（石英）}+6HF \longrightarrow H_2SiF_6+2H_2O$$

$$Al_2O_3\cdot4SiO_2\cdot H_2O\text{（高岭石）}+36HF \longrightarrow 4H_2SiF_6+2H_3AlF_6+12H_2O$$

由于氢氟酸有上述性质，所以对有黏土堵塞或黏土胶结的砂岩地层进行酸化时，可加入一定数量的氢氟酸来提高酸化效果。油田常用的土酸酸化液，就是 6％～15％的盐酸与 3％～15％的氢氟酸的混合酸。

并不是任何情况下都能使用氢氟酸的。对于碳酸盐岩（石灰岩、白云岩）地层，如果用氢氟酸，就会产生堵塞地层的沉淀。

$$CaCO_3+2HF \longrightarrow CaF_2\downarrow+CO_2\uparrow+H_2O$$

根据地层条件、现场施工的实际情况，以及酸化目的的不同，可采用不同的酸化液进行酸化，如多组分酸、乳化酸、稠化酸、甲酸和乙酸等，都能起到不同的酸化效果。

（二）酸液添加剂

酸化用的酸液中，为了实现某一特定的目的所加入的化学物质称为酸液添加剂。常用的酸液添加剂主要有缓速剂、缓蚀剂和铁离子稳定剂。

1. 缓速剂

用来降低酸、岩反应速度，提高酸化半径的物质称缓速剂。加有缓速剂的酸液称为缓速酸。常用的缓速剂有表面活性剂和增稠剂。

表面活性剂如十二烷基磺酸钠等，它们吸附于岩石表面上，疏水基团向外阻止了酸液与岩石的接触反应，降低了反应速度。另外，表面活性剂在井底附近地层吸附量大，酸、岩反应速度小；当酸液进入到地层深部，表面活性剂浓度减小，吸附量小，酸、岩反应速度大。表面活性剂的加入也有利于残酸返排。表面活性剂加量在1%左右。

增稠剂常用黄原胶、聚乙二醇（低温时用）、高分子聚合物（如聚阳离子化合物）。增稠剂的加入，使酸液黏度提高，降低了酸液中 H^+ 向岩石表面的扩散速度，从而降低了酸、岩反应速度。

2. 缓蚀剂

用来降低酸液对井下金属设备（如油管、套管）的腐蚀速度的化学物质称为缓蚀剂。缓蚀剂分有无机缓蚀剂、有机缓蚀剂。油田常用的是含有 O、S、N 杂原子的有机缓蚀剂，如7701、咪唑啉等。

3. 铁离子稳定剂

当酸、岩反应后，酸液 pH 值降低，酸液中铁盐（尤其是 Fe^{3+}）水解析出沉淀，造成二次堵塞地层孔隙，因此常在酸液中加入铁离子稳定剂。常用的铁离子稳定剂有两类：一类是络合剂，如柠檬酸、EDTA 钠盐等；一类是还原剂，如异抗坏血酸、亚硫酸等。

（三）酸处理方式和酸化技术

常用的酸处理方式有常规酸化和压裂酸化两种。

常规酸化是注酸压力小于地层的破裂压力的酸化，以解除井底附近地层的堵塞作用，所以也称为解堵酸化。

压裂酸化是注酸压力大于岩石破裂压力的酸化，即在压裂的基础上进行酸化，一方面靠水力作用形成裂缝，另一方面靠酸液的溶蚀作用把裂缝的壁面溶蚀成凹凸不平的表面。停泵卸压后，裂缝壁面不能完全闭合，具有较高的导流能力。

近些年来，随着石油工业的发展，酸化技术也越来越先进。除普通盐酸、土酸酸化外，还出现了泡沫酸酸化、胶束酸酸化、乳化酸酸化、稠化酸酸化和化学缓速酸酸化等技术。

（四）残酸液返排

酸化施工结束后，停留在地层中的残酸水活性已基本消失，不能继续溶蚀岩石，而且随着其 pH 值的升高，原来不会沉淀的金属会相继产生金属氢氧化物沉淀。为了防止生成沉淀二次堵塞地层孔隙，影响酸化效果，一般说来，应尽快把残酸尽可能排出。为此，应在酸化前就做好排液和投产的准备工作，酸化施工结束后立即排液。

残酸流到井底后，如果剩余压力（井底压力）大于井筒液柱回压，可依靠地层能量进行放喷排液；如果剩余压力低于井筒液柱回压，就需要用人工方法将残液从井筒排至地面。目前，常用的人工排液法有：一是降低液柱压力或降低液体密度，如抽汲法、气举法；二是增注液体助喷，如增注液体二氧化碳法和液氮法等。

第四节　修　　井

在生产过程中，由于受各种因素的影响，采油气井和水井常会出现各种问题，这就需要对存在问题的井进行作业，这种作业称为修井。修井包括冲砂、检泵、下泵、清蜡、防蜡、防砂、配注、堵水、封窜、挤封、二次固井、打塞、钻塞、套管整形、修复、侧钻、打捞等，其目的是恢复采油气井产能和水井注水量，封堵无效层以及处理井下事故。

由于篇幅有限，在这里只简单介绍油水井常规修井工艺的相关知识。

一、清蜡

原油中含有多种组分，其中高碳链（C_{25}～C_{50}）的饱和烃称为石蜡。国内主要油田的含蜡量都比较高，从6％到30％。石蜡的熔点在48～62℃之间，当油井开采时，从井底至地面，原油的温度逐渐降低，当温度降至石蜡的熔点以下时，石蜡便从原油中结晶出来，吸附在油管壁或地面设备、管线上，造成油流面积减小，产量降低，严重时甚至停产。因此，油井结蜡是影响油井高产稳产的突出问题。

解决油井结蜡的方法有两种：一是防蜡，即抑制蜡晶形成、沉淀、长大，目前主要采用化学防蜡法。二是清蜡，即将黏附在油井管壁、抽油泵、抽油杆等设备上的蜡清除掉，常用的方法有机械清蜡和热力清蜡。

1. 机械清蜡

（1）刮蜡片清蜡。利用井场电动绞车将刮蜡片下入油井中，在油管结蜡井段上下活动，将管壁上的蜡刮下来被油流带出井口。该方法适用自喷井和结蜡不严重的井。

（2）套管刮蜡。套管刮蜡的主要工具是螺旋式刮蜡器。将螺旋式刮蜡器接在油管下面，利用油管的上下活动将套管壁上的蜡清理掉，也可以利用转盘带动刮刀钻头刮削；同时利用液体循环把清理下的蜡带到地面。

2. 热力清蜡

（1）电热清蜡。电热清蜡是让电能转化为热能，使油流温度升高，达到清蜡、防蜡目的。

（2）热化学清蜡。利用化学反应产生的热能来清蜡。

（3）热油循环清蜡。利用本井生产的原油，经加热后注入井内不断循环，使井内温度达到蜡的熔点，蜡被逐渐熔化并随同油流到地面。

（4）蒸汽清蜡。将井内油管起出来，摆放整齐，然后利用蒸汽车的高压蒸汽熔化并刺洗管内外的结蜡。

二、冲砂

油层胶结疏松或油井工作制度不合理，以及措施不当，易造成油井出砂。油井出砂后，如果井内的液流不能将出砂全部带至地面，井内砂子逐渐沉淀，砂柱增高，堵塞出油通道，增加流动阻力，使油井减产甚至停产，同时会损坏井下设备，造成井下砂卡事故。因此，必须采取措施清除积砂。

清砂方法有水力冲砂和机械捞砂，常用的是水力冲砂。水力冲砂是用高速流动的液体将井底砂子冲散，并利用循环上返的液流将冲散的砂子带至地面的工艺过程。

1. 冲砂液的要求

（1）具有一定的黏度，以保证有良好的携带能力。

（2）具有一定的密度，防止井喷和漏失。

（3）配伍性好，不伤害油藏。

2. 冲砂方式

（1）正冲：冲砂液沿油管柱流向井底，由油管、套管环形空间返出地面。

（2）反冲：与正冲相反。

（3）旋转冲砂：利用动力源带动工具旋转，同时用泵循环携砂。大修冲砂常用此方法。

三、检泵

在油井生产过程中，泵漏失（磨损或井下液体腐蚀，造成泵漏失）、泵失效（油井出砂或结蜡卡住游动阀或固定阀，使泵失效）、抽油杆断脱、油管腐蚀漏失、滤砂器或气锚出现故障、改变油井工作制度、加深或上提泵挂等均需检泵。检泵要求如下：

（1）要取全、取准下井泵的各项资料，包括泵型、泵径、泵长、活塞长度，光杆、抽油杆规范、型号、根数、长度、接头规范长度，油管规范、根数、长度、泵下入深度，其他附件规范、深度。

（2）下泵深度要准确，防冲距要合适。

（3）下井油管螺纹要涂抹密封脂，要求油管无裂缝、无漏失、无弯曲，螺纹完好，并用内径规逐根通过。

（4）抽油杆应放在5个支点以上的支架上，不许落地；有严重弯曲或螺纹有损坏的抽油杆不许下井。

（5）起抽油杆时如果遇卡，不许硬拔，否则，会使抽油杆发生塑性变形，造成抽油杆报废。

（6）对深井泵的起下与拉运过程要特别注意：要防止剧烈震动，以免将泵的衬套震松，造成返工；下井前要仔细检查泵的各个部件，性能良好才能下井；紧松螺纹时，管钳不能咬在泵筒上。

四、油水井大修

油水井大修与小修同属于井下作业，但在工作内容上既有联系又有区别。小修工作内容包括冲砂、清蜡、检泵、换结构、简单打捞（下2次打捞工具以内）、注水泥等。大修工作内容包括井下故障诊断、复杂打捞（下打捞工具3次以上）、查封窜、找堵漏、找堵水、防砂、回采、修套管、过引鞋加深钻井、套管内侧钻、挤封油水层、油水井报废等工作。随着油田不断开发、大修工艺技术的提高，大修作业内容也将不断完善。

在大修作业中，要严格执行技术标准及操作规程，只能解除井下事故，不能增加井下事故；只能保护和改善油层，不能破坏和伤害油层；只能保护井身，不能损坏井身。

复习思考题

1. 什么是试油？油井试油的工序是什么？诱导油流方法有哪些？
2. 油井自喷原理是什么？
3. 气举采油原理是什么？
4. 游梁式抽油机由哪些零部件组成？深井泵的工作原理是什么？
5. 螺杆泵采油原理是什么？
6. 电泵井井下机组的组成是什么？采油原理是什么？
7. 什么是压裂？压裂液、支撑剂各有哪些类型？
8. 什么是酸化？盐酸酸化液、土酸酸化液各在什么情况下使用？酸液添加剂主要有哪些类型？
9. 常规酸化和压裂酸化有何区别？
10. 修井包括哪些工作内容？

第六章 油气田开发技术

油气田开发技术主要涉及两个问题：一是如何合理、快速地开采油气，即保持合理的开采速度，保持油田长期高产稳产；二是如何提高油气田的油气采收率，尽可能多地将地下油层中的油气开采出来。要做到这两点，必须全面正确地了解油气田或油气藏的自身特性，制定合理的油气田开发方案，适时地采用正确的油气田开发技术。

本章主要讲述油气田开发方案的编制、油气田驱动能量和一次采油、油田注水开发和提高采收率技术。

第一节 油田开发方案的编制

油田开发方案，就是利用一定的油井分布形式、一定的井数及它们投产的程序，利用一定油井的工作制度和油层能量，促使和控制石油从油层流向生产井井底的各种条件的综合方案。油田开发方案是在油田详探和生产区试验并正确、全面地认识油层的基础上，为保证油田能进行合理开发，而对整个油田作出长期和正式生产的全面规划和部署。

油田开发方案设计正确与否，对开发效果影响极大。例如，属非均质的砾质砂岩油层的克拉玛依油田，早期开发为行列式注水，有些地区两排注水井之间油井多达五排，结果水在地下乱窜，造成“旱涝不均”，产量大幅度下降。后来针对不同情况，进行了行列注水、面积注水（俗称“窝窝头注水”）、切割注水等，从而产量回升，扭转了被动局面。又如前苏联杜玛兹油田，开发方案规定用两套层系分别开采 Д1 层和 Д2 层，但在开发过程中，发现两层窜流，达不到分采目的。这些事例说明，油田开发方案制定得不合理，将给油田开发工作带来严重危害。因此，必须从油田实际情况和生产规律出发，制定出合理的开发方案，使油田长期保持稳产、高产和良好的经济效益，直至开发结束。

一、油田开发方案的主要内容

（1）油层地质情况；

（2）储量计算；

（3）开发方针与开发原则；

（4）开发程序；

（5）开发层系、井网、开采方式和注水系统；

（6）钻井工艺和完井方法；

（7）采油工艺技术；

（8）开发指标；

（9）经济分析。

二、油田开发方针

正确的油田开发方针，应根据国民经济对石油工业的需要和油田开发的经验，结合本油田的实际情况来制定。具体应考虑如下几方面的关系：

(1) 以什么采油速度进行开发最为合理；

(2) 油田地下能量的利用和补充；

(3) 采收率的大小；

(4) 稳产年限；

(5) 经济效果；

(6) 技术工艺。

这几方面是互相依存又互相矛盾的。应在满足国家对石油需要量的前提下，从油田整体利益出发，制订出科学的开发方针并不断补充和完善，必须在一个较长的时间内实现稳产、高产。如某油田贯彻这一方针的具体做法是：每个开发区的采油速度应达到 2%❶左右；含水上升率不大于 2%；达到设计产量以后稳产 10 年；采出程度 30%～35%；最高含水率 75%。当然，其他油田不应照搬这些数值，应针对具体情况，制订出合理的开发方案。

三、油田开发原则

任何一个油田都可以用各种不同的开发方案进行开采。不同的开发方案，将会带来不同的效果，但其中必有一个最佳方案。这个方案，就是合理的开发方案。

(一) 合理开发油田的原则

(1) 在油田客观条件允许的前提下（指油田地质储量、油层物性、流体物性)，高速度开发油田，保证顺利地完成国家和油区按一定原则分配的计划任务。

(2) 最充分地利用天然资源，保证油田获得最高的采收率。

(3) 油田生产稳定时间长，而且在尽可能高的产量上稳产。

(4) 具有最好的经济效果，也就是用最少的人力、物力、财力，尽可能采出更多的石油。

(二) 应确定的几个问题

为满足以上几项原则，应对以下几方面的问题作出具体规定。

1. 规定采油速度和稳产期限

采油速度的快慢决定了生产规模。当然油田应该以较高的速度生产，以满足国家对石油的需要，但同时必须对稳产期限要有一个明确的规定。采油速度和稳产期必须根据油田地质开发条件和工艺技术水平以及经济效果来确定。对于不同的油田，合理的采油速度及稳产期限可以不同，但生产期的采收率应满足一个统一的标准。

2. 规定开采方式与注水方式

在开发方案中，必须明确规定油田以什么方式进行采油、什么驱动类型、如何转化开采

❶ 每个开发区块年采出油量占地下油藏原油储量的量。

方式、转化的时间及其相应的措施。如果油田必须注水，应确定注水时间，早期注水还是晚期注水，以及采取什么样的注水方式。

3. 确定开发层系

一个开发层系是由一些独立、上下有良好隔层、油层性质相近、驱动方式相近、油气界面相近、具有一定储量和一定生产能力的油层组成的。它用一套独立的井网进行开发，是一个最基本的开发单元。当开发一个多油层油田时，必须正确地划分和组合开发层系。一个油田用一套层系或是用几套层系开发，是开发方案中一个重大决策。它涉及油田建设规模大小的问题，也是决定油田开发效果的重要因素，因此必须慎重地决策。

4. 确定开发步骤

开发步骤是指从布置基础井网开始，一直到完成注采系统、全面注水和采油的整个过程中所必经的阶段和每一步的具体做法。合理的开发步骤是根据科学开发油田的需要而制定的。对于一个多油层的油田来说，应包括以下两个方面：

（1）基础井网的部署。基础井网是以某一主要含油层为目标而首先设计的基本生产井和注水井。它也是进行开发方案设计时提供开发区油田地质研究的井网。

（2）确定生产井网和射孔方案。根据基础井网，待油层对比工作完成以后，全面部署各层系的生产井网。依据层系和井网确定注水井和采油井的原则，并编制方案进行射孔投产。

5. 确定合理的布井原则

合理布井要求在保证采油速度的条件下，采用井数最少的井网，并最大限度地控制地下储量以减少储量损失。对于注水开发油田，还必须使绝大部分储量处于水驱范围内，保证水驱储量最大。由于井网是涉及油田基本建设的中心问题，也是涉及油田今后生产效果的根本问题，因此除了进行地质研究以外，还要应用渗流力学方法进行动态指标的计算和经济指标的分析，最后作出方案的综合评价，并选出最佳方案。

6. 确定合理的采油工艺技术和增产增注措施

在方案中必须针对油田的具体地质开发特点，提出应采用的采油工艺手段，尽量采用先进的工艺技术，使地面建设符合地下实际情况，使增产增注措施能够充分发挥作用。

四、油田开发方案的分类

根据井网在油藏上的分布方式、投产的速度和程序，以及是否向油层注入工作剂以补充油层能量等因素，对油田开发方案进行分类。

（1）按生产井在含油面积上的分布分类，可分为油井几何网状分布的方案（均匀井网）和油井行列状分布的方案（非均匀井网）。当油田为水压或气压驱动时，也就是油田内含油边缘在整个开发过程中不断向前推进时，为了使油水（或气水）边界均匀推进，尽可能地使油层内原油多排出，而将油井在油田面积上按行列状平行于含油边缘分布。在溶气驱动和底水驱动的方式下，油井将按均匀的几何网状布置。均匀井网按其构成的几何形状不同，又可分为正方形井网和三角形井网。

（2）按油井的投产程序和速度分类，可分为全盘开发的开发方案，即在整个油田面积上油井同时开钻和投产；加密开发的开发方案，即在整个油田上先钻一部分井，而这一部分井是按一倍、两倍或三倍已经确定了的井距布置，然后再在油井中间加密；蔓延式的开发方案，即在油田整个面积上从油藏的某一边开始钻井，然后顺序钻油田内部另一边的油井。面积不大的油田可以采取全盘开发方案，其他情况下都采用蔓延法或蔓延加密方案。这是因为油田太大，全盘开发方案需要占用过多的钻机，基本建设战线也拉得太长，造成各方面的困难。

(3) 根据是否采取保持油层压力的措施分类，可分为不保持油层压力的开发方案，即利用油田天然能量开发油田的方案（现在各油田很少用此方案，因为绝大部分原油采不出来）；保持油层压力的开发方案，如注水、注气开发方案。

五、编制开发方案的步骤

1. 油层的地质研究

在对油层进行全面地质研究后，应确定表示油层特性的下列数据：

(1) 油层几何形状的大小，即油层构造和厚度，这些数据应按每一分层及夹层单独计算。

(2) 油层的天然驱动条件及其供给区的情况。

(3) 油层原始压力，合适的生产井井底压力及由油层机械物理性质所决定的流体最大允许排量。

(4) 岩石的物理性质，包括渗透率、孔隙度、弹性以及岩石的机械性质。

(5) 流体的物理化学性质，包括密度，黏度，成分，压缩性，气体的溶解系数、体积系数和原始气油比。

(6) 石油在岩石中的原始饱和度、束缚水的数量，以及在不同的驱油条件下，各种注入速度和压力降的石油采收率。

(7) 油层温度。

2. 确定各计算方案的地质—技术指标

在确定了油田地质—物理数据以后，就可以利用渗流理论或用数值模拟预测不同的开发方案开发油田时的动态。为此，首先要选择一批计算方案。选择步骤如下：

(1) 确定开发油田的原则方案，即确定是否要向油层注入工作剂，并确定注入方式（外缘、内缘、面积或切割）。

(2) 根据油田的几何尺寸大小、构造和油层的特性，预先判断油藏驱动类型，确定布井方式。

(3) 根据油田大小、油层及油层中的流体的物理及化学性质等因素，提出各种不同井列数、井数和不同的油井工作制度的计算方案。确定要用人工保持和恢复油层压力的方法时，计算方案中应有各种注入井井数和工作制度的方案。

有了计算方案，就可根据水动力学计算公式或在计算机辅助数学模型上求出各个方案逐年的油田、油井产量以及每列和每批（底水驱时）井的开采时间，并根据油田地质情况用统计或其他方法确定各计算方案的石油采收率。

3. 计算各方案的经济效果并进行区域配产

(1) 开发油田的整个过程中的劳动总消耗和劳动生产率。

（2）开发油田的金属消耗品，包括套管、油管、输油管以及矿场储运设备所消耗的金属。

（3）开发油田的总投资额（油田建设的全部投资，包括人力、物力的价值）和经济效果。

（4）生产费用，包括投资折旧费和生产过程中的一切费用，此项费用最终以每吨石油成本表示。

在以上工作的基础上，对比各个方案的地质—技术—经济指标，综合选择出一个符合要求的计算方案作为合理的开发方案。合理的开发方案，应该保证同时满足多方面的要求。也就是在选择方案时，既要以满足国家对石油的需要为主，又要使石油采收率最高和经济消耗最低，这便是开发方案设计的最终目的。

第二节　油藏天然能量及驱动方式

油气田开发过程中，油井完成之后经过试油，油气能够从地层运移到井底，甚至自喷到地表，这表明地层具有能量。地层能量可以是天然的，也可以是人工补充的。在没有任何人工补充能量的情况下，地层所具有的能量称为天然地层能量。地层能量的大小表现为地层压力的高低，它是油气在油层中流动的动力来源。地层压力高的油井，油气可以自喷到地表。但在自喷开采过程中，如地层得不到人工补充能量，其能量必然逐步衰减，最终油井不能自喷，必须转为其他方法开采。因此，油层能量的大小决定了油气田的开采方法，同时也决定了油气田的开采特征。

一、油层中的天然驱油能量

油层中油、气、水构成一个统一的水动力系统。油层未被打开时，油、气、水处于平衡状态，油层内部承受着较大的压力而具有潜在能量，即天然能量。油气藏的天然能量主要包括以下几种类型。

（一）水柱压力

水柱压力通常是油气流动的主要动力。如果岩层有露头，水源供给充足，而且供水区和含油区连通性好，边水或底水的水柱压头便有能力驱动油流（见图 6－1）。油藏的水压能量以压力表示：

$$p_{地层}=\rho_{水}\ gH$$

式中　$p_{地层}$——原始油层压力，Pa；

$\rho_{水}$——油层水的密度，kg/m^3；

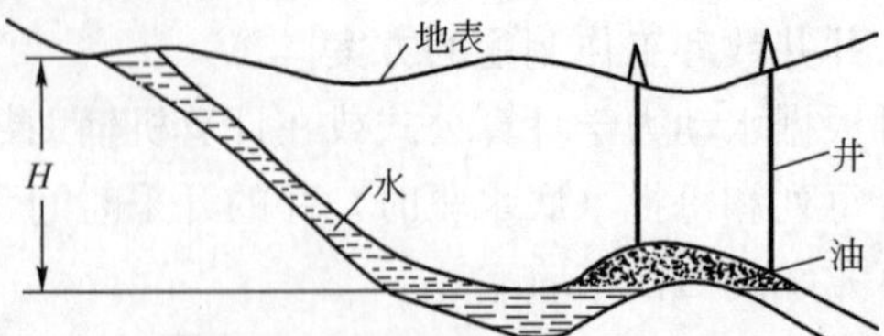

图 6－1　驱油的水压力

g——重力加速度，g/m^3；

H——边水或底水的静水头高度，m。

露头水柱压能的大小和露头与油藏埋藏的深度有关，与露头距离及供水区的渗透率有关。

（二）流体和岩石的弹性能

弹性能是指由于物体的形变而释放（或储存）的能量。对一个油藏来说，油层岩石承受着上覆所有岩层的压力和孔隙中的液压，岩石和流体处在压缩状态。当油层被钻开，井底附近油层压力下降时，压力降落要向外传播。在压力下降的这部分油层内，原来处于压缩状态的岩石和流体的体积就要膨胀。岩石膨胀的结果则是使孔隙空间变小。于是，在流体体积增大与孔隙空间变小这两者同时作用下，孔隙中容纳不下原有的流体，就把多余的一部分流体挤入油井。

弹性能量的大小与综合压缩系数、油层的超压程度（油层压力高于饱和压力的大小）、压降的大小及油层体积有关。当采用这种驱动方式时，油层含流体饱和度一般不变化。

（三）溶解气的弹性膨胀能

当油层压力高于饱和压力时，弹性能是驱油的主要能量。但是，当油层压力降落到低于饱和压力时，弹性能仍然起作用，只不过居于次要地位。因为此时溶解在油中的天然气会不断分离出来，并分散在油中。在压力不断下降的过程中，气泡不断发生膨胀，气体膨胀释放出来的能量将油推向井底。油层压力降低得越多，分离出来的气体量也越多，气体的弹性膨胀能也越大。此时油层中含油饱和度不断下降，含气饱和度不断增加。由于气体的压缩系数比综合压缩系数高一个数量级，所以溶解气的弹性膨胀能成为驱油的主要能量。

溶解气的弹性膨胀能大小与地层油的原始气油比、溶解系数、气体及油的组成有关，也与油层的温度和压力有关。

（四）气顶压缩气的膨胀能

当油层中的原油溶解气量达到饱和后，多余的天然气就聚集在油藏顶部形成气顶。气顶气处于高压的压缩状态。当油井生产后，油层压力降低，井底地区呈现出溶解气驱特征。当压力降传递到气顶，且气顶的体积足够大时，气顶就开始膨胀，并推动原油流向井内。气顶较大的含油气层，这种能量也可以是采油的重要能量来源。

（五）地层油本身的重力

油层中的流体始终受着重力的作用。在采油过程中，其他能量充足时，重力虽不足以作为驱油的主导因素，但也有一定影响。在其他能量趋于枯竭时，重力就成为驱动原油向井底流动的主要能量。特别是地层倾角较大、渗透性较好的油藏，重力驱油效果更加显著。

对于一个具体的油藏来说，只要条件具备，可同时具有几种驱油能量。在实际的采油过程中，往往是几种能量均有一定程度的表现。有的起着主导、决定作用，有的起着次要作用，有的则微而不显。

二、油藏驱动方式

油藏的能量类型决定于油藏的地质条件，如油藏的埋藏深度、有无边水、气顶及其大小以及连通性等，从而使油藏可能建立某种天然驱动条件。依据起主导作用的驱油能量不同，人们把油藏划分成不同的驱动类型（或驱动方式）。不同的驱动类型又有着不同的开采特征，从而在油藏的压力、产量和气油比等生产特征曲线上也有不同表现。

（一）水压驱动方式

水压驱动是靠油藏的边水、底水或注入水的压力作用把石油推向井底的，分为刚性水压驱动和弹性水压驱动。

刚性水压驱动，即依靠水柱压能的驱动方式。刚性水压驱动又可分为天然水压驱动和人工水压驱动（人工注水开发）。

弹性水压驱动，是油藏一方面依靠水区和油区的弹性能，另一方面又依靠边、底水或露头水的压能。原因是虽有露头水，但水量供应充足，或是有断层遮挡，或是供水区的渗透率比较低，要保证一定的采油速度必须有一定的压降释放弹性能才行。

在水压驱动作用下，当采出量不超过注入量时，油层的压力、气油比比较稳定，油井的生产能力旺盛，如图 6－2、图 6－3、图 6－4 所示。

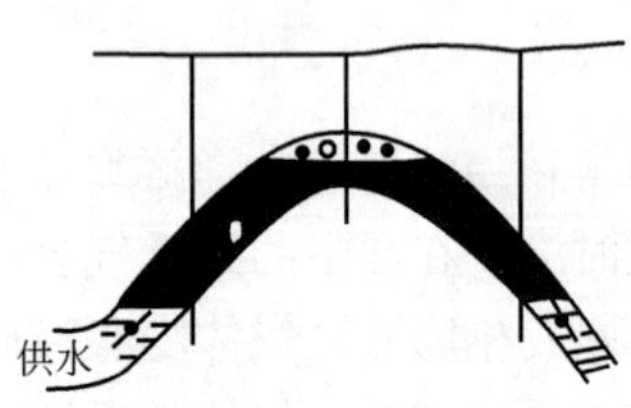

图 6－2　边水驱动

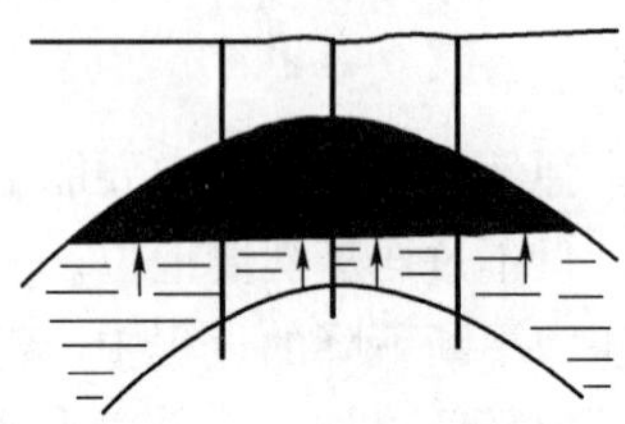

图 6－3　底水驱动

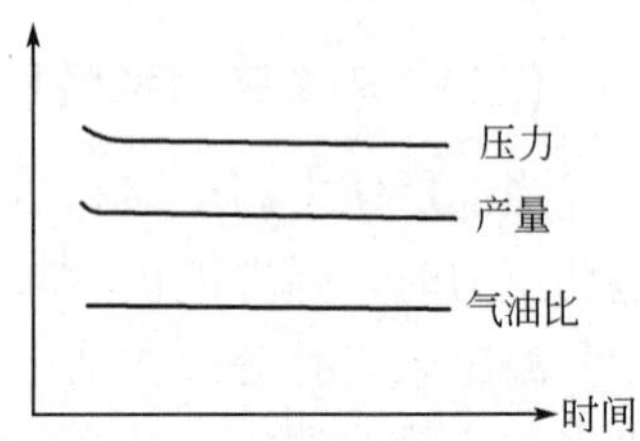

图 6－4　水压驱动生产特征曲线

（二）弹性驱动方式

油藏在未开发之前，处于平衡受压状态。当钻开油层之后，井底压力下降，地层与井底之间建立起压差，平衡被打破，岩石、孔隙中的液体都要发生弹性膨胀。在岩石孔隙缩小及液体体积膨胀的共同影响下，把油从油层推向井底。由于压力不断下降，压降漏斗不断向油层纵深发展，油层内部不断释放出弹性能量。当压力降落影响到含水区时，含水区的岩石及水的弹性能也不断释放出来，将水推向油区，驱赶油流向井底，使含油区逐渐减小。

如果驱油流向井内的动力主要依靠液体（油和水）及岩石的弹性能，则这种驱动方式称为弹性驱动方式。

弹性驱动方式的特点：油层原始压力高，饱和压力低，有广大的含水区，开采时产量、气油比呈平缓的变化。保持一定日采油量开采时，油层压力逐渐下降，当油层压力低于饱和压力时，就转为其他驱动方式。其生产特征曲线如图 6－5 所示。

（三）溶解气驱动方式

依靠原油中溶解气分离后所产生的膨胀能量推动原油流向井底，叫溶解气驱动。

溶解气驱动方式的开采特点是：油层压力不断下降，油层中气饱和度不断增加，相对渗透率不断增加，气产量急剧增高，气油比不断上升，产油量不断下降。当气体耗尽时，气油比又急剧下降，在油层中剩下大量不含溶解气的石油。这些油的流动性差，难以采出，常称为“死油”。这种驱动方式是纯消耗能量的开采方式，油层的采收率很低，一般只有 5%～20%。溶解气驱动生产特征如图 6－6 所示。

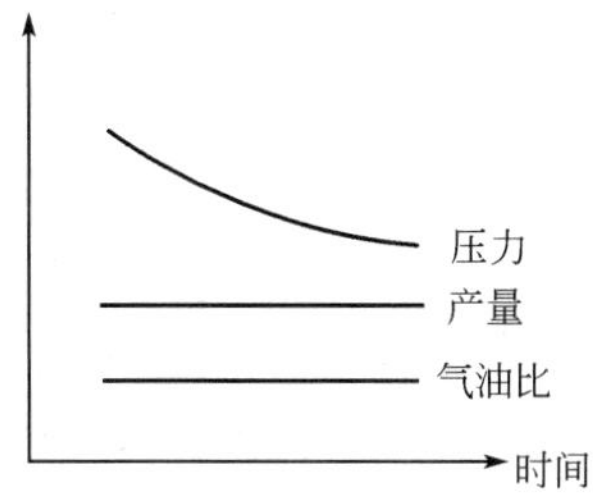

图 6－5　弹性水压驱动生产特征曲线

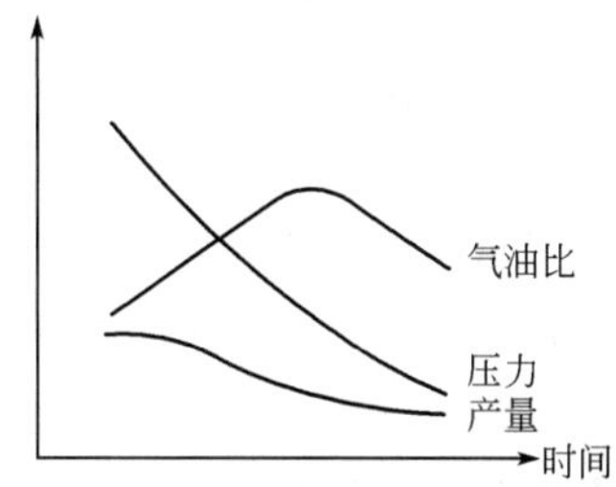

图 6－6　溶解气驱动生产特征曲线

（四）气压驱动方式

依靠油藏气顶压缩气体的膨胀力推动原油流入井底，叫气压驱动，如图 6－7（a）所示。

气压驱动的开采特点是地层压力逐渐下降，气油比逐渐上升，产量逐渐下降。当含气边界突入油井井底时，气油比急剧上升，如图 6－7（b）所示。

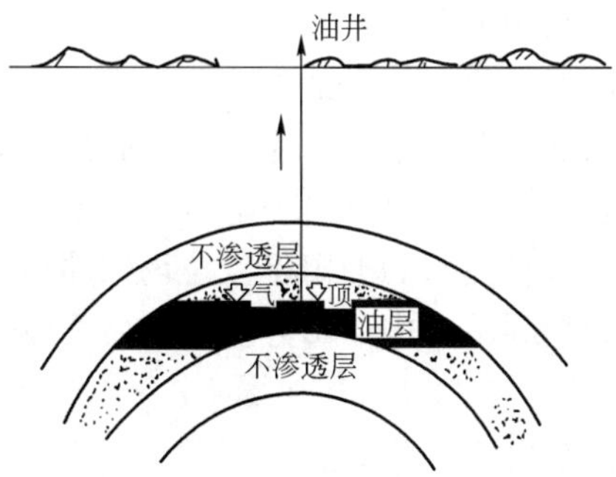

(a)气顶气驱动方式

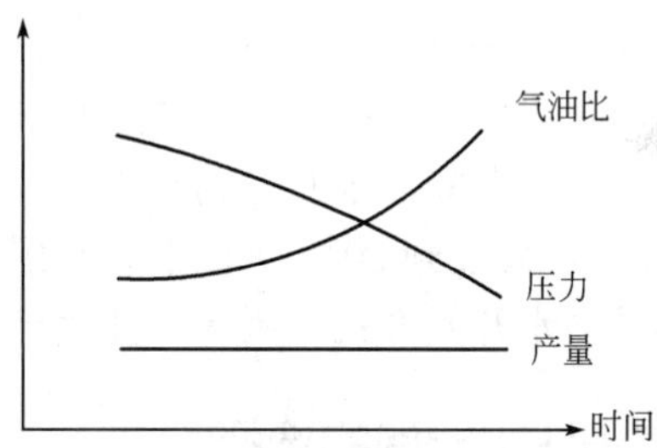

(b)气顶气驱动生产特征曲线示意图

图 6－7　气顶气驱动方式及其生产特征曲线

（五）重力驱动方式

石油依靠本身的重力由油层流向油井，叫重力驱动。这种驱动方式出现在油田开发的末期，其他能量已枯竭，重力成为主要驱油动力，油井产量已经很低。

三、驱动方式的转换

油层的驱动方式是随着开发进程及开发措施的实施与调整而变化的。在油田开发的某个阶段，驱动方式（即驱动能量类型）可以从一种形式过渡到另一种形式。比如，对于地层压力高于饱和压力的油田（即未饱和油田），在开采初期没有注水，一般为弹性驱动；如有含水区，开采一段时间后，压力降落扩展含水区后，呈现天然水压驱动；若边水不充足，或油水接触区域的渗透率很低，即供水不足，采油速度较高，则可能出现弹性水压驱动；如果这个油藏是封闭的，则在弹性驱动后即压力降至饱和压力以下时，便出现了溶解气驱动。一个油藏在开发的每个阶段上，发挥作用的驱油能量可同时有几种，但其中必有一种起主导作用，其他的则处于次要地位。

由于油藏的驱动方式不同，其驱动能量大小不同，因此油藏油气采收率也不同。一般水压驱动方式采收率最高，弹性驱动方式及气压驱动方式次之，而溶解气驱动方式及重力驱动方式的采收率最低。与气比较，水易润湿岩石，能渗入微细孔隙将油驱入孔道；而气驱油时，气体不能润湿岩石，气流首先窜入大孔道将油排出，易留下残余油。再者气体的黏度远小于水的黏度，因此窜流与混流很严重，故而水驱采收率高于气驱采收率。溶解气驱的采收率更低，且产量递减得很快。

认识和识别驱油能量及驱动方式，不仅是为了了解油层，更重要的是为了改造油层。对于一个具体油藏来说，可根据需要创造条件，为油层提供新的能量，使油层驱动方式向有利的方面转化。如有的油田，由于缺少边水或没有气顶，通过人工注水或注气，就可以抑制和延缓溶解气驱动的过早出现，而使油藏长期处于人工水（气）压驱动方式下进行开发，以达到提高采收率、合理开发油田的目的。

第三节　油田注水开发技术

在采油过程中，仅利用地层天然能量进行采油，称为“一次采油”。一次采油也被称为“能量衰竭法采油”，采收率一般只能达到15%左右，大部分油气仍残留在油层中。为保持和提高地层能量，提高地层中油气采收率，人们采用油田注水开发技术。

向油层注水，保持或提高地层能量，提高油气采收率的采油方法，早在20世纪20年代美国就已工业化应用。苏联于1946年第一次在杜依玛兹油田采用早期注水、保持油层压力的开发方法。在这期间注水开发的油田越来越多。1936年美国采用注水开发的区块只有846个，到1970年就发展到9000个以上。我国最早大量注水的油田是克拉玛依油田，现各主要油田都采用了注水开发方式。因此，注水已成为世界范围内油田开发的主要手段。

一、油田注水时间的选择

（一）不同时间注水油田开发的特点

不同类型的油田，在油田开发的不同阶段注水，对油田开发过程的影响是不同的，其开发结果也有较大的差异。

1. 早期注水

早期注水的特点是在地层压力还没有降到饱和压力之前就及时进行注水，使地层压力始终保持在饱和压力以上。由于地层压力高于饱和压力，油层内不脱气，原油性质较好。注水以后，随着含水饱和度增加，油层内只是油、水两相流动，其渗流特征可由油水两相渗透率曲线所反映。

早期注水可以使油层压力始终保持在饱和压力以上，油井有较高的产能，有利于保持较长的自喷开采期。由于生产压差调整余地大，有利于保持较高的采油速度和实现较长的稳产期。但这种注水方式使油田投产初期注水工程投资较大，投资回收期较长。所以，早期注水方式不是对所有油田都是经济合理的，尤其对原始地层压力较高而饱和压力较低的油田更是如此。

2. 晚期注水

油田开发初期依靠天然能量开采，在没有能量补给的情况下，地层压力逐渐降到饱和压力以下，原油中的溶解气析出，油藏驱动方式转为溶解气驱，导致地下原油黏度增加，采油指数下降，产油量下降，气油比上升。如我国某油田，在地层压力降到饱和压力以下后，气油比由77m^3/t上升到157m^3/t，平均单井日产油由10t左右下降到2t左右。

在溶解气驱之后注水，称晚期注水，在美国称“二次采油”。注水后，地层压力回升，但一般只是在低水平上保持稳定。由于大量溶解气已跑掉，在压力恢复后，也只有少量游离气重新溶解到原油中，溶解气油比不可能恢复到原始值。因此，注水以后，采油指数不会有大的提高。由于油层中残留有残余气或游离气，注水后可能形成油、水两相或油、气、水三相流动，渗流过程变得更加复杂。这种方式的油田产量不可能保持稳产，自喷开采期短，对原油黏度和含蜡量较高的油田，还将由于脱气使原油具有结构力学性质，渗流条件更加恶化。

晚期注水方式初期生产投资少，原油成本低。原油性质较好、面积不大且天然能量比较充足的中、小油田可以考虑采用。

3. 中期注水

中期注水介于上述两种方式之间，即投产初期依靠天然能量开采，当地层压力下降到低于饱和压力后，在气油比上升至最大值之前注水。此时油层中将由油、气两相流动变为油、气、水三相流动。随着注水恢复压力，可以有两种情形：

一种情形是地层压力恢复到一定程度，但仍然低于饱和压力。在地层压力稳定条件下，形成水驱混气油驱动方式。据室内模拟和国外文献介绍，如果地层压力低于饱和压力15%以内，此时从原油中析出的气体尚未形成连续相，这部分气体有一定驱油的作用，并由于油—气间的界面张力远比油—水界面、油—岩石界面的张力小，因而部分气泡位于油膜和岩石颗粒表面之间。这对亲油岩石来说，可破坏岩石颗粒表面的连续油膜，有助于提高最终采收率。

另一种情形就是通过注水逐步将地层压力恢复到饱和压力以上。此时，脱出的游离气可以重新溶解到原油中，但天然气组分的相态变化是不可逆过程。当提高压力时，脱出的游离气重新完全溶解所需的压力为溶解压力。显然，溶解压力大于饱和压力。此外，在利用天然能量开采阶段，部分溶解气逸出。因此，即使地层压力恢复到饱和压力以上，溶解气油比和原油性质都不可能恢复到初始情况，产能也将低于初始值。在地层压力高于饱和压力条件下，如将井底流压降至饱和压力以下，尽管采油指数较低，但由于采油井的生产压差大幅度提高，仍可使油井获得较高的产量和较长的稳产期。

中期注水的特点是初期投资少，经济效益好，也可能保持较长稳产期，并不影响最终采收率。地饱压差较大、天然能量相对较大的油田比较适用于中期注水。

(二) 选择注水时机应考虑的因素

1. 油田天然能量的大小

要确定油田合理的注水时间，就要研究油田天然能量的大小，研究这些能量在开发过程中可能起的作用。总的原则是：在满足油田开发要求的前提下，尽量利用油田的天然能量，尽可能减少人工能量的补充。如有的油田边水很活跃，边水驱动能满足油田开发的要求，就没有必要采用人工注水的方法开发；有的油田原始地层压力与饱和压力相差很大，有较大的弹性能量，也就没有必要采用早期注水。

2. 油田的大小和对油田产量的要求

不同油田由于自然条件和所处位置的不同，对油田开发方针和产量也是不同的。小油田，由于储量少、产量不高，一般要求高速开采，不一定追求稳产期，因此也就没有必要强调早期注水。大油田，对国家原油产量的增长起着很大的作用，对国民经济及其他部门的布局和发展有着很大的影响，因此要求大油田投入开发后，产油量逐步稳定上升，在油田达到最高产量后，还要尽可能地保持较长时间的稳产，不允许油田产量出现较大的波动。要确保这个目标的实现，一般要求进行早期注水。如前苏联第二巴库油田大部分是采用早期注水开发。20 世纪 70 年代以后投入开发的西西伯利亚油区的一些大油田也是采用早期注水开发的。如萨马特洛尔油田，1969 年 4 月投入开发，同年 10 月就开始注水，当年采油 140×10^4t，到 1975 年产量达到 8700×10^4t，1976 年采油速度就达到 2%，1980 年产量为 1.52×10^8t，地层压力始终保持在原始地层压力附近。

3. 油田的开采特点和开采方式

自喷开采的油田，就要求注水时间相对早一些，压力保持的水平相对高一些。原油黏度高、油层非均质性严重、自喷很困难、只能采用机械方式采油的油田，地层压力就没有必要保持在原始地层压力附近，不一定采用早期注水开发。原始油层压力与静水柱压力之比高于 1.3 以上的油田，即使自喷开采，保持压力的界限也可以比原始压力低，因此注水时间也可以推迟。

总之，注水时间的选择是一个比较复杂的问题。我们既要考虑到油田开发初期的效果，又要考虑到油田中后期的效果，必须在开发方案中进行全面的技术论证，在不影响油田开发效果和完成国家任务的前提下，适当推迟注水时间，可以减少初期投资，缩短投资回收期，有利于扩大再生产，取得较好的经济效益。

二、油田注水方式

油田注水方式是指注水井在油田上所处的部位和注水井与采油井间的排列关系。

采用人工注水开发的油田，油井之间、注水井之间、油井与注水井之间都存在着严重的相互干扰。因此，我们必须深入研究油层性质和构造条件，确定合理的注采井网，进行合理的配产配注。这是油田注水开发中最突出、最关键的一个问题。

油田注水方式可分为边缘注水、切割注水、面积注水和点状注水四种，油田应结合地质条件、流动特征以及开发的要求选择最佳的注水方式。

(一) 边缘注水

边缘注水的条件是：油田面积不大，构造比较完整，油层稳定，边部和内部连通性好，油层流动系数（有效渗透率×有效厚度/原油黏度）较高。特别是钻注水井的边缘地区要有较高的吸水能力，能保证压力的有效传递，使油田内部能收到良好的注水效果。边缘注水根据油水过渡带的油层情况又可分为缘外注水、缘上注水和缘内注水三种。

1. 缘外注水

缘外注水又称边外注水。这种注水方式要求含水区内渗透率较高，注水井一般与等高线平行，分布在外油水边界以外，如图 6-8 所示。它的优点是相当于将供给边线移近到油藏开发区，可保持或提高新供给边线的压力。

世界上用这种注水方式开发比较成功的油田，如前苏联的巴夫雷油田，面积为 $80km^2$ 左右，平均有效渗透率为 $0.6\mu m^2$，油层比较均匀而稳定，边水活跃。采用边外注水后，油层平均压力稳定在 13.73～15.70MPa 之间。在注水后的 5 年内，石油日产量基本稳定，年采油速度为可采储量的 6%左右。我国老君庙油田，面积较小，并有边水存在，在开发初期，L 油层和 M 油层均采用缘外注水方式。

2. 缘上注水

当油田在油水外缘以外的区域渗透性差时，不宜缘外注水，而将注水井部署在油水外缘上或在油藏以内距油水外缘不远的地方，即缘上注水，如图 6-9 所示。

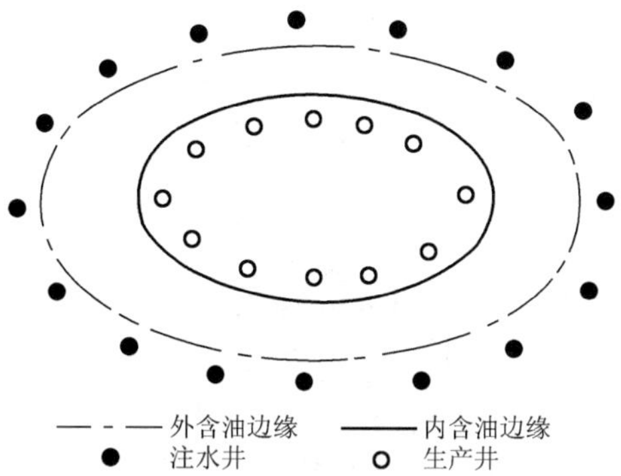

图 6-8　缘外注水

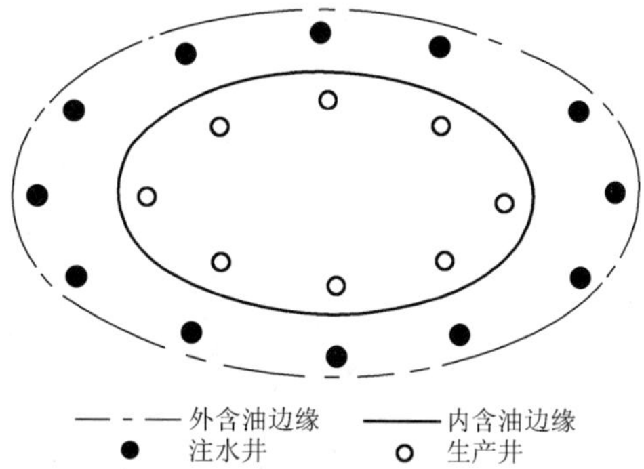

图 6-9　缘上注水

3. 缘内注水

如果油层渗透率在油水过渡带很差，在过渡带不适宜注水，而应将注水井部署在含油内缘以内，以保持油井充分见效和减少注水的外逸量，如图 6-10 所示。

边缘注水方式适用于边水比较活跃的中心油田。这种注水方式的优越性是油水界面比较明显，逐步由外向油藏内部均匀推进，故比较容易控制，无水采收率或低含水采收率较高。与其他类型的油田相比，其最终采收率往往要高出许多，国内外有些油田已经证实了这一点。若在适当的地方辅以点状注水，则开发效果更佳。由于油井受注水井有效影响最多只有三排，因此若是较大的油田采用边缘注水，往往只是构造边部几排井受益，而处于构造顶部的井（这些井一般都具有石油性质好、油层厚、渗透性好等高产条件），就得不到注水能量的补充。若控制这些油井生产，势必降低采油速度，延长开发时间。若让其投产，则由于能量不够，易形成低压带变为弹性驱动或溶解气驱消耗方式采油，以致后来造成停喷。

因此，仅仅依靠边缘注水是不行的，这时应该用边缘注水加顶部点状注水或采用切割注水方式，如图 6-11 所示。

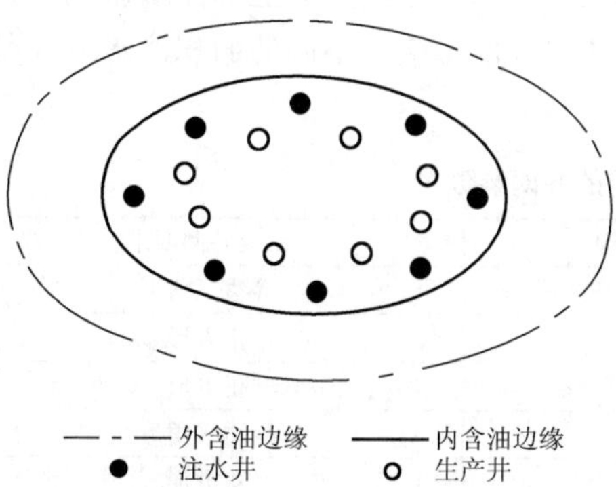

图 6-10　缘内注水

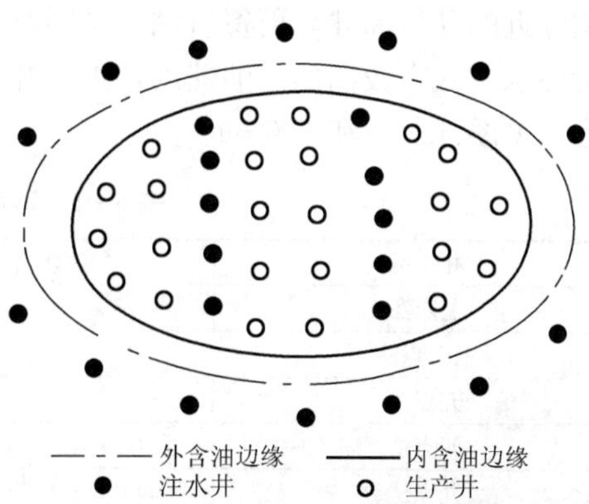

图 6-11　外缘注水加切割注水

（二）切割注水

对于面积大、储量丰富、油层性质稳定的油田，一般采用切割注水方式。这种注水方式利用注水井排将油藏分成较小的单元切割区。可以根据油藏不同类型形态、物性、开发要求因地制宜地采用横切、纵切或环状切割等不同形式，如图 6-12 所示。

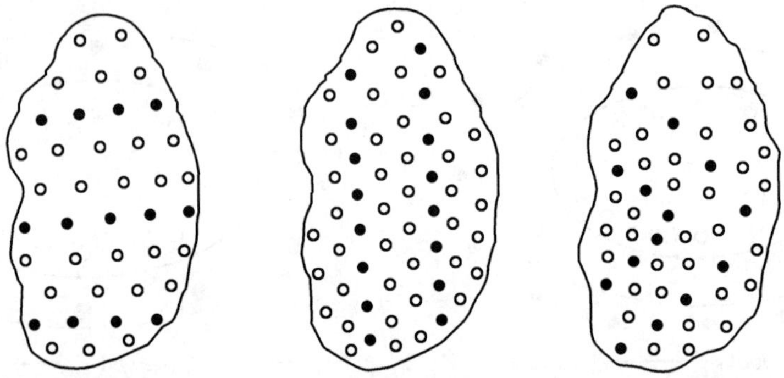

图 6-12　切割注水

边内切割注水方式的采用条件是：油层分布面积大，且有一定的延伸长度，注水井排上可以形成比较完整的水线，保证在切割区内注水井与采油井之间要有较好的连通性，油层具有一定的流动系数，保证在一定的切割区和一定的井排距内，注水效果能比较好地传递到生产井排，以便确保在开发过程中达到所要求的采油速度。

国外一些大油田，如前苏联的罗马什金油田，采取了切割注水方式，特别是在中央三个较大的切割区内，增加了切割水线以后，注水效果较好，大部分油井保持正常自喷。美国的克列—斯耐德油田，面积约为 200km^2，初期依靠弹性开采后转为溶解气驱方式，为了提高开采速度及采收率，对该油田研究了四种不同的注水方式，后来用了切割注水方式，则成为水压驱动，恢复了油层压力，大部分油井又恢复了自喷能力。我国 20 世纪 50 年代的克拉玛依油田一区、五区、六区等区块也采取了切割注水方式。

（三）面积注水

面积注水实质上是把油层分割成许多更小的单元，即一口注水井控制其中之一，并同时影响邻近的几口油井，而每口油井又同时受邻近的几口注水井不同方向上的注水影响。显然这种注水方式有较高的采油速度，生产井容易受到注水井的影响。不同的面积注水方式及井网参数见图 6-13 和表 6-1。

表 6-1　不同面积井网的井网参数

井　网	注水井与生产井比例	钻成井网要求
七点法	2∶1	等边三角形
歪七点法	1∶2	正方形
五点法	1∶1	正方形
四点法	1∶2	等边三角形
九点法	3∶1	正方形
反九点法	1∶3	正方形

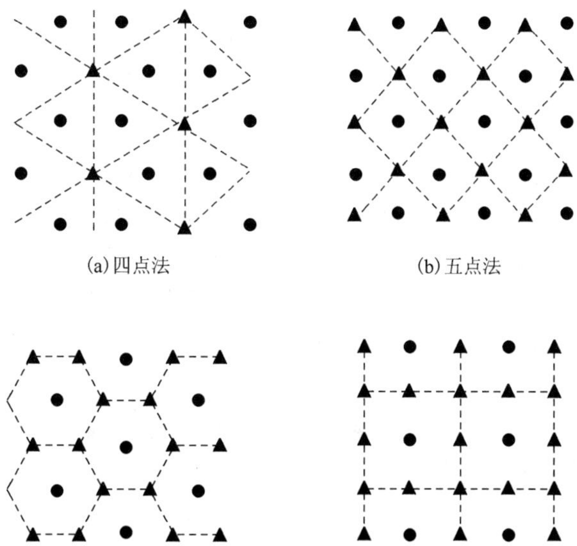

(a)四点法　(b)五点法

(b)七点法　(b)九点法

▲ 注水井　● 采油井

图 6-13　面积注水

什么样的油田，选用什么样的面积注水，并无固定的格式。一般说来，油层连通性不好，而又要加速开采，这时注水井就应该多，可采用四点法或反九点法；反之则采用七点法井网开采。在油田开发初期，注水井应少些，到了晚期，注水井数就应适当增多。面积注水方式适用的条件如下：

（1）油层分布不规则，延伸性差，多呈透镜状分布，用切割注水不能控制注入水，不能逐排地影响生产井。

（2）油层渗透性差，流动系数低，切割注水时注水推进的阻力大，采油速度低。

（3）油田面积大，构造不够完整，断层分布复杂。

（4）适用于油田后期的强化开采以提高采收率。

（5）油层具备切割注水或其他注水方式，但要求达到更高的采油速度时也可用面积注水方式。

与切割注水相比，面积注水方式对油层分布适应性要广些，采油速度要高些，但切割注水方式调整的灵活性要大些。

（四）点状注水

点状注水是指注水井零星地分布在开发区内，常作为其他注水方式的一种补充形式。

第四节　提高采收率技术

我国多数油田处于注水采油的晚期，采出液体含水量高达 95%，注水采收率不到 40%，有一半以上的石油仍然留在地下无法采出。为减缓这些油田的衰老速度，维持我国原油稳产，减少对国外原油的依赖程度，进一步提高油藏采收率，必须进行三次采油。三次采油也称“强化采油”，是通过向油层注入化学物质、蒸汽、混相气，或对油层采用生物技术、物理技术来改变油层性质或油层中的原油性质，提高油层压力和石油采收率的方法。

我国克拉玛依油田早在1958年就开展三次采油研究工作，并进行了火烧油层采油。20世纪60年代初，大庆油田一投入开发，就开始了三次采油研究工作，先后研究过CO_2水驱、聚合物溶液驱、CO_2混相驱、注胶束溶液驱和微生物驱。70年代后期，我国对三次采油的研究逐渐重视起来，玉门油田开展了活性水驱油和泡沫驱油。80年代，大港油田开展了碱水驱油研究工作。90年代，大庆、胜利、大港等油田对聚合物驱油都开展了研究，相继提出了三元复合驱及泡沫复合驱等提高石油采收率新技术。其中聚合物驱油技术已工业化推广，三元复合驱油技术也在扩大化工业试验阶段。这些新技术的研究和应用，极大地提高了我国油田的原油采收率。

本节主要介绍化学驱油技术、气体混相驱油技术、热力采油技术、微生物采油技术、物理采油技术等提高油气采收率技术。

一、化学驱油技术

化学驱油技术又叫“改良水驱”，是指在注入水中加入一种或多种化学药剂，改变注入水的性质，提高波及系数和洗油效率，提高采收率的技术。根据所加入的化学药剂的不同，化学驱油技术可分为以下几种方法。

（一）聚合物驱油

聚合物是高分子化合物，它由成千上万个叫作单体的重复单元所组成，其相对分子质量可达200万及以上。聚合物具有增大水的黏度的性能。

聚合物驱油是把聚合物添加到注入水中，提高注入水的黏度，降低驱替介质流度，降低水油流度比，提高水驱油波及系数的一种改善水驱方法。该技术已成为保持油田持续高产及高含水后期提高油田开发水平的重要技术手段。如大庆油田主力油层水驱采收率在40%左右，采用聚合物驱油技术可比水驱提高采收率10%以上。

驱油用聚合物主要有两种：一种是人工合成的聚合物，主要是由丙烯酰胺单体聚合而成的聚丙烯酰胺（PAM），所以聚合物驱有时也简写成PAM驱；另一种是天然聚合物，使用最多的是黄原胶，也称聚糖或生物黄原胶。国内外矿场试验绝大多数用的是部分水解聚丙烯酰胺，它的水溶性、热稳定性和化学稳定性都比较好。

聚合物驱油机理是：聚合物溶解在水中，增加了水的黏度；在井底附近的地层中，水流速度高，聚合物分子呈线形流动；在远离井底的地层中流速慢，聚合物分子卷曲呈线团状或球状而滞留在油层孔隙喉道中，降低了水相渗透率，从而降低了油水流度比，提高了波及效率；聚合物分子的官能团（如酰胺基）可部分吸附在岩石孔隙表面，使聚合物分子部分伸展在水中，阻滞了水的流动（见图6－14）。因此，聚合物的加入，降低了水油流度比，不仅提高了平面波及效率，克服了注入水的“指进”（驱替前缘成指状穿入被驱替相的现象），而且也提高了垂向波及效率，增加了吸水厚度。

（二）表面活性剂驱油

表面活性剂是指能够在溶液中自发地吸附于两相界面上，少量加入就能显著降低该界面自由表面能（表面张力）的物质，例如烷基苯磺酸钠、烷基硫酸钠等。表面活性剂驱油的主

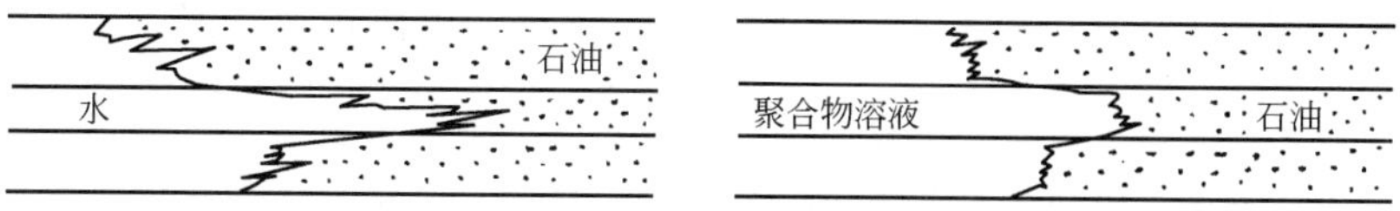

图 6－14　聚合物驱油提高采收率示意图

要机理是降低油水界面张力，改变岩石孔隙表面的润湿性，提高洗油效率。

由于地层水含有的盐种类较多，且各油田地层水所含的盐类也各不相同，因此，要选择与地层水相适应的活性剂，否则收不到预期的效果。即使是有效的表面活性剂，在表面活性剂驱油过程中也存在着两个较突出的问题：一是表面活性剂分子会被岩石表面或油膜表面吸附，导致表面活性剂在驱油过程中的沿途损失，经过一段距离后，注入水中的表面活性剂含量将大量减少，作用就非常微弱以致消失；另一个问题是表面活性剂水溶液的流度与水差不多，不能提高波及系数。

表面活性剂驱油，从工艺上讲与注水并没有什么差异，只是把注入水改为表面活性剂体系，即注入一定浓度的表面活性剂溶液，目的是提高洗油效率。目前表面活性剂驱油大体有两种方法：一种是以浓度小于 2％的表面活性剂水溶液作为驱动介质的驱油方法，称为表面活性剂稀溶液驱，包括活性水驱、胶束溶液驱；另一种是用表面活性剂浓度大于 2％的微乳液进行驱油，称为微乳液驱。

（三）碱水驱油及三元复合体系驱油

碱水驱油是将比较廉价的碱性化合物（如氢氧化钠）掺加到注入水中，使碱与原油的某些成分（如有机酸）发生化学反应，形成表面活性剂，降低水与原油之间的界面张力，使油水乳化，改变岩石的润湿性，并可溶解界面油膜、提高原油采收率的方法。可见，碱水驱油实质上是地下合成表面活性剂驱油。

在碱水驱油中，可以作为碱剂的化学剂主要有氢氧化钠、原硅酸钠（Na_4SiO_4）、氢氧化铵、氢氧化钾、磷酸三钠、碳酸钠、硅酸钠（Na_2SiO_3），以及聚乙烯亚胺。在上述化学试剂中，氢氧化钠和原硅酸钠的驱油效果最好，而且经济效果也比较好，此即人们通常所说的“苛性碱水驱”。

碱水驱油机理有以下几个方面：降低界面张力；油层岩石的润湿性发生反转；乳化和捕集携带作用；增溶油水界面处形成的刚性薄膜。

碱水驱油方法的工艺比较简单，不需增加新的注入设备，相对于其他化学驱油来说，成本比较低。对于注水油田，只要根据确定的碱浓度，向注入水中加入一定量的碱，就很容易转变为碱水驱方法采油。但这种方法对于大部分油田效果并不明显，其主要原因是碱虽然可以降低界面张力，但界面张力的降低程度明显受原油性质、地层条件的影响。

三元复合体系驱油是指在注入水中加入低浓度的表面活性剂（S）、碱（A）和聚合物（P）的复合体系驱油的一种提高原油采收率方法。它是 20 世纪 80 年代初国外出现的化学采油新工艺，是在二元复合驱（活性剂—聚合物；碱—聚合物）的基础上发展起来的。由于胶束—聚合物驱在表面活性剂扫过的地区几乎 100％有效地驱替出来，所以近些年来，该方法无论是在实验室还是矿场实验都受到了普遍重视。但由于表面活性剂和助剂成本太高，该方法一直没有发展成为商业规模。ASP 三元复合体系所需要表面活性剂和助剂总量仅为胶束—聚合物驱的三分之一，其化学剂效率（总化学成本/采油量）比胶束—聚合物驱高。大庆油田室内研究及先导性矿场试验表明，三元复合体系驱油可比水驱提高20%以上的原油采收率。

二、气体混相驱油技术

混相，简单的含义是可混合的。而混相性是指两种或两种以上的物质相能够混合而形成一种均质的能力。如果两种流体能够混相，那么将它们掺和而无任何界面，如水和酒精、石油和甲苯相混合均无界面。

混相驱油法就是通过注入一种能与原油呈混相的流体，来排驱残余油的办法。气体混相驱油是以气体为注入剂的混相驱油法。其机理是注入的混相气体在油藏条件下与地层油多次接触，油中的轻组分不断进入到气相中，形成混相，消除界面，使多孔介质中的毛管力降至零，从而降低因毛细管效应而残留在油藏中的石油。从理论上讲，它的微观驱油效率达100%；从矿场应用上讲，它对于低渗透黏土矿物含量高的水敏性油层更适用。

气体混相驱油的方法很多，按照注入的驱替剂的气体类型，可把气体混相驱油分为两大类，即烃类气体混相驱油和非烃类气体混相驱油。

早在20世纪40年代，美国就曾提出向地层注高压气（以注甲烷气为主）的气体混相驱油法。但由于它对原油的组成、油藏条件、地面设备要求较高而未得到推广。鉴于天然气中轻烃组分是原油的良好溶剂，50年代又提出了以液化石油气等其他烃类气体为混相剂的气体混相驱油，并在室内研究的基础上进行了大量的矿场实验。大约到1970年，人们对烃类气体混相驱油的兴趣达到了高潮。但是，随着烃类气体价格的急剧上涨，油藏工程师及研究者们不得不寻求更经济的办法。因此，70年代以后，CO_2 混相驱迅速发展起来，并成为目前重要的气体混相驱油方法之一。

三、热力采油技术

稠油亦称重质原油，是指在油层条件下原油黏度大于50mPa·s，或者在油层温度条件下脱气原油黏度大于100mPa·s，且在温度为20℃时相对密度大于0.934的原油。根据黏度和相对密度的不同，稠油又可分为普通稠油、特稠油和超稠油。我国稠油划分标准见表6-2。

表6-2　我国稠油的划分标准

指标 / 分类	第一指标	第二指标
	黏度，mPa·s	相对密度（20℃）
普通稠油	50[①]（或100）～10000	>0.92
特稠油	10000～50000	>0.95
超稠油	>50000	>0.98

①指油层条件下黏度，其余指油层条件下脱气原油黏度。

我国稠油资源丰富，分布很广，目前已在很多大中型油气盆地和地区发现众多的稠油油藏。大部分稠油油藏分布在中—新生代地层中，埋藏深度变化很大，一般在10～2000m之间。新疆克拉玛依油田九区浅层稠油油藏埋藏深度在150～400m之间，红山嘴浅层稠油油藏深度在300～700m之间。在全国范围来看，绝大部分稠油油藏埋藏深度为1000～1500m。

稠油油藏具有原油黏度高、密度大、流动性差、在开采过程中流动阻力大的特点，难于用常规方法进行开采，通常采用降低稠油黏度、减小油流阻力的方法进行开采。由于稠油的黏滞性对温度非常敏感，随着温度的升高，稠油黏度显著下降，所以热力采油已成为强化开采稠油的重要手段。我国辽河油田、胜利油田、新疆克拉玛依油田已广泛应用。

热力采油是通过加热油层，使地层原油温度升高、黏度降低，变成易流动的原油，来提高原油采收率。根据热量产生的地点和方式不同，可将热力采油分为两类：一类是把热量从地面通过井筒注入油层，如蒸汽吞吐采油、蒸汽驱采油；另一类是热量在油层内产生，如火烧油层。

（一）蒸汽吞吐采油

蒸汽吞吐采油是指在一定时间内向油层注入一定数量的高温高压湿饱和蒸汽（锅炉出口蒸汽压力在10～20MPa之间，蒸汽温度为250～300℃），关井一段时间使热量传递到储层和原油中去，然后再开井生产。由此可见，蒸汽吞吐采油可分为注汽、焖井及采油三个阶段。从向油层注汽、焖井、开井生产到下一次注汽开始时的一个完整过程叫一个吞吐周期。蒸汽吞吐采油投资较少，工艺技术较简单，增产快，经济效益好。

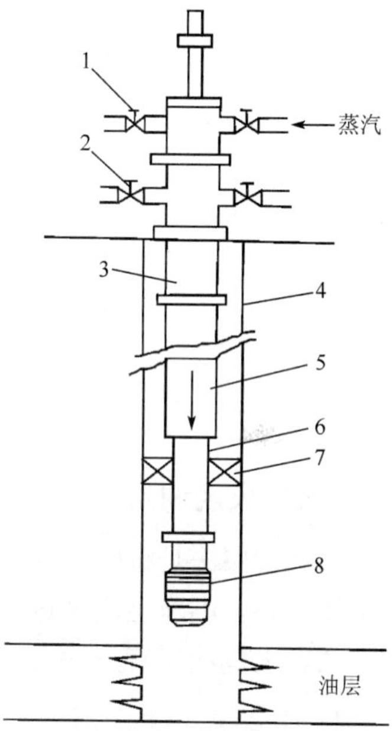

图6-15　注汽管柱示意图

1—油管阀门；2—套管阀门；3—注汽伸缩管；4—套管；5—隔热油管；6—注汽密封插管；7—耐热封隔器；8—绕丝筛管

1. 注汽阶段

注蒸汽作业前，要准备好机械采油设备，油井中下入注汽管柱、隔热油管及耐热封隔器，见图6-15。将隔热油管及封隔器下到注汽目的层以上几米处，尽量缩短未隔热井段，通过注汽管柱向油层注汽。此阶段将高温蒸汽快速注入到油层中，注入量一般在千吨当量水以上（每米油层一般注入70～120t蒸汽），注入时间一般几天到十几天。

2. 焖井阶段

焖井是指注汽完成后停注关井，使热蒸汽与地层充分进行热交换的过程。油井注汽后，为了使热蒸汽与地层充分进行热交换，使热量进一步向地层深处扩散，扩大加热区域，同时也使井筒附近地层的温度比注汽时降低一些，必须进行焖井。焖井时间不宜过长或过短，一般2～7天。

3. 采油阶段

采油阶段一般又包括自喷和抽油两个阶段。

（二）蒸汽驱采油

蒸汽驱采油是在蒸汽吞吐采油的基础上进行的。由于注入井已经过蒸汽吞吐采油，井底附近油层的含油饱和度很低，当注入蒸汽后很容易在井底附近形成一个蒸汽带（见图6-16）。此带前缘为热水，后部分为蒸汽，温度高，热量多。由于蒸汽密度小于油，流动性大于油，使得蒸汽上浮沿油层顶部窜流，形成蒸汽超覆现象。蒸汽带半径在油藏底部最小，顶部最大。在不断注入蒸汽的高温高压作用下，靠近蒸汽带的原油黏度降低并不断向油井方向运移，在蒸汽带前方形成一个降黏油富集带。此带靠近蒸汽带部分油层温度最高，原油黏度最低，而接近未被加热原油带部分的油层温度最低，原油黏度最高（接近于原油黏度）。随着蒸汽累积注入量的增加，油层能量和热量得到很好的补充，驱替前缘逐渐向油井方向推进，使得蒸汽带和降黏油富集带不断扩大，而未被加热原油带不断缩小，采油井原油产量上升，并逐步进入高产阶段。随着开采时间的延长，油层中的原油逐步被驱替出来，蒸汽和热水在油层中向生产井推进，到一定时间，蒸汽驱前缘突破油井，蒸汽和热水进入油井随同原油一起被采出来。

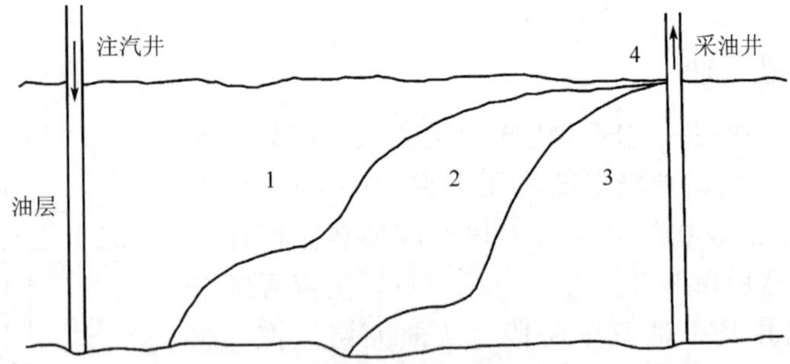

图 6-16　蒸汽驱采油的油气分布剖面示意图

1—蒸汽和热水带；2—降黏油富集带；3—未被加热原油热带；4—驱替前缘

（三）火烧油层

火烧油层法是将空气连续注入井底，在井底将油层点燃，以油层本身的原油或部分裂解产物作燃料，不断燃烧生热，依靠热力和其他综合驱动力的作用，提高采收率的一种热力采油方法。火烧油层有三种类型，干式正向燃烧、湿式燃烧和反向燃烧。

1. 干式正向燃烧法

所谓“干式燃烧”是指仅仅注入空气燃烧。所谓“正向燃烧”，是指点燃注入井油层，其燃烧前缘由注气井向采油井方向推进，并与空气的运动方向相同。

火烧油层时，装置在注入井井底的点火器点火，加热油层。当井底附近的原油受热后，其中的轻质组分蒸发，形成石油蒸气，先向前运移。较重质的部分在高温下发生裂化反应，部分形成轻质油，也向前运移；余下的重质部分焦化，变成可燃炭，不能向前流动，作为燃料沉积下来，建立起燃烧带。与此同时，油层中的水也因受热成为水蒸气；石油焦燃烧后还产生废气（包括二氧化碳、水蒸气、未燃的空气等），它们也都向前流动。流向前方的石油蒸气、水蒸气、燃烧的废气等与接触到前方的冷油、水和岩石进行热交换，产生凝析作用；另一方面，轻质油与接触到前方的原油相混，稀释原油，降低了原油的黏度。由于靠近燃烧带的部分温度高，远离燃烧带的温度逐渐下降，且由于蒸发、裂化、焦化、凝析等作用和温度的关系，在油层中形成若干个带——已燃带、燃烧带、沉焦带、蒸汽带、热水带、轻质油带、富油带、原始含油带，见图 6-17。只要油层有足够的残炭量（燃料），油层的燃烧便可以蔓延下去。

对于火烧油层来说，凡火线波及的地区，由于热力降黏和膨胀作用、轻油稀释作用以及水气的驱替作用，除了部分重烃焦化作为燃料外，洗油效率几乎达 100%。但是，由于油层的非均质性和较高的注入气与地层油流度比，气与油的重力分离比较严重，平面上和剖面上的波及系数都比较低。

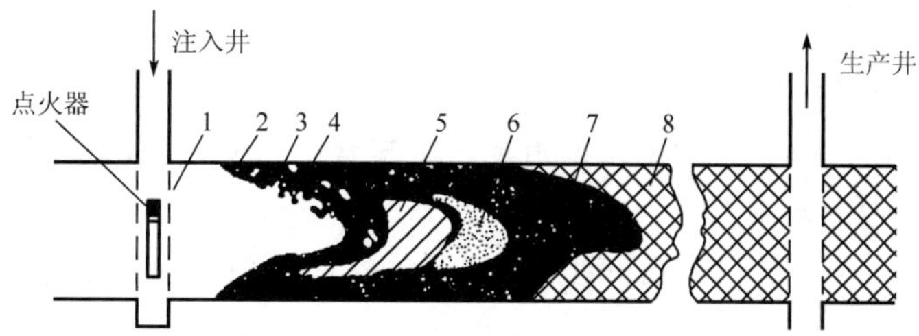

图 6 - 17　火烧油层（干式正向燃烧法）的机理示意图

1—已燃带（成为疏松的净砂）；2—燃烧带（火线，正在燃烧的狭窄地带）；
3—沉焦带（原油焦化、裂化后留下的残炭、燃料）；4—蒸汽带（共存水汽化和燃烧生成的水汽）；
5—热水带（蒸汽的凝析物）；6—轻质油带（蒸馏和裂化产生的轻质油凝析物）；
7—富油带（被驱集到前缘的油，由于热和轻质油的稀释，黏度降低）；
8—原始含油带（热力尚未影响到的地区）

2. 湿式燃烧法

湿式燃烧法是正向燃烧法的改良，是正向燃烧和水驱相结合的方法，可用来弥补干式正向燃烧的缺点，有效利用燃烧前缘后面储存的热能。

正向燃烧法在地下产生的热能量约半数存在于燃烧前缘和注入井之间。为了更有效地利用这部分热量，必须将其移至燃烧带的前方。为此，可采取注水的方法，注入水与燃烧前缘后面的高温岩层接触时蒸发，岩石则冷却；同时燃烧前缘前面的蒸汽便凝结成热水，使得持有一定高温的地带加长，油的黏度下降，从而有利于提高采收率。

3. 反向燃烧法

反向燃烧法系指燃烧带从生产井向注入井方向发展的一种对付特稠原油的火烧油层法，即燃烧带与注入的空气逆向而行。它可以弥补干式正向燃烧的缺点，克服黏度高的油藏中的流体阻塞，如图 6 - 18 所示。

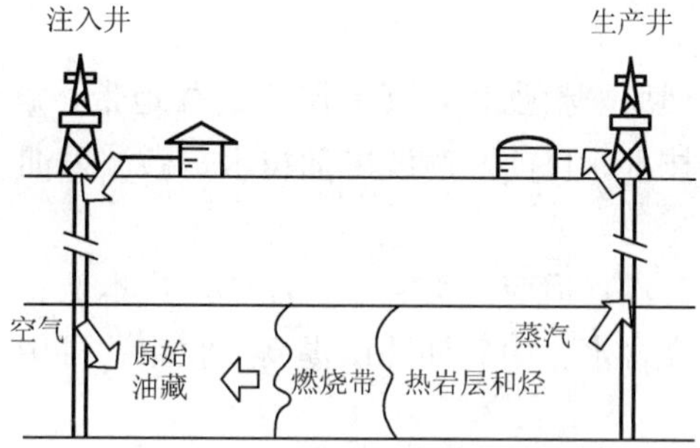

图 6 - 18　反向燃烧法示意图

四、微生物采油技术

微生物采油技术，全称微生物提高石油采收率（Microbial Enhanced Oil Recovery，MEOR）技术，是 21 世纪出现的一项高新生物技术。它是指将地面分离培养的微生物菌液和营养液注入油层，或单纯注入营养液剂或油层内微生物，使其在油层内生长繁殖，产生有利于提高采收率的代谢产物，以提高油田采收率的采油方法。

（一）微生物驱油机理

（1）微生物在油藏高渗透区的生长繁殖及产生聚合物，使其能够选择性地堵塞大孔道，提高波及系数，增大扫油效率。

（2）产生气体，如 CO_2、H_2 和 CH_4 等，这些气体能够使油层部分增压并降低原油黏度。

（3）产生酸。微生物产生的酸主要是低相对分子质量有机酸，能溶解碳酸盐，提高渗透率。

（4）产生生物表面活性剂。生物表面活性剂能够降低油水界面张力。

（5）产生有机溶剂。微生物产生的有机溶剂能够降低界面张力。

（二）微生物采油特点

（1）微生物以水为生长介质，以质量较次的糖蜜作为营养，实施方便，可从注水管线或油套环形空间将菌液直接注入地层，不需对管线进行改造和添加专用注入设备；

（2）微生物在油藏中可随地下流体自主移动，作用范围比聚合物驱大，注入井后不必加压，不损伤油层，无污染，提高采收率显著；

（3）以吞吐方式可对单井进行微生物处理，解决边远井、枯竭井的生产问题，提高孤立井产量和边远油田采收率；

（4）选用不同的菌种，可解决油井生产中的多种问题，如降黏、防蜡、解堵、调剖；

（5）提高采收率的代谢产物在油层内产生，利用率高，且易于生物降解，具有良好的生态特性。

总之，微生物采油具有成本低、工序简单、应用范围广、效果好、无污染的特点，越来越受到重视。

五、物理采油技术

物理采油技术是利用物理场来激励和处理油层或近井地带，解除油层污染，达到增产、增注和提高油气采收率的新技术。目前，声波采油技术、微波采油技术、电磁加热技术的理论研究已达到成熟阶段。

物理采油技术具有以下特点：适应性强、工艺简单、成本低、效果明显；可形成复合技术，对油层无污染；可用于高含水、中后期油田提高采收率；可用于含黏土油藏、低渗透油藏、致密油藏、稠油油藏。

物理采油技术包括人工地震采油技术、水力振荡采油技术、井下超声波采油技术、井下低频电脉冲采油技术、低频电脉冲技术。下面主要介绍人工地震采油技术和水力振荡采油技术。

（一）人工地震采油技术

人工地震采油技术是利用地面人工震源产生强大震场，以很低频率的机械波形式传到油层，对油层进行震动处理，提高水驱的波及系数，扩大扫油面积，增大驱油效率，降低残余油饱和度。

1. 采油机理

（1）加快油层中流体的流速；

（2）降低原油黏度，改善流动性能；

（3）改善岩石润湿性；

（4）清除油层堵塞及提高地层渗透率；

（5）降低驱动压力。

2. 特点

（1）不影响油井正常生产，不需任何井上或井下作业，避免了因油井作业造成的产量损失；

（2）一点震动就可大面积地处理油层，波及半径达400m，在波及面积上油井有效率达82%；

（3）适应性强，对各种井都有效；

（4）对油层无任何污染，具有振动解堵、疏通孔道的作用；

（5）节省人力物力，投资少，见效快，效益高，简单易行。

（二）水力振荡采油技术

水力振荡采油技术是利用在油管下部连接的井下振荡器产生水力脉冲波，通过脉冲波在油层中的传递，来解除注水井、生产井近井地带的机械杂质、钻井液和沥青质胶质堵塞，破坏盐类沉积，并使地层形成裂缝网，增大注水井吸水能力，改善油流的流动特性。振动波对地层中原油产生影响，降低原油黏度。

复习思考题

1. 什么是油田开发方案？它包括哪些内容？如何编制油田开发方案？

2. 油藏天然驱动能量和驱动方式各有哪些？不同驱动方式油藏的开采特征有何不同？

3. 油田为什么要注水开采？注水方式有哪些，它们分别适用于什么情况？

4. 什么是三次采油？它有哪些方法？

5. 聚合物驱油是向地层注入高分子量聚合物（如PAM）溶液的采油方法，主要是通过增加水的黏度，使水在大孔隙中流动速度降低，减少水“指进”，从而使油水界面均匀向前推进，提高水驱油的__________（选波及系数、洗油效率），来提高石油采收率。

6. 与聚合物驱油相比，表面活性剂驱油主要通过表面活性剂作用来______（选增高、降低）油水界面张力，提高水驱油的____________（选波及系数、洗油效率），来提高石油采收率。

7. 气体混相驱油是向地层注入气体，气体与油多次接触，油中轻组分不断溶于气体，逐渐使气体与油相混，消除________界面张力，提高石油采收率。

8. 什么叫稠油？主要有哪些特点？

9. 蒸汽吞吐采油，每个吞吐周期分为哪三个阶段？为什么要焖井？焖井时间一般多长？

10. 蒸汽驱采油时主要形成哪三个带？采油机理是什么？

11. 比较干式正向燃烧与湿式正向燃烧、正向燃烧与反向燃烧。

12. 微生物采油机理是什么？

第七章　油气储运技术

油气储运，顾名思义就是油气的储存和运输。其主要任务是采用先进的工艺措施，将油井产物收集起来，经初加工处理，生产出尽可能多的合格原油和天然气，按要求安全、经济地输送到指定地点进行储存或应用。

油气储运主要包括矿场油气集输、油气的长距离管道输送、各转运环节的油气储存和装卸、终端油气储存和销售、炼油厂和石化厂的油气储运等环节，如图 7-1 所示。

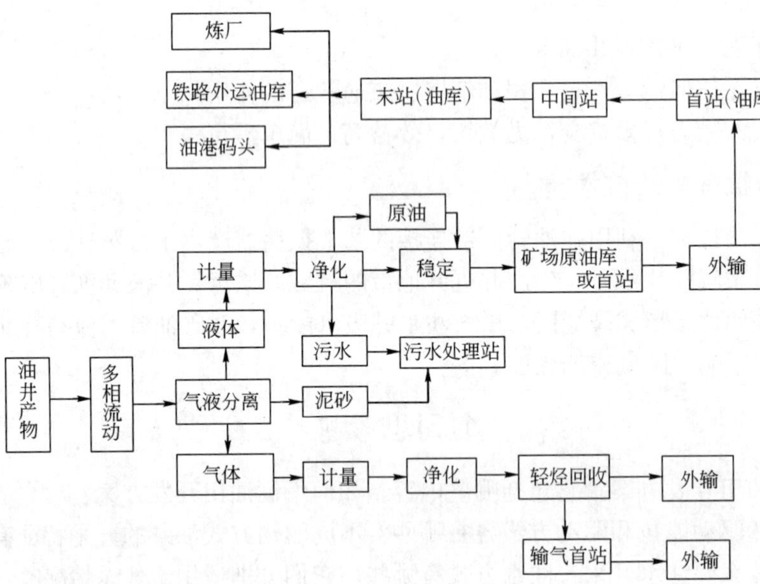

图 7-1　油气储运示意图

油气储运是继油藏勘探、油田开发、采油工程之后的一个非常重要的阶段，是油田地面骨架工程之一，是连接产、运、销各个环节的纽带，是沟通石油工业与国民经济其他各部门的桥梁，是平衡供求领域的杠杆，对保障国家的经济稳定发展具有非常重要的意义。

第一节　矿场油气集输

一、矿场油气集输的任务及内容

矿场油气集输是指把各分散油井所生产的油气集中起来，经过必要的初加工处理，使之成为合格的原油和天然气，分别送往长距离输油管线的首站（或矿场原油库）或输气管线首站外输的全部工艺过程。

概括地说，矿场油气集输的工作范围是以油井井口为起点，矿场原油库或输油、输气管线首站为终点的矿场业务；主要任务是尽可能多的生产出符合国家质量指标要求的原油和天然气，为国家提供能源保障；具体工作内容包括油气分离、油气计量、原油脱水、天然气净化、原油稳定、轻烃回收、含油污水处理等工艺环节。

二、矿场油气集输流程

矿场油气集输流程是油气在油气田内部流向的总说明。它包括以油气井井口为起点到矿场原油库或输油、输气管线首站为终点的全部工艺过程。矿场油气集输流程可按多种方式划分。

（一）按布站级数划分

在油井的井口和集中处理站之间有不同的布站级数，据此可命名为一级布站流程、二级布站流程和三级布站流程。

一级布站流程是指油井产物经单井管线直接混输至集中处理站进行分离、计量等处理。该流程适用于离集中处理站较近的油井。

二级布站流程（见图 7－2）是指油井产物先经单井管线混输至计量站，在计量站分井计量后，再分站（队）混输至集中处理站处理。该流程适用于油井相对集中、离集中处理站不太远、靠油井压力能将油井产物混输至集中处理站的油区，一般是按采油队布置计量站。

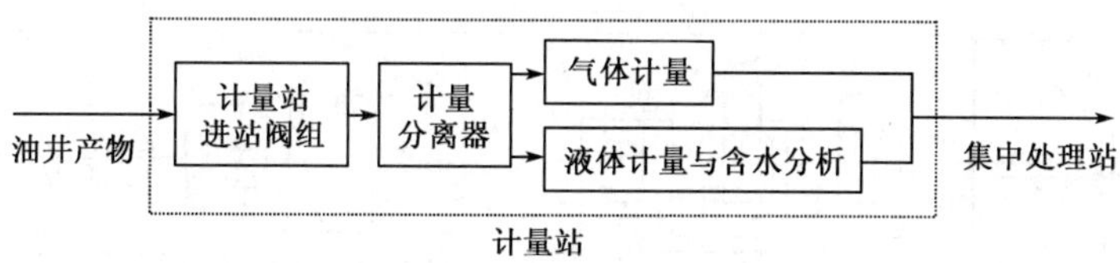

图 7－2　二级布站集输流程

三级布站流程是指油井产物在计量站分井计量后，先分站（队）混输至接转站，在接转站进行气液分离，其中的液相经加压后输至集中处理站进行后续处理，气相由油井压力输至集中处理站或天然气处理厂进行处理。该流程适用于离集中处理站较远、靠油井压力不能将油井产物混输至集中处理站的油区。

总体而言，二级布站流程是较合理的布站方式，其特点是密闭程度较高，油气损耗较少，能量利用合理，便于集中管理。但在实际应用中，要根据具体情况具体分析确定布站方式。

（二）按加热降黏方式划分

我国油田生产的原油多数是“三高（高含蜡、高凝点、高黏度）”原油，一般采用加热方式输送。按加热方式的不同可分为井口加热集输流程、伴热集输流程（蒸汽伴热或热水伴热）、掺合集输流程（掺蒸汽、掺热油、掺热水、掺活性水）和井口不加热集输流程等。

1. 井口加热集输流程

井口加热集输流程如图 7－3 所示。油井产物经井口加热炉加热后，进计量站分离计量，再经计量站加热炉加热后，混输至接转站或集中处理站。这是目前我国油田应用较普遍的一种集输流程。

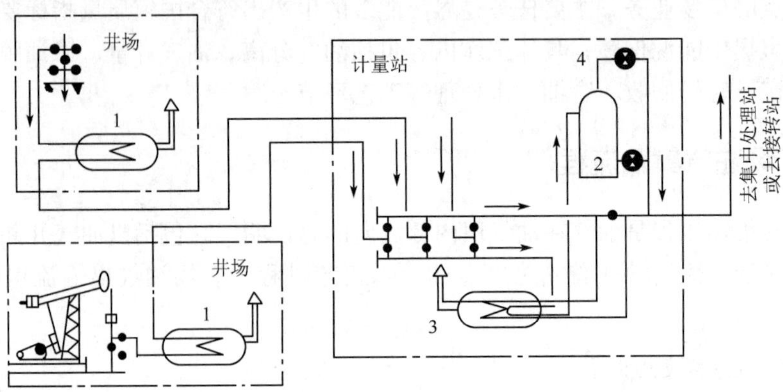

图 7－3　井口加热集输流程

1—井口水套加热炉；2—计量分离器；3—计量站水套加热炉；4—计量仪表

2. 伴热集输流程

伴热集输流程是用热介质对集输管线进行伴热的集输流程，按所用的伴热介质不同可分为蒸汽伴热集输流程和热水伴热集输流程。

图 7－4 为蒸汽伴热集输流程，通过设在接转站内的蒸汽锅炉产生蒸汽，用一条蒸汽管线对井口与计量站间的混输管线进行伴热。

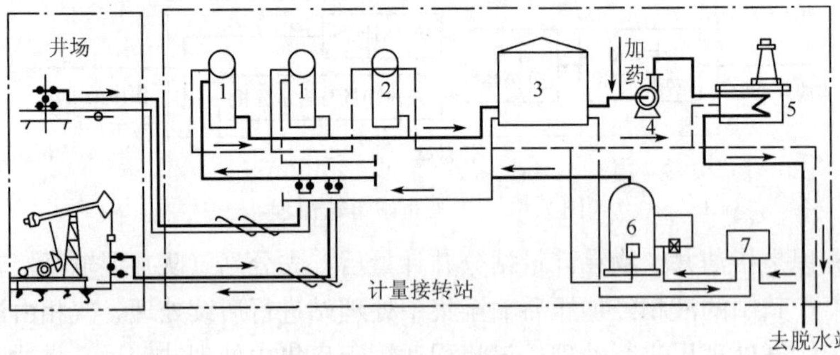

图 7－4　蒸汽伴热集输流程

1—生产、计量分离器；2—除油分离器；3—缓冲油罐；
4—外输油泵；5—外输加热炉；6—锅炉；7—水池

图 7－5 为热水伴热集输流程，通过设在接转站内的加热炉对循环水进行加热。去油井的热水管线单独保温，对井口装置进行伴热；回水管线与油井的出油管线一起对油管线进行伴热。

这两种流程比较简单，适用于低压、低产、原油流动性差的油区的伴热集输，但需有蒸汽产生设备或循环水加热炉，一次性投资大，运行中热损失大，热效率较低。

3. 掺合集输流程

掺合集输流程是将具有降黏作用的介质掺入井口出油管线中，以达到降低油品黏度、实现安全输送的目的。常用作降黏介质的有蒸汽、热稀油、热水和活性水等。

图 7－6 为掺稀油集输流程。稀油经加压、加热后从井口掺入油井的出油管线中，使原油在集输过程中的黏度降低。该流程适用于地层渗透率低、产液量少、原油黏度高的油井，但设备较多，流程复杂，需要有适于掺合的稀油。

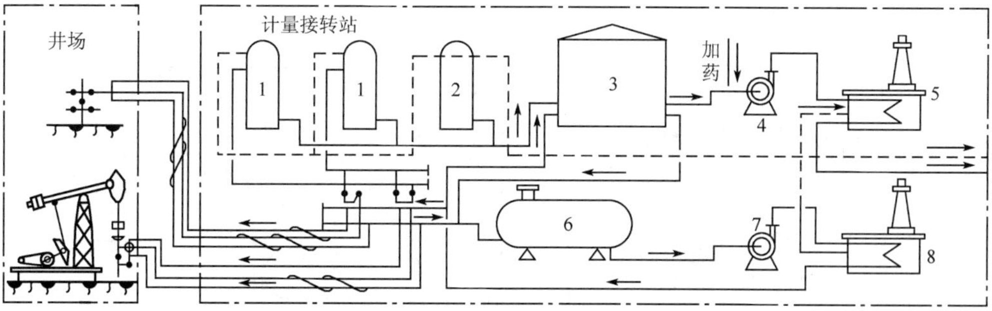

图 7－5　热水伴热集输流程

1—生产、计量分离器；2—除油分离器；3—缓冲油罐；4—外输油泵；
5—外输加热炉；6—缓冲水罐；7—循环水泵；8—循环水加热炉

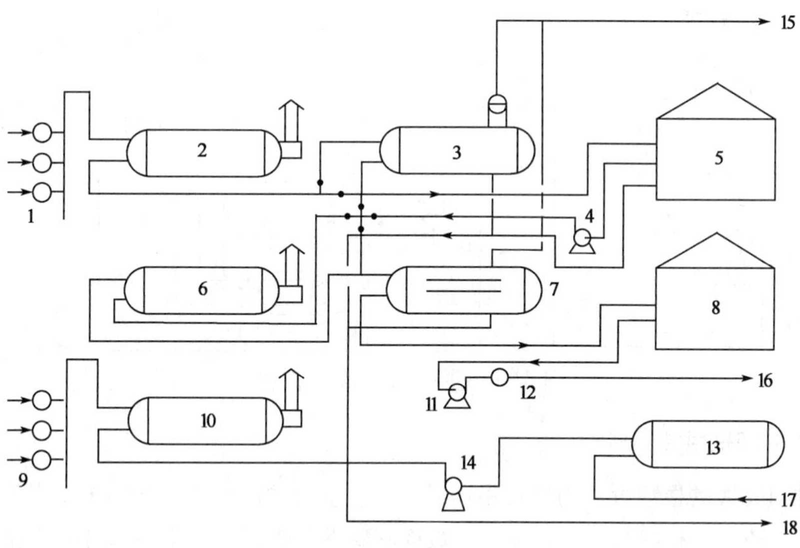

图 7－6　掺稀油集输流程

1—来油计量阀组；2—加热炉；3—三相分离器；4—脱水泵；5—沉降罐；6—脱水加热炉；
7—电脱水器；8—净化油罐；9—稀油分配计量阀组；10—稀油加热炉；11—外输泵；12—流量计；
13—稀油缓冲罐；14—掺油泵；15—天然气去气体净化站；16—净化原油外输；17—稀油进站；
18—含油污水去污水站

图 7－7 为掺活性水集输流程。通过一条专用管线将热活性水从井口掺入油井的出油管线中，将原油变成水包油型的乳状液，使原来油与油、油与管壁间的摩擦变为水与水、水与管壁间的摩擦，以达到降低油品黏度的目的。该流程适用于高黏度原油的集输，但流程复杂，管线、设备易结垢，后端需要增加破乳、脱水等设施。

4. 井口不加热集输流程

图 7－8 为井口不加热集输流程，是随着油田开采进入中、后期，油井产液中含水不断增加而采用的一种集输方法。由于油井产液中含水的增高，一方面使采出液的温度有所提高，另一方面使采出液可能形成水包油型乳状液，从而使得输送阻力大为减小，为井口不加热、油井产物在井口温度和压力下直接混输至计量站创造了条件。

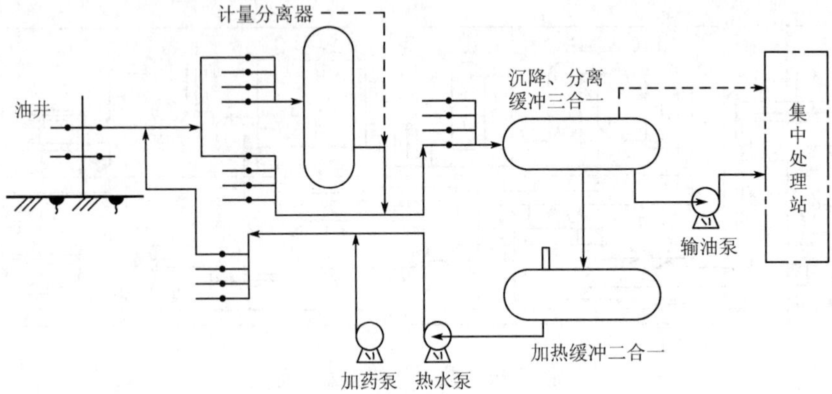

图 7－7　掺活性水集输流程

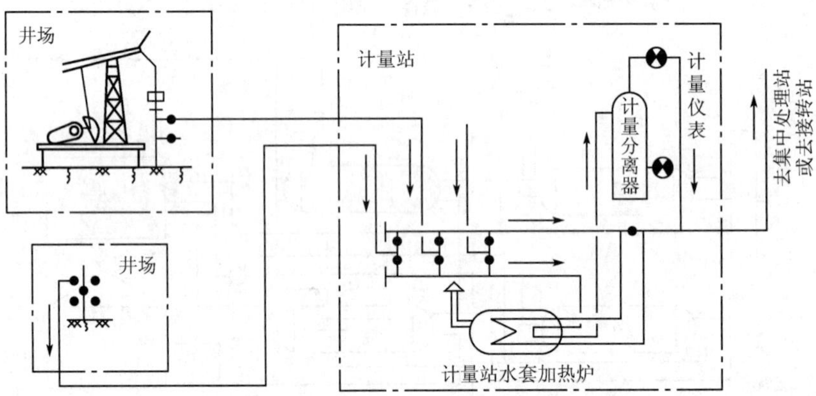

图 7－8　井口不加热集输流程

(三) 按布管形式划分

按通往井口管线的根数可分为单管集输流程、双管集输流程和三管集输流程等。此外，还有环形管网集输流程、枝状管网集输流程、放射状管网集输流程、米字形管网集输流程等。

单管集输流程是指井口与计量站之间只有一条油井产物混输管线，如图 7－3 所示的加热集输流程。双管集输流程是指井口与计量站之间有两条管线，一条输送油井产物，另一条输送热介质，实现降黏输送，如图 7－7 所示的掺活性水集输流程。三管集输流程是指井口与计量站之间有三条管线，一条输送油井产物，另外两条实现热介质在计量站与井口之间的循环，如图 7－5 所示的热水伴热集输流程。

环形管网集输流程如图 7－9 所示，是用一条通往接转站或集中处理站的环形管道将油区各油井串联起来，实现二级或一级布站。该流程多用于油田外围油区的集输。

(四) 按油气集输系统密闭程度划分

按油气集输系统密闭程度可划分开式集输流程和密闭集输流程。

开式集输流程是指油井产物从井口到外输之间的所有工艺环节当中，至少有一处是与大气相通的，如图 7－10 中的 6、9、13 等储油罐处。这种流程运行管理的自动化水平要求不高，参数容易调节，但油气的蒸发损耗大，能耗大。

密闭集输流程是指油井产物从井口到外输之间的所有工艺环节都是密闭的，如图 7－11 所示。这种流程减少了油气的蒸发损耗，降低了能耗，但由于整个系统是密闭的，若局部出

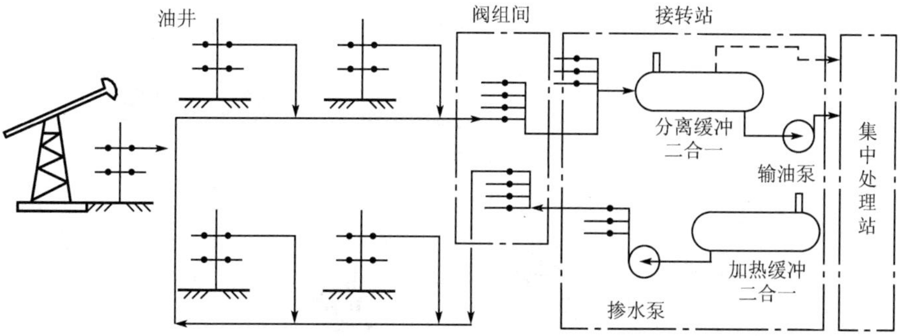

图 7－9　单管环形管网集输流程

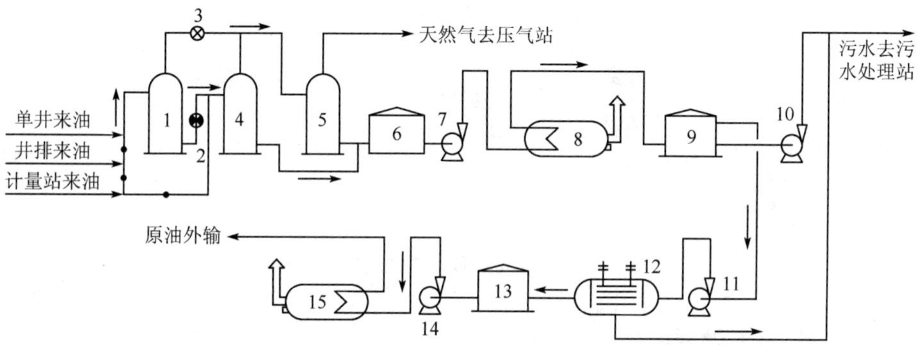

图 7－10　开式集输流程

1—计量分离器；2—液体流量计；3—气体流量计；4、5——级、二级油气分离器；6、9、13—储油罐；
7、11——级、二级脱水泵；8、15—脱水、外输加热炉；10—污水泵；12—电脱水器；14—外输油泵

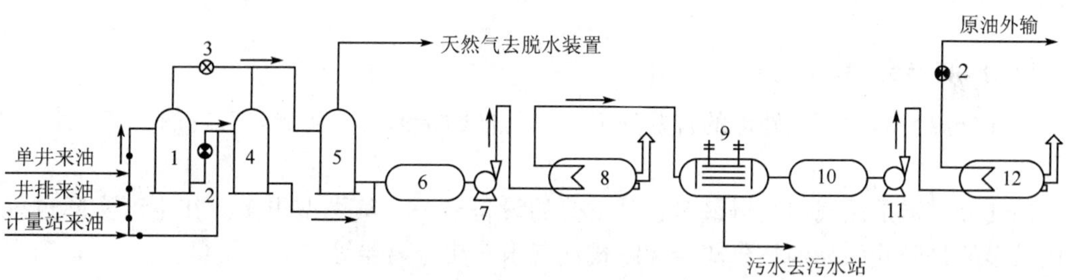

图 7－11　密闭集输流程

1—计量分离器；2—液体流量计；3—气体流量计；4、5——级、二级油气分离器；6、10—压力缓冲罐；
7—脱水泵；8、12—脱水、外输加热炉；9—电脱水器；11—外输油泵

现参数波动，会影响到整个系统，要求运行管理的自动化水平较高。

（五）海上油田集输流程

目前通用的海上油气生产和集输系统流程主要有半海半陆式集输流程和全海式集输流程两种模式。

半海半陆式油气集输流程适用于离岸近的中型油田和油气产量大的大型油田。它是由海上平台、海底管线和陆上终端构成等部分组成的，如图 7－12 所示。

全海式集输流程是指油气的生产、集输、处理、储存均是在海上平台进行的，处理后的原油在海上直接装船外运。此流程适用于远离岸边的中小型海上油田。

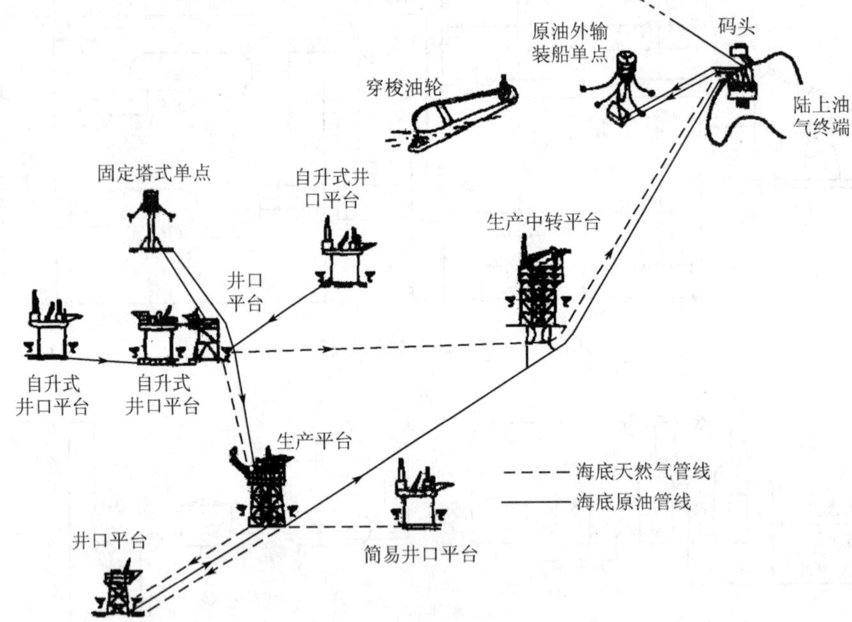

图 7-12　半海半陆式油气集输流程

三、油气初加工处理

在石油的开采过程中，伴随着原油的采出，同时也采出一定量的伴生气、水、泥沙等。在实际生产过程中，需对油井采出液进行必要的初加工处理，从而得到合格的原油和天然气。

（一）油气分离

油气分离是油田油气处理的首要环节，它是借助于油气分离器来实现油、气、水、砂等的分离。

油气分离器是油气田用得最多、最重要的设备之一，其类型很多。在生产实际过程中，应用较多的是卧式两相油气分离器和卧式油气水三相分离器等。

1. 卧式油气两相分离器

卧式两相油气分离器的结构如图 7-13 所示，流体由油气混合物入口进入分离器，经入口分流器后，流体的流向和流速发生突变，使油气得到初步分离。在重力的作用下，分离后的液相进入集液部分，在集液部分停留足够的时间（我国规定：一般原油在分离器内的停留时间为 3min，起泡原油为5～20min），使液相中的气泡上升到液面进入气相。集液部分的液相最后经原油出口流出分离器进入后续的处理环节。来自入口分流器的气体则分散在液面上方的重力沉降部分，使气体所携带的粒径较大的油滴（>100μm）靠重力沉降到气—

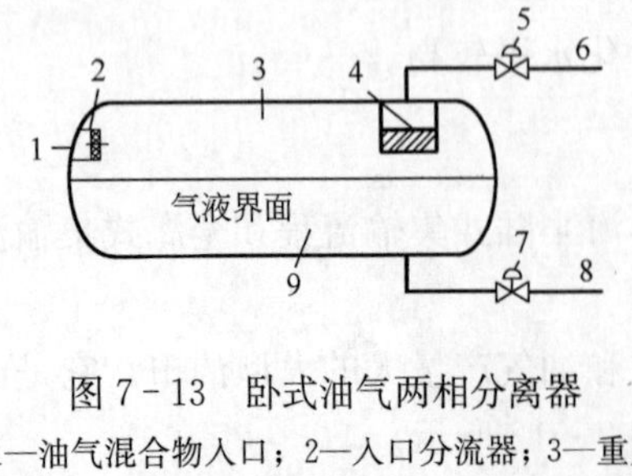

图 7-13　卧式油气两相分离器

1—油气混合物入口；2—入口分流器；3—重力沉降部分；4—除雾器；5—压力控制阀；6—气体出口；7—出油阀；8—原油出口；9—集液部分

液界面。未沉降下来的油滴则随气体进入除雾器，在除雾器内聚结、合并成大油滴，靠重力沉降到集液部分，脱出油滴的气体经气体出口流出分离器。

2. 卧式油气水三相分离器

两相油气分离器只是简单地将油井产物分成气液两相。实际上，油井产物是油、气、水等的混合物，在油气分离的同时，也要实现水的分离。

卧式三相油气水分离器可以实现油气水的分离，其结构如图 7-14 所示，流体由油气混合物入口进入分离器，入口分流器把油气水混合物大致分成气、液两相。液相由导管引至油水界面以下进入集液部分，在集液部分油水实现分离，上层的原油及其乳状液从挡油板上层溢出进入油池，经出油口流出分离器。水经挡水板进入水室，通过出水口流出分离器。气体水平通过重力沉降部分，经除雾器后由气出口流出。

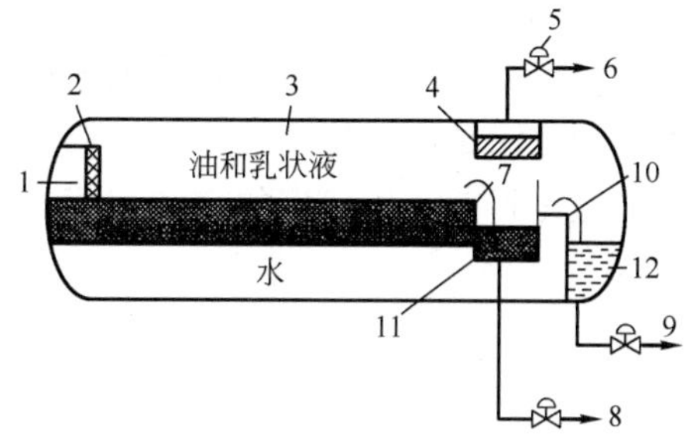

图 7-14 卧式油气水三相分离器

1—油气混合物入口；2—入口分流器；3—重力沉降部分；4—除雾器；5—压力控制阀；6—气体出口；7—挡油板；8—出油口；9—出水口；10—挡水板；11—油池；12—水室

(二) 原油脱水

石油的开采，伴随着产生大量的水。原油中的含水大都以游离水和乳化水两种形态存在，它们给油气集输、储运乃至石油加工带来了许多危害，因此，必须对原油进行脱水。

乳化水是水与原油形成的乳状液，其物理性质发生了很大的变化，因而是脱水的主要对象。乳化水通常有两种类型，一种是油包水型（W/O）乳化水，其水为分散相、油为连续相；另一种是水包油型（O/W）乳化水，其油为分散相、水为连续相。

原油脱水的方法很多，主要有热沉降脱水、化学脱水、离心法脱水、粗粒化脱水、电脱水等。实际脱水过程中，最常用的是热化学破乳脱水法和电脱水法。

1. 热化学破乳脱水

热化学破乳脱水就是将含水原油加热到一定的温度，并向原油中加入少量的化学破乳剂，从而破坏油水乳状液的稳定性，促使水滴碰撞、聚结、沉降，以达到油水分离的目的。

2. 电脱水

原油电脱水方法适合于处理含水量在 30%左右的油包水型原油乳状液。它是将原油乳状液置于高压直流或交流电场中，在电场力的作用下，促使水滴合并、聚结，形成较大粒径的水滴，实现油水的分离。

原油电脱水过程中，水滴在电场中是以电泳聚结、偶极聚结、振荡聚结三种方式进行聚结合并的。其中，在交流电场中，水滴以偶极聚结、振荡聚结方式为主；在直流电场中，水滴以电泳聚结方式为主，偶极聚结方式为辅。

(三) 原油稳定及轻烃回收

1. 原油稳定

原油是多组分的碳氢化合物的混合物。在原油集输过程中，由于操作条件的变化，会使原油中的部分轻组分挥发，造成原油蒸发损耗。为了降低原油的蒸发损耗，充分利用油气资源，保护环境，提高原油储运过程中的安全性，须采用一系列工艺措施，将原油中挥发性强的轻组分（主要是 C_1～C_4）脱出，降低原油的挥发性和饱和蒸气压，使原油保持稳定，这一工艺过程称为原油稳定。

原油稳定的方法很多，主要有闪蒸稳定法、分馏稳定法、大罐抽气法等。

闪蒸稳定法是将未稳定的原油加热到一定温度，然后减压闪蒸分离得到相应的气相和液相产物。这是目前应用较广的方法。闪蒸稳定法的原理流程如图 7－15 所示。

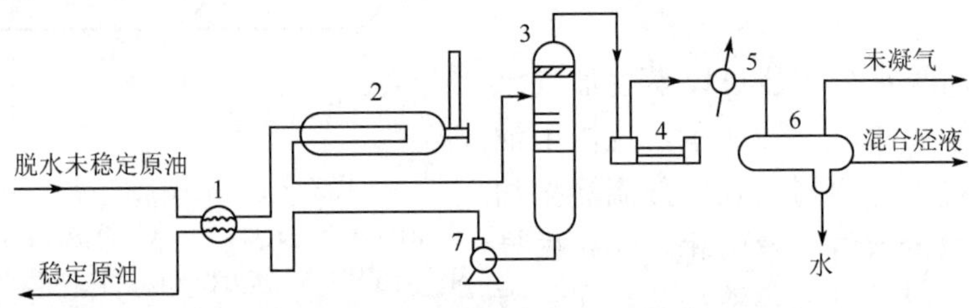

图 7－15　闪蒸稳定法的原理流程图

1—换热器；2—加热炉；3—闪蒸塔；4—压缩机；5—冷凝器；6—分离器；7—泵

分馏稳定法是根据原油中各组分挥发度不同的特点，利用精馏的原理将原油中的 C_1～C_4 组分脱出，达到稳定的目的。分馏稳定法的典型流程如图 7－16 所示。分馏稳定法的主要设备是稳定塔，稳定塔是一个完全的精馏塔，塔的上部为精馏段，下部为提馏段，塔顶有回流系统，塔底有重沸系统。这种方法设备多，流程较复杂，但稳定原油的质量好。

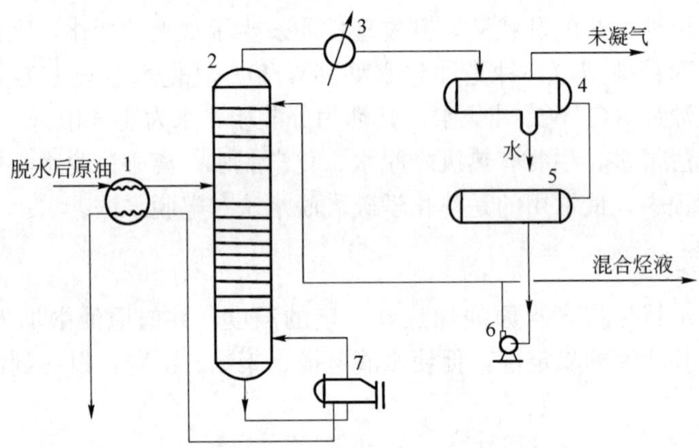

图 7－16　分馏稳定法的典型流程图

1—换热器；2—稳定塔；3—冷凝器；4—分离器；5—回流罐；6—泵；7—重沸器

大罐抽气法是利用原油处理站内的沉降脱水油罐，在罐顶安装抽气管线，利用压缩机自罐中抽出油蒸气，经增压、冷却、计量后输送至轻烃回收装置进行回收。

2. 轻烃回收

轻烃是指天然气中所含的 C_3 以上的烃类混合物，它们在天然气中以气态的形式存在，通过不同的工艺方法将它们以液态的形式回收称为轻烃回收。

轻烃回收的方法较多，常用的有固体吸附法、液体吸收法及低温分离法等。

固体吸附法是利用固体吸附剂（如活性炭、活性氧化铝等）对各种烃类的吸附能力不同，而使天然气中的各组分得以分离的方法。

液体吸收法是利用天然气中各组分在液体吸收油（如石脑油、煤油等）中的溶解度不同，而使天然气中的各组分得以分离的方法。

这两种方法是早期轻烃回收较常用的方法，由于投资高、能耗大、收率低，现已逐步为低温分离法所替代。

低温分离法是利用天然气各组分冷凝温度不同的特点，在降温过程中使各组分得以分离的方法。这种方法的特点是使气体获得低温。通常低温获得的方法主要有制冷剂制冷、膨胀机膨胀制冷及两者混合使用的制冷方法等。

（四）油田气的净化

油田气含有多种杂质，如砂粒、岩屑等固体杂质，水、凝析油等液体杂质，水蒸气、硫化氢、二氧化碳等气体杂质。固体杂质的存在，会导致管道、设备、仪表等的磨损，严重时会堵塞管道，降低输送量，影响生产安全；水蒸气的存在，不仅降低了管线的输送能力和气体热值，而且当输送压力和环境条件变化时，还可能使水蒸气从天然气流中析出，形成液态水、冰或天然气的固体水合物，从而增加管路压降，严重时堵塞管道；酸性气体 H_2S 或 CO_2 的存在，会加剧管线、设备的腐蚀，影响化工产品的质量。由此可见，气体净化是油田气长距离输送或进行轻烃回收前必不可少的环节。气体净化主要采用以下几种方法：

1. 吸附法

吸附法是利用油田气中的不同组分在固体吸附剂表面上积聚特性不同的原理，使某些组分吸附在固体吸附剂表面，进行脱除的方法。

2. 吸收法

吸收法是用适当的液体吸附剂处理气体混合物以除去其中的一种或多种组分的方法。如用液态烃吸收气态烃，用水吸收 CO_2，用甘醇脱水或用多乙二醇甲醚脱硫，用碱液吸收 CO_2 等。在操作过程中，对吸收后的溶液可进行再生，使溶剂得到循环使用。

3. 冷分离法

由于多组分混合气体中各组分的冷凝温度不同，在冷凝过程中高沸点组分先凝结出来，这样就可以使组分得到一定程度的分离。冷却温度越低，分离程度越高。例如低温分离法脱水、膨胀机制冷脱水等都是冷分离方法。这一方法流程简单，成本低廉，特别适用于高压气体。

4. 直接转化法

直接转化法是通过适当的化学反应，使杂质转化成无害的化合物留在气体内，或者转化成比原杂质易于除去的化合物，达到净化目的。

四、油气计量

油气计量是指对石油和天然气流量的测定。在油气田生产过程中，从井口到外输间主要分为油气井产量计量、外输流量计量和交接数量计量三种。

（一）油气井产量计量

油气井产量计量是指对生产井所生产的油量和气量的测定。目的是了解油气井生产状态，为油气井管理、油气层动态分析提供资料数据。

对于产量高的油气井，通常是每口井单独设置一套计量装置，称为单井计量。对于产量低的油气井，通常是8～12口油井共用一套计量装置，并对每口油井生产的油、气、水进行计量，油井日产量要定期、定时轮换进行计量。这种计量方式称为多井计量。

油气井产量计量方法有两种：分离计量法和多相流量计量法。分离计量法是利用油气分离器先将油井产物分离成气相和液相，或者气、油和水相，然后分别计量各相的流量。由于计量精度受到分离质量的影响，且油气难以完全分离，因此，该法计量精度差，而且附属设备多，占地面积大。多相流量计量法是自动分析检测油井产物的组成和流量，进而测定油井的产油量、产气量和产液量。它是将分离、计量合成一体完成，具有体积小、精度高、操作方便等特点，是计量发展的方向。

（二）外输流量计量

外输流量计量是对石油和天然气输送流量的测定。它是输出方和接收方进行油气交接经营管理的基本依据。计量要求有连续性，仪表精度高。外输原油一般采用高精度的流量仪表连续计量出体积流量，再乘以密度，减去含水量，求出质量流量。综合计量误差一般要求在±0.35%以内。这就要求原油流量仪表要有较高的精度，同时也应定期进行标定。

（三）交接数量计量

交接数量计量是指油田内部各采油单元之间进行的油品输送流量的计量。它是衡量各采油单元完成生产指标情况，进而进行经济核算的依据。从计量方法上看，交接数量计量与外输流量计量基本相似，但由于这种计量是发生在油田内部各采油单元之间的，因此其计量精度不如外输流量计量要求高。

五、含油污水处理

目前，我国多数油田已进入开发晚期，大多采用注水方式开发，从而导致油井采出液含水量升高（有些油田的综合含水率已达90%）。在初加工处理过程中，油井采出液将脱出大量的含油污水，如果含油污水处理不合理就进行回注和排放，不仅会使油田地面设施不能正常运作，而且会因地层堵塞带来危害，影响油田安全生产，同时也会造成环境污染，因此必须合理地处理、利用含油污水。

（一）含油污水的特点

1. 污水含油

污水含油量一般为1000 mg/L左右，少部分油田污水含油量高达3000～5000 mg/L，而且同一污水站瞬时污水的含油量也具有一定的波动性。一般来讲，污水中的油是以浮油（油珠直径大于100μm）、分散油（油珠直径10～100μm）、乳化油（油珠直径0.1～10μm）和溶解油（油珠直径小于0.1μm）四种形态分布于水中的。

2. 污水含盐

含油污水中含有多种离子，主要包括Ca^{2+}、Mg^{2+}、K^{+}、Na^{+}、Fe^{2+}等阳离子和Cl^{-}、HCO_3^{-}、CO_3^{2-}、SO_4^{2-}等阴离子。这些离子之间相互结合，生成各种盐类。在一定的条件下，$CaCO_3$、$CaSO_4$、$MgCO_3$等溶解度较小的盐类易形成沉淀。它们如悬浮在水中，会使水浑浊；如沉积在管壁上，会引起结垢。

3. 污水含气

污水中溶解有 O_2、H_2S、CO_2 等多种有害气体。其中，O_2 是很强的去极化剂，能使阳极的铁原子失去电子，生成 Fe^{2+} 或 Fe^{3+}，进一步生成 $Fe(OH)_3$ 沉淀。同样，CO_2、H_2S 等酸性气体也能与铁原子结合生成 $FeCO_3$ 垢或 FeS 沉淀。它们都会大大加剧金属设备和管线的腐蚀、结垢。

4. 污水含悬浮固体

污水中的悬浮固体是指污水中所含的固体悬浮物，其颗粒直径范围在 1～100μm 之间，主要包括泥沙、各种腐蚀产物及垢、细菌、胶质、沥青质等。这些悬浮固体悬浮在水中，会使水浑浊；附着在管壁上，会形成沉淀，引起管壁腐蚀；回注于储油层，会使孔隙堵塞，影响油井产量。

综上所述，污水中的成分复杂，其显著特点是腐蚀性强、结垢快。生产中，应重点针对这类问题加以分析，采取有效措施加以处理。

（二）含油污水处理流程

含油污水处理工艺流程因污水水质、净化处理要求不同而异。按照处理工艺过程，大致可将其划分为自然除油—混凝沉降—压力过滤流程、压力式聚结沉降分离—过滤流程、浮选式流程及开式生化处理流程等。

1. 自然除油—混凝沉降—压力过滤流程

自然除油—混凝沉降—压力过滤流程如图 7－17 所示。从脱水转油站送来的含油污水经自然除油初步沉降后，投加混凝剂进入混凝沉降罐进行混凝沉降。然后进入缓冲罐，经提升泵加压后进入压力滤罐进行压力过滤。滤后水再加杀菌剂，得到合格的净化水，外输用于回注；自然除油罐和混凝沉降罐回收的原油进入污油罐，经油泵加压输送至油站；对压力滤罐进行反冲洗时，反洗水泵从反洗水罐提水，反冲洗排水进入回收水罐，经回收水泵均匀地加入自然除油罐中再进行处理。

该流程处理效果良好，对污水含油量、水量变化波动适应性强，但当处理规模较大时，压力滤罐数量较多、操作量大，处理工艺自动化程度稍低。

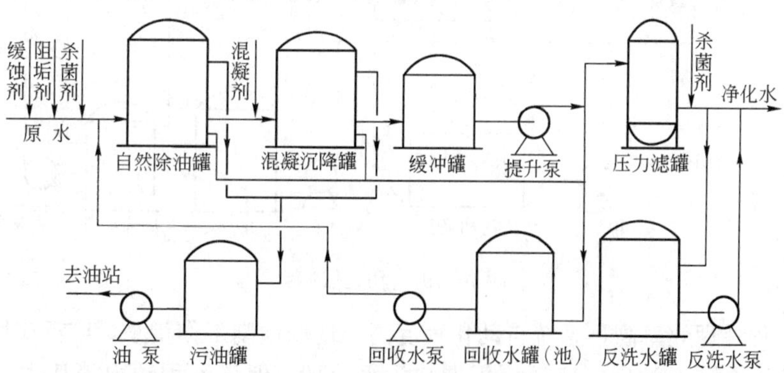

图 7－17　自然除油—混凝沉降—压力过滤流程

2. 压力式聚结沉降分离—过滤流程

压力式聚结沉降分离—过滤流程如图 7－18 所示。它加强了流程前段除油和后段过滤净化。脱水站送来的污水，若压力较高，可进旋流除油器；若压力适中，可进接收罐除油。为了提高沉降净化效果，在压力沉降之前增加一级聚结（亦称粗粒化）除油，使油珠粒径变大，易于沉降分离。抑或采用旋流除油后直接进入压力沉降。根据对净化水质的要求也可设置一级过滤和二级过滤净化。

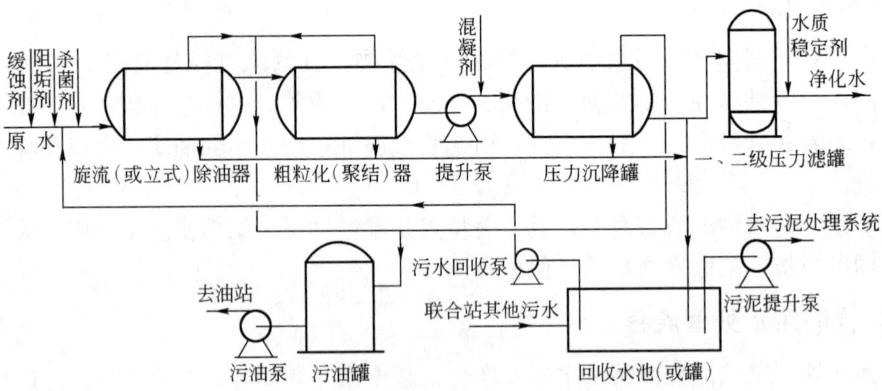

图 7－18　压力式聚结沉降分离—过滤流程

压力式聚结沉降分离—过滤流程处理净化效率较高，效果良好，污水在处理流程内停留时间较短，系统机械化、自动化水平稍高，但适应水质、水量波动能力稍低。

3. 浮选式流程

浮选式流程如图 7－19 所示。该流程首端大都采用溶气气浮，再用诱导气浮或射流气浮取代混凝沉降设施，后端根据净化水回注要求，可设一级过滤和精细过滤装置。

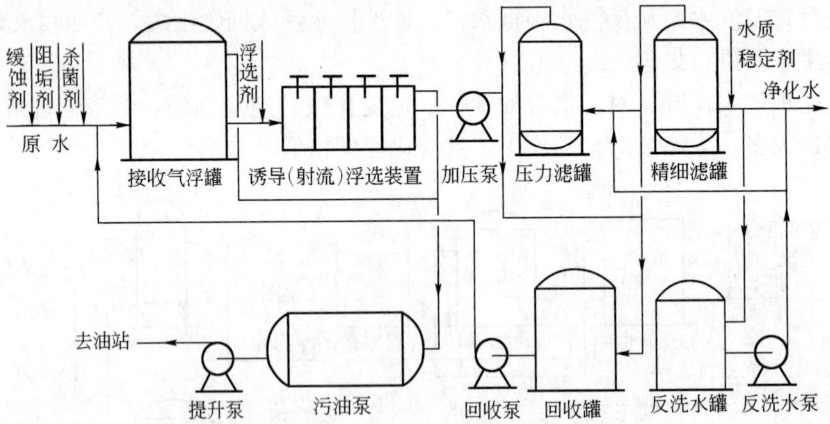

图 7－19　浮选式流程

浮选式流程处理效率高，系统自动化程度高，现场预制工作量小，广泛应用于海上采油平台污水系统；在陆上油田，广泛用于稠油污水处理。但该流程动力消耗大，维护工作量稍大。

4. 开式生化处理流程

开式生化处理流程如图 7－20 所示。它是针对部分油田污水采出量较大、不能完全回注、需要部分处理达标排放的实际设计的。含油污水经过平流隔油池除油沉降，再经过溶气浮选池净化，然后进入一级、二级生物降解池和沉降池，最后经提升泵提升至滤池进行砂滤或吸附过滤达标外排。

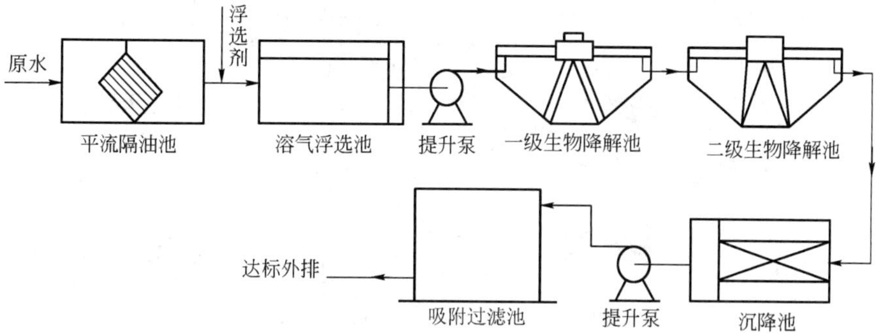

图 7－20　开式生化处理流程图

总之，上述几种流程是目前含油污水处理较常用的流程。当然，由于各油田污水的具体情况不同，上述流程也并非是绝对的，实际应用中，应根据具体的情况选择合适的流程。

第二节　油气管道输送

油气管道输送是伴随着石油工业的发展而产生的。早在 1865 年 10 月，美国修建了世界上的第一条输油管道。该管道直径为 50mm，长约 10km。1886 年美国又建成了世界上第一条长距离输气管道。该管道从宾夕法尼亚州的凯恩到纽约州的布法罗，全长 140km，管径为 200mm。

我国于 1958 年建设了第一条从新疆克拉玛依油田到独山子炼油厂的原油输送管道。该管道全长 147km，管径 150mm。1963 年又建设了第一条天然气输送管道。该管道从重庆巴县的九龙坡至巴南区，全长 84.14km，管径 400mm，简称巴渝线。1976 年，我国建成了格拉成品油输送管道。该管道起于青海省的格尔木，止于西藏的拉萨，位于世界屋脊的青藏高原，是海拔最高的成品油管道，管道全长 1080km，管径 150mm。此后，随着大庆、胜利、华北、中原、四川等油气田的开发，兴建了贯穿东北、华北、华东地区的原油管道网，川渝天然气环网，忠武、陕京、涩宁兰等天然气管道以及西气东输天然气管道系统等。到 2013 年，我国已建成的油气管道总长度已超过 10×10^4km，初步形成了横跨东西、纵贯南北、覆盖全国、连通海外的油气管网格局。

一、油气输送管道构成

油气输送管道的类型很多，分类方法不一。如按长度和经营方式分可将油气输送管道分为油田内部的管道和长距离油气输送管道。按被输送介质的类型不同，可将油气输送管道分为原油输送管道、成品油输送管道、天然气输送管道、油气混输管道等。按管道所处的位置不同，可将油气输送管道分为陆上输送管道和海底输送管道等。下面主要介绍长距离输油管道和长距离输气管道的构成。

1. 长距离输油管道的构成

长距离输油管道由输油站、线路以及辅助配套设施等部分构成，如图 7-21 所示。

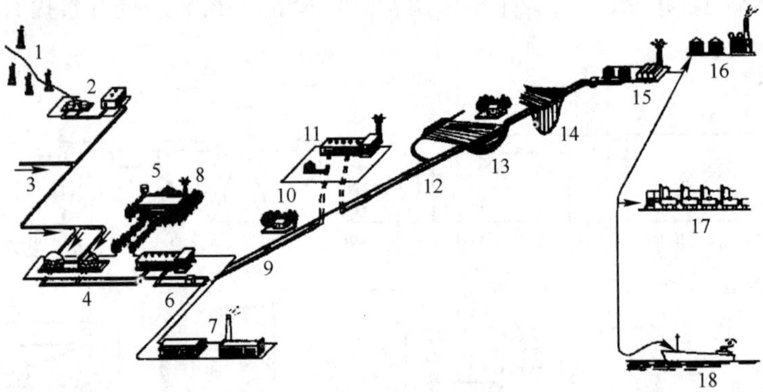

图 7-21　长距离输油管道的构成

1—井场；2—转油站；3—来自井场的输油管；4—首站主要设施；5—调度中心；
6—清管器发放区；7—首站锅炉房等辅助设施；8—微波通信塔；9—线路阀室；
10—宿舍；11—中间站；12、13、14—穿越铁路、河流工程；15—末站；
16—炼厂；17—装卸栈桥；18—装卸港口

输油站的主要功能就是给油品加压、加热。按所处的位置不同，输油站可分为首站、中间站和末站。管道起点的输油站称为首站，其任务是接收油田集输联合站、炼油厂生产车间或港口油轮等处的来油，经计量、加压、加热（对于加热输送管道）后输入下一站。首站一般具有较多的储油设备，加压、加热设备和完善的计量设施。

油品在沿管道的输送过程中，由于摩擦、散热、地形变化等原因，其压力和温度都会不断下降。当压力和温度降到一定程度时，为了使油品继续向前输送，就必须设置中间输油站，给油品增压、升温。单独增压的输油站称为中间泵站；单独升温的输油站称为中间加热站；既增压又升温的输油站称为热泵站。根据功能的不同，中间站通常设有加压、加热设施，一定的储油设施，清管器收发设施等。中间站应设有越站流程。

末站是位于管道终点的输油站（库），其作用是接收管道来油，储存油品或向用户转运。末站一般设有较多的储油设备，较准确的计量设施、转输油设施和清管器收发设施。

长距离输油管道的线路部分包括管道本身，沿线阀室，通过河流、山谷等障碍物的穿（跨）越构筑物等。辅助设施包括通信、监控、阴极保护、清管器收发及沿线工作人员生活设施等。

2. 长距离输气管道的构成

长距离输气管道的构成与长距离输油管道类似，也包括首站、中间站、末站、干线管道以及辅助设施等部分，如图 7-22 所示。

输气管道首站的主要功能是接收天然气处理厂的来气，进行分离（干燥、除尘）、调压和计量后送入输气干线。与输油不同的是，由于采气井的压力都比较高，且天然气采出、处理、输送的各环节都是密闭的，为了充分利用气井压力，通常情况下，长距离输气管道的首站大多不设增压设备，可依靠气井余压输至下一站，如陕京线的第一个增压站就设在离管线起点 100km 处。

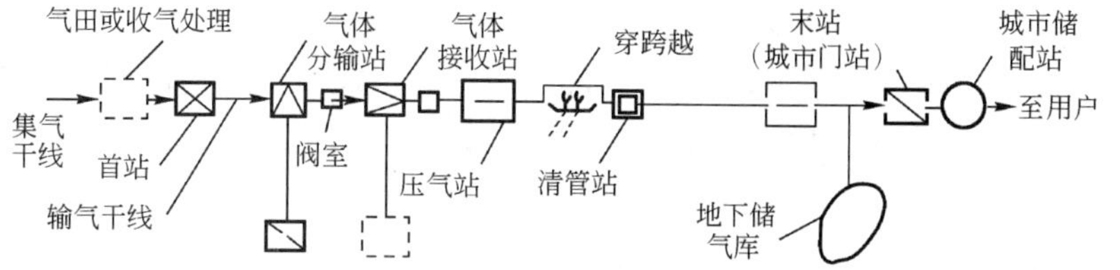

图 7-22　长距离输气管道的构成

根据功能不同，输气管道的中间站可分为接收站、分输站和压气站等。接收站的功能是接收沿线支线或气源的来气；分输站的功能是向沿线的支线或用户供气；压气站的功能是给气体增压。

输气管道末站的功能是接收管道来气、分离、调压、计量后送入用户配气站。若末站直接向城市输配气管网供气，末站也可称为城市门站。在有条件的地区，末站应建设地下储气库，以调节供气的不平衡。

二、输油管道的特性及运行控制

（一）输油管道的特性

1. 水力特性

油品在管道中流动的过程中，其压能逐渐降低，常称为压降。压降主要包括沿程压降（习惯上称为管道摩阻）、局部压降和位差压降。

（1）沿程压降：主要是油品流过直管段时，由于油品与管壁、油品与油品之间的摩擦所消耗的压能。可通过达西公式计算求得：

$$h_L = \lambda \frac{L}{d} \frac{v^2}{2g} \tag{7-1}$$

式中 h_L——管道的沿程阻力损失，m；

λ——沿程摩擦阻力系数，无量纲，与流体的流态相关；

g——重力加速度，m/s^2；

v——油品的运动速度，m/s；

d——管道的内直径，m；

L——管道的计算长度，m。

（2）局部压降：是指油品流过各种管件或阀件时所消耗的压能。长距离输油管道的压能损失以沿程阻力损失为主，局部阻力损失比较小，一般不单独计算，而是根据管道沿线的地形起伏情况不同，取干线长度的1%～2%作为沿线的局部摩擦阻力损失的附加长度，合并在管道沿程摩擦阻力损失的计算长度中一并计算。通常，在地形比较平坦的地段，取局部压降的附加长度为沿程压降计算长度的1%；在地形起伏比较大的地段取2%；其他地段可在1%～2%之间取值。

（3）位差压降：是指管道沿线地形变化引起的被输送油品在管道中动水压力的升高或降低。一定管段内的位差压降只与该管段的终点与起点的海拔高度有关，与管段的中间地形变化无关。管段的位差压降等于计算段终点与起点的海拔高度之差。

油品在管道输送的过程中，所消耗的压能是由泵机组提供的。为此，管道沿线应设置一定的输油泵站，以满足油流流动所消耗的压能。布置泵站时，通常是先根据管道的工作参数，在管道纵断面图上画水力坡降线，初步确定泵站的可能布置位置，再综合考虑管道走向的人文、地质、环境、交通、生活等情况对站址进行适当调整。

2. 热力特性

输送“三高”油品的常用方法是加热输送，其目的是提高油品温度，避免油流在管道中凝固；减少油品中石蜡、胶质等的析出及在管壁的凝结；降低油品黏度，减小管道压降。

油流在管道内流动过程中的温降与输量、环境温度、散热条件、油温等诸多因素有关，加热输油管道中油流温度沿线的变化规律可用舒霍夫温降公式计算，即：

$$t_l = t_0 + (t_c - t_0)e^{\frac{-K\pi D}{GC}l} \tag{7-2}$$

式中 G——管道的质量输量，kg/s；

K——油流通过管壁向管道铺设处周围环境的传热系数，W/(m^2·℃)；

l——温度计算点离加热站出口的距离，m；

t_0——管道周围介质的温度，℃；

t_c——加热站的出站油温，℃；

t_l——距出站 l 处的油温，℃。

C——平均输送温度下油品的比热容，J/(kg·℃)，

D——管道的计算直径（对于无保温的管道，取钢管的直径；对于有保温层的管道，取保温层内外直径的平均值），m。

实际上，加热输油管道的热能和压能的供求是相互联系、相互影响的。增加热能的供应，输送温度升高，油品黏度降低，管道摩擦阻力减少。增加压能供应，一方面输量增加，温降变慢；另一方面，在较高的压力下，可以输送温度较低的流体。在这相互联系和影响的两种能量中，热能是起主导作用的。因此对加热输油管应综合考虑其热力特性和水力特性，按热力特性计算全线所需的加热站数，按水力特性确定全线所需的泵站数，然后在管道的纵断面图上进行加热站、泵站布置并进行校核和调整。

（二）输油管道的运行控制

1. 运行参数的调节与控制

在输油管道的运行过程中，由于受到诸多因素的影响，其运行工况将发生一定程度的变化。因此在管道的实际运行过程中，有时需要对参数进行调节和控制。

调节一般以输送量作为对象，控制一般以泵站的进出站压力作为对象。

输送量调节的方法很多，常用的有改变泵的转速、车削泵叶轮、拆卸多级离心泵叶轮级数、大小泵匹配、进出口节流等。

压力调节的目的是保证管道运行过程中的稳定性，其调节的对象是输油站的进出站压力。压力调节的常用措施是改变输油泵机组的转速、节流和回流。

2. 输油管道中的水击及其控制

输油管道系统正常运行过程中，其流态是稳定的。但在实际生产过程中，需要进行泵的启停、阀门的启闭、流程的切换等操作。这些操作都将会使管道中流体的流速发生突变，从而引起管内压力的突变，这种现象称为水击。

水击危害主要体现在两个方面：一是超压危害，可能使管道系统的压力超过管道的承压能力造成管道的破坏；二是减压损坏，可能使管道系统的压力低于正常工作压力，致使管道失稳变形。当然，水击产生的压力波也可能会向上游或下游传播，对上游或下游的泵站特性产生一定影响。因此，应采取有效措施对水击危害加以控制，常用的方法主要有泄压保护、调节阀自动调节、泵机组自动停运等保护措施。

泄压保护是在管道可能出现超压的位置，安装专用的泄压阀门，在出现水击超压时，打开泄压阀门从管道中泄放一定数量的液体，从而使管道内压力下降，避免水击危害。

调节阀自动调节保护是根据管道运行压力的变化自动对阀门的开启度进行调节，以满足保护管道系统的要求。调节阀自动调节保护大都与其他保护措施配合使用。

泵机组自动停运就是在泵站的吸入压力过低、出站压力过高时，通过自动控制系统停运一台或多台输油泵，以降低泵站的能量输出，减小泵站的输送量，使出站压力下降，进站压力升高。这种方法主要用于串联泵机组泵站的保护。

三、油品的顺序输送

油品顺序输送是指在一条管道内，按照一定的批量和次序，连续地输送不同种类的油品。由于经常性变换输油品种，所以在两种油品交替时，在接触界面处将产生一段混油。混油产生的因素主要有两个：一是由于在管道横截面上，液流沿径向流速分布不均匀，使后边的油品呈楔形进入前面的油品中；二是由于管道内液体的紊流扩散作用。

（一）混油的检测

为了指导顺序输送管道的运行管理，需要对两种油品交替过程中的混油情况进行检测。目前常用的混油浓度检测方法有密度法、超声波法、记号法等。

密度法是利用混合油品的密度与各组分油品的密度、浓度之间存在线性叠加关系的原理进行检测的。此法是在管道沿线安装能自动连续测量油品密度的检测仪表，通过连续检测混油密度的变化，检测混油浓度的变化。

超声波法是根据声波在不同密度油品中的传播速度不同的特性而进行检测的。在常温条件下，油品的密度越大，声波在油品中的传播速度就越快。混油浓度的超声波法就是根据这一原理，在管道沿线安装超声波检测仪表，通过连续测量声波通过管道的时间，确定管内油流的密度，从而检测混油的浓度。

记号法检测是先将荧光材料、化学惰性气体等具有标识功能的物质溶解在与输送油品性质相近的有机溶剂中，制成标识溶液。使用时，在管道起点两种油品的初始接触区加入少量的标识溶液，该标识溶液随油流一起流动，并沿轴向扩散，在管道沿线检测油流中标识物质的浓度分布，即可确定混油段和混油界面。

（二）减少混油量的措施

在油品的顺序输送中，我们总是希望尽量减少混油量，控制混油量的措施有很多，首先我们可以采用先进、合理的技术工艺措施来减少混油量（例如简化流程，加大交替油品的输量，采用密闭输送流程等）；其次是采取一些专门的措施来减少混油量，如机械隔离法和液体隔离法等。

机械隔离法是将一定的机械设施投放于两种油品中间，将两种油品隔离，以减少油品的混合。常用的隔离设施有橡胶隔离球和皮碗形隔离器等。

液体隔离法是在两种交替的油品之间注入隔离液，以减小混油量。常用作隔离液的物质有：与两种油品性质接近的第三种油品、两种油品的混合油、水或油的凝胶体、其他化合物的凝胶体等，其中凝胶体隔离液具有较好的应用特性。

（三）混油的处理方法

处理混油的方法主要有两种：一是在保证油品质量标准要求的前提下，分批将混油掺入纯净油中销售或降级使用。如在顺序输送汽油和柴油时，可把汽油浓度高的混油段接收在汽油混油储罐中，柴油浓度高的混油段接收在柴油混油储罐中，将两种混油分别小批量地掺入汽油和柴油的纯净油中销售。这种方法适用于混油程度较轻且终点两种油品的销售量都较大的情况。二是将混油就近输至炼油厂加工处理。这种方法适用于混油程度较重，或终点混合油品的纯净油销售量较小的情况。

四、输气管道及城市燃气输配

天然气管道是陆上输送大量天然气唯一的手段。海上运输天然气的方法之一是将天然气先降到−160℃成为液化天然气，然后装船运输，运到目的地以后加温又由液态转为气态，恢复天然气的性能。海上另一种天然气输送方法仍然是敷设海下输气管道。大西洋中的北海油田所产的天然气就是用1000km的海下管道输到英国和欧洲大陆的。

天然气的主要成分是甲烷、乙烷、丙烷、丁烷和其他烃类，还有少量硫化氢、二氧化碳和水蒸气，有时气井中还带有冷凝液和水等液体。在进入管道前必须在处理场除去硫化氢和二氧化碳等。

天然气管道有以下几个特点：一是输气管道是个自始至终连续密闭带压的输送系统，不像输油系统有时油品进入常压油罐；二是天然气管道更直接为用户服务，直接供给家庭或工厂；三是天然气密度小，静压头影响小于油品管道，设计时高差小于200m静压头可忽略不计，输气管道几乎不受坡度影响；四是天然气是可压缩的，因此不存在突然停输产生的水击问题；五是天然气管道比输油管道更要重视安全；六是天然气管道与城市煤气管道不同，天然气来自气井起输的压力比城市煤气高，天然气管道进入城市总站以后要减压到城市管网压力才能向城市供气。

一个完整的城市配气系统主要由以下几部分组成：

（1）配气站。配气站是城市配气系统的起点和总枢纽，其任务是接受干线输气管的来气，然后对其进行必要的除尘、加臭等处理，根据用户的需求，经计量、调压后输入配气管网，供用户使用。

（2）储气站。储气站的任务是储存天然气，用来平衡城市用气的不均衡。其站内的主要设备是各种不同种类的储气罐。实际中，配气站和储气站通常合并建设，合称储配站。

（3）调压站。调压站设于城市配气管网系统中的不同压力级制的管道之间，或设于某些专门的用户之间，有地上式和地下式之分。站内的主要设备是调压器，其任务是按照用户的要求，对管网中的天然气进行调压，以满足用户的需求。

（4）配气管网。配气管网是输送和分配天然气到用户的管道系统。根据形状可分为树枝状配气管网和环状配气管网。前者适用于小型城市或企业内部供气，其特点是每个用气点的气体只可能来自一个方向；环状配气管网可由多个方向供气，局部故障时，不会造成全部供气中断，可靠性高，但投资较大。

第三节　油气的储存及天然气的液化应用

一、储油库

用于接收、储存、中转和发放原油或石油产品的企业和生产管理单位就是储油库。它是维系原油及其产品生产、加工、销售的纽带，是调节油品供求平衡的杠杆，又是国家石油及其产品供应和储备的基地，对于保障国家能源安全、保障人民生活、促进国民经济发展起着非常重要的作用。

（一）储油库的分类及作用

1. 储油库的分类

（1）按管理体制和业务性质不同，可将储油库分为如图 7－23 所示的独立油库和企业附属油库两类。独立油库是专门从事接收、储存和发放油品作业的独立自主经营核算的企业和生产管理单位。企业附属油库是各企业为了满足本部门生产、经营需要而设置的油库，如油田的原油库（首站）等。

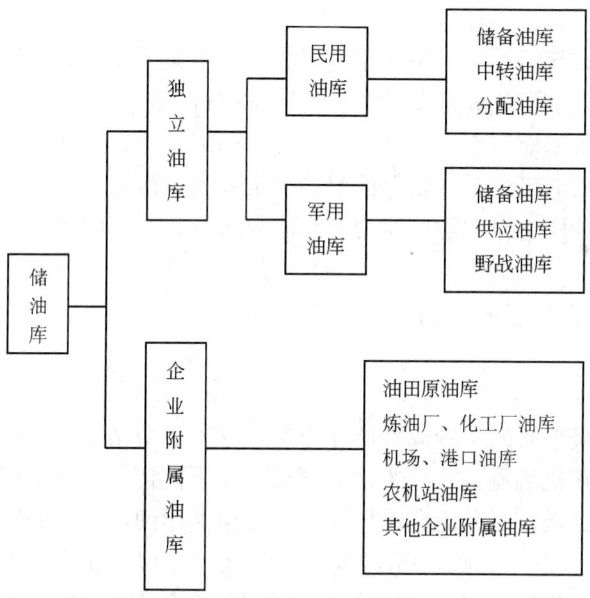

图 7－23　油库类型

（2）根据油库的储油能力不同，可将油库分为一级、二级、三级、四级和五级油库等。其划分标准见表 7－1。

表 7－1　石油库的等级划分

等级	总容量，m^3
一级油库	≥100000
二级油库	30000～100000

续表

等级	总容量，m^3
三级油库	10000～30000
四级油库	1000～10000
五级油库	＜1000

除以上的分类外，还可按主要的建库形式分为地面油库、地下油库、半地下油库、山洞油库、水封石洞油库和海上油库等；按运输方式分为水运油库、陆运油库和水陆联运油库等；按照储存油品的种类分为原油库、成品油库、润滑油库等。

2. 储油库的作用

储油库的性质不同，其作用也不同，大体可分为以下四个方面：

(1) 原油生产基地，用于集积和中转油品。矿场原油库、海上油库是一种集积和中转性质的油库。其业务特点是储存品种单一，收发量大，周转频繁。

(2) 油品供应基地，用于协调消费流通领域的平衡。销售企业的分配油库和部队的供应油库都是直接面向油品消费单位的流通部门。其业务特点是油品周转频繁，经营品种较多，每次数量相对较少，一般是铁路或油轮（水运油库）来油，桶装、汽车罐车或油驳向外发油。

(3) 作为企业附属部门，用于保证生产。炼油厂的原油库、成品油库以及机场、港口等油库是企业附属油库，主要任务是保证生产的正常进行。

(4) 石油战略储备基地，用于保证国家非常时期需要。石油战略储备油库的主要任务是为国家储存一定数量的战略油料，以保证市场稳定和紧急情况下的用油。因储备库大多具有重要的战略意义，对油库本身的防护能力和隐蔽要求都较高。因此，储备库大都建成地下库或山洞库。

（二）储罐的分类、结构和用途

1. 储罐的分类

储罐是目前应用最普遍的一种油气储存设备，其种类繁杂。

(1) 按照储罐的建筑特点，可分为地上储罐、地下储罐、半地下储罐和山洞罐。

(2) 按照储罐的材质，可分为金属储罐和非金属储罐两类。金属罐是用钢板焊成的储存设备，具有施工方便、安全可靠、耐用、适宜储存各类油品等优点。非金属罐类型很多，如砖砌储罐、石砌储罐、钢筋混凝土储罐等，主要用于储存原油和重质油料，其特点是节省钢材，抗腐蚀性好，但施工周期长。

(3) 根据储罐的形状，金属罐又分为立式圆柱形、卧式圆柱形和球形三类。立式圆柱形储罐按罐顶的结构又可分为固定顶储罐和活动顶储罐两类。固定顶储罐主要有锥顶罐和拱顶罐。活动顶储罐又可分为外浮顶和内浮顶两类。

(4) 按储罐的设计压力，可分为常压储罐（最高设计压力为 6kPa）、低压储罐（最高设计压力为 103.4kPa）和压力储罐（设计压力大于 103.4kPa）。常压储罐主要用于储存原油、汽油、柴油等液体油料；压力储罐主要用于储存液化石油气、液化天然气等气体燃料；低压储罐用来储存常温下饱和蒸气压较高的轻石脑油等。

2. 几种常用储罐的结构和用途

1）立式圆柱形钢油罐

立式圆柱形钢油罐由底板、壁板、顶板及一些油罐附件组成。按照罐顶的结构形式，立式圆柱形钢油罐又分成很多种，目前应用最广泛的是拱顶罐、浮顶罐和内浮顶罐。

拱顶罐结构示意图见图 7－24。其罐顶为球缺形，球缺半径一般为油罐直径的 0.8～1.2 倍。罐底由厚度为 5～12mm 的钢板焊接而成，直接铺在基础上。罐壁由若干层圈板焊接而成。拱顶罐主要用于储存低蒸气压油料。为了保证储油安全、方便操作，拱顶罐还需设置许多附件，如呼吸阀、通气管、测量仪表、量油孔、人孔、投光孔、阻火器、空气泡沫产生器等。

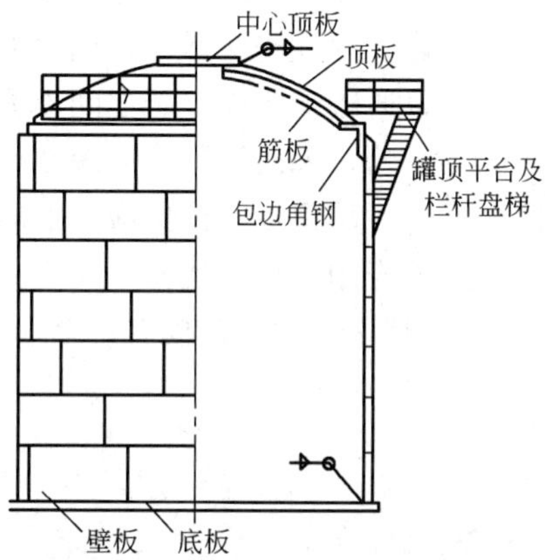

图 7－24　拱顶罐结构示意图

浮顶罐的罐壁、罐底与拱顶罐相同，其罐顶浮在液面上，消除了油品上部的气体空间，减少了油品的蒸发损耗。浮顶罐的浮顶是由浮盘和密封装置组成的。浮盘的结构形式有单盘式和双盘式两种。单盘式浮顶的周边为环形浮船，中间为单层钢板；双盘式浮顶有上下两层盖板。

内浮顶罐是在拱顶罐内加装内浮顶构成的，内浮顶罐的油罐附件比外浮顶罐少得多。由于有固定顶盖的遮挡，浮盘上不会聚积雨水，而且可以避免风沙、尘土对油品的污染，因而不必设置排水折管、紧急排水口等。

2）卧式圆柱形钢储罐

卧式圆柱形钢储罐主要是由筒体和封盖组成，见图 7－25。其特点是能承受较高的正压和负压，有利于减少油品蒸发损耗；可在工厂成批制造，然后直接运往工地安装；便于搬运和拆迁，机动性较大。这种储罐在油田常用作脱水器、分离器、分离缓冲罐、放空罐等。

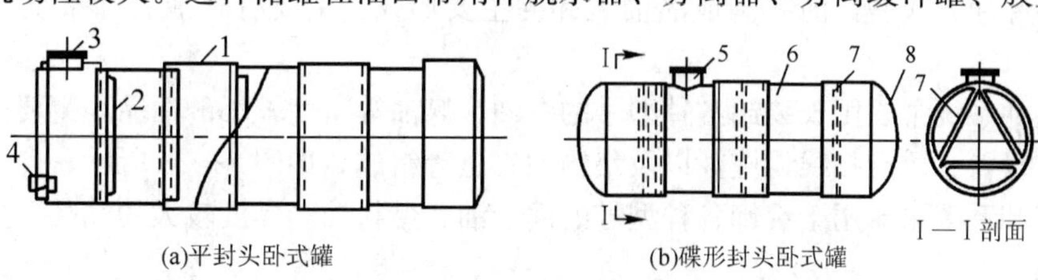

图 7－25　卧式罐示意图

1—筒体圈板；2—加强圈；3、5—人孔；4—进出油管；
6—筒体圈板；7—三角支撑；8—碟形封头

3）球罐

如图 7－26 所示，球罐主要由球壳、支柱及附件组成，主要用于储存液化石油气、丙烷等石油化工原料。其特点是承压能力强，节省钢材，占地面积少，密封性能好，所储油料的蒸发损耗少。

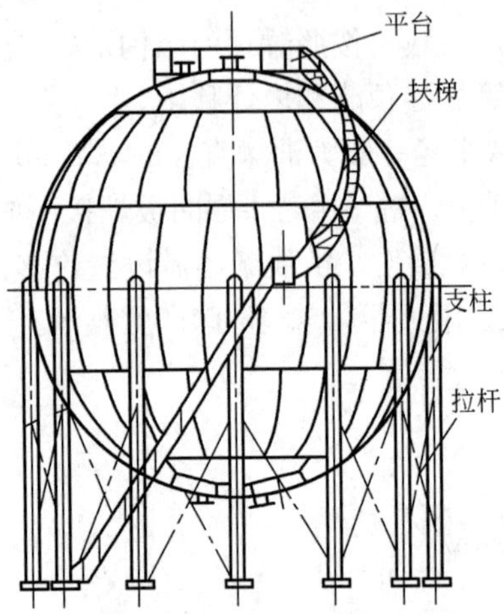

图 7－26　球罐结构示意图

4）常压低温储罐

常压低温储罐主要用来储存液化石油气和液化天然气。目前应用较多的是双金属式低温罐和预应力混凝土低温罐两种类型。

图 7－27 为储存液化天然气的双拱顶双壳体的金属罐，内罐壳体通常采用耐低温镍钢材料，外罐壳体采用普通碳钢，内外层之间填充珍珠岩绝热层。其内罐是封闭的，因而消除了因超装或地震引起的液体外溢问题。

吊顶双壳体预应力混凝土储罐如图 7－28 所示，其外壳用混凝土代替金属壳，储罐的内罐提供了一个“开顶”，这种储罐仅有一个压力源，运行安全、操作方便，是目前广泛应用的形式之一。

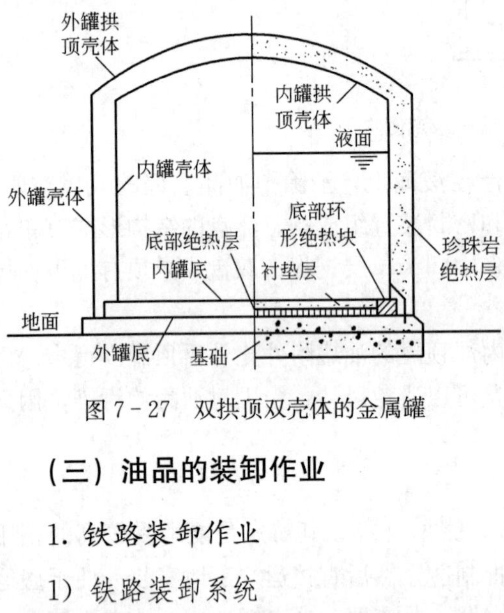

图 7－27　双拱顶双壳体的金属罐

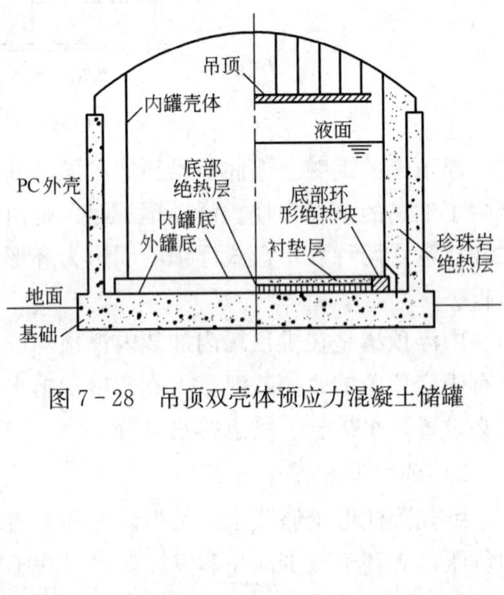

图 7－28　吊顶双壳体预应力混凝土储罐

(三) 油品的装卸作业

1. 铁路装卸作业

1）铁路装卸系统

铁路装卸油方式是目前我国成品油装卸的主要形式，主要有轻油装卸系统和黏油装卸系统。

轻油装卸系统主要用于装卸各种型号的汽油、煤油等密度较小的油品，主要由装卸油鹤管、抽真空设备、放空扫线设施，以及集输油管道等组成，如图 7－29 所示。

黏油装卸系统主要用于装卸各种型号的润滑油、燃料油等黏度较大的油品，多采用下部装卸，见图 7－30。

2）铁路装卸油设施

铁路油罐车是散装油品铁路运输的专用车辆。按其装载油品的性质，可分为轻油罐车、黏油罐车、液化气罐车三种类型。轻油罐车是运输汽油、煤油、柴油等油品的专用车，罐体外一

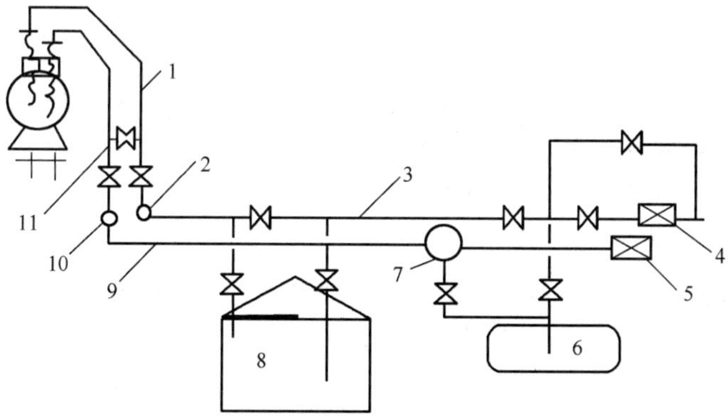

图 7－29　轻油装卸系统

1—装卸油鹤管；2—集油管；3—输油管；4—输油泵；5—真空泵；6—放空罐；
7—真空罐；8—零位油罐；9—真空管；10—扫舱总管；11—扫舱短管；

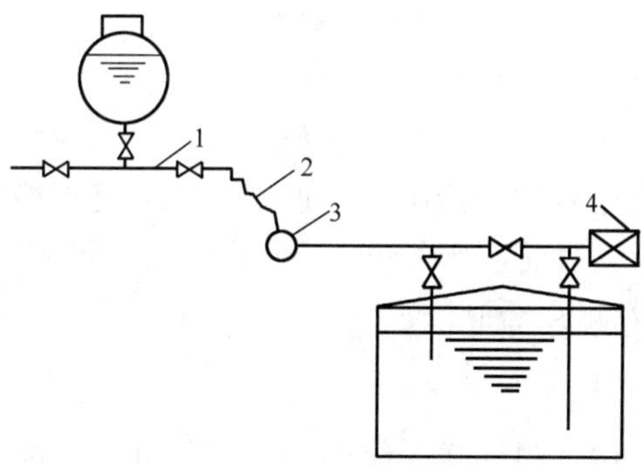

图 7－30　黏油装卸系统

1—油罐车下卸器；2—软管；3—集油管；4—油泵

般涂成银白色。黏油罐车用于运送原油、润滑油等黏度较大的油料。大多数黏油罐车设有加热装置和排油装置。一般运输原油的罐车外表涂成黑色，运送成品黏油的罐车外表涂成黄色。

液化气罐车用于运送常温下加压液化的石油烃类产品，如丙烷、丙烯等。

栈桥是铁路油罐车装卸油品作业的操作平台，其桥面一般高于轨面 3.5m，宽 1.5～2m，上部设置安全护栏，两端和沿栈桥每隔 60～80m 处设置上、下栈桥的梯子。栈桥有单侧操作和双侧操作两种。

鹤管是铁路油罐车上部装卸油品的专用设备，目前常用的有固定式万向鹤管、Dg100-I 型轻油装卸鹤管、气动鹤管、卸油臂等。鹤管一般布置在栈桥两侧，鹤管间距一般为 6m 或 12m。

2. 水路装卸作业

油品的水路运输具有载运量大、能耗少、成本低、投资少的特点。下面介绍几种水路装卸油设施。

1）油船

油船是油料水上运输的主要工具。根据油船有无自航能力可将其分为油轮和油驳。油轮带有动力设备，可以自航，一般还设有输油、扫舱、加热以及消防等设施。油驳是指自身不带动力设备，依靠拖船牵引并利用油库的油泵和加热设备进行装卸和加热的油船。

2）LNG（LPG）运输船

LNG（LPG）运输船是运送液化天然气（液化石油气）的专用船舶，其上的液货舱是独立于船体的圆柱形或球形结构，一般采用低温的碳钢或镍合金钢制作，通常有全压式、半压/半制冷式、半压/全制冷式、全制冷式四种形式。

3）港口和装卸油码头

港口是供船舶进出、运输、锚泊及装卸作业的场所，主要包括装卸油码头、泊位、装卸设施、辅助设施等。装卸油码头是供船舶停靠进行装卸作业的水工建筑物。其类型很多，主要有近岸式固定码头、近岸式浮码头、栈桥式固定码头、外海油轮系泊码头等。

近岸式固定码头多利用天然海湾顺海岸建筑而成。这种码头整体性好，结构坚固耐久，施工作业比较简单。

近岸式浮码头是由趸船、趸船的锚系和支撑设施、引桥、护岸等部分组成，建在水位经常变动的港口，船舶可随水位涨落而升降。

栈桥式固定码头主要由引桥、工作平台和靠船墩等部分组成。这种码头借助引桥将泊位引向深水处。它停靠的船只多、吨位大，但修建困难。

近年来，油轮的吨位不断增加，十几万吨乃至几十万吨级的油轮已经普遍使用。随着油轮吨位的增加，船型尺寸和吃水也相应加大，近岸式码头已不能适应巨型油轮的需要，因此，油码头开始向外海发展。目前，外海油轮系泊码头主要有浮筒式单点系泊设施、浮筒式多点系泊设施、岛式系泊设施等三种形式。

3. 公路装卸作业

油料的公路运输也是我国油料输送系统的一个有效补充，可分为散装运输和整装运输等。公路装卸作业的主要设施有汽车油罐车、装油台和装卸油鹤管。

汽车油罐车是散装油品公路运输的工具，其载油部分主要由罐体、量油孔、装油口、人孔、安全阀、排水阀、排油阀等部件组成，可用于装载各种油料和液化石油气等，载重量3～20t不等。

装油台是为汽车油罐车灌装的工作平台，主要有通过式、倒车式和圆亭式等结构形式。装油台一般设有加油栓和流量表。

向汽车油罐车装汽油、煤油和轻柴油等油品时，应采用能插到油罐车底部的灌油鹤管，这样既可减少油品的蒸发损耗，又可减少静电积聚。汽车油罐车装卸油鹤管与铁路罐车的基本类似，在此不作过多介绍。

（四）储油库安全技术

1. 储油库的“五防”

储油库的“五防”主要是指防火、防爆、防雷电、防静电和防毒等。

油气都是易燃易爆物质，在储运过程中，要特别注意防火、防爆。防火、防爆历来是储油库防控的重点，其措施很多，主要有制定防火安全规章制度、加强防范意识、加强火种管理、规范操作程序、完善消防设施等。

雷击也是危及油气站库安全的一大隐患。雷击不仅会造成建筑物及各种设施的损坏，还可能引起火灾、爆炸事故，造成人员伤亡等，后果是严重的。其危害可分为直接雷击、间接雷击和雷电波侵入等。目前，常用的防雷装置有避雷针、避雷线、避雷网、避雷带、避雷器等，其中，在储油罐上广泛应用的是避雷针。避雷针的保护范围与避雷针的高度、数目、相对位置、雷云高度以及雷云对避雷针的位置等因素有关。

在油气储运过程中，介质的流动、搅拌、沉降、过滤、冲刷、喷射、灌注、飞溅、剧烈晃动以及发泡等相对运动，会引起静电的产生。若静电荷不能有效释放，就会积聚放电，引起可燃气体的燃烧或爆炸。其中，危害较大的有接地容器内部的静电引爆、喷射含微粒气体时的静电引爆、灌装绝缘容器时的静电引爆等三种情况。防静电危害的措施主要有控制介质流速、采用合适的加油方式、保证良好的接地、添加抗静电剂、加速静电的泄流等。

油品及其蒸气都具有一定的毒性，特别是含硫油品及添加四乙基铅的汽油毒性更大，可造成呼吸系统的损害、视觉系统的损伤、局部皮肤的损伤等。因此工作中，应做好防毒工作，其措施主要有加强油品的管理，减少油蒸气的挥发，加大检查、监督的力度，及时进行设备的维修和保养，改进和加强工作区域的通风，降低油蒸气浓度等。

2. 储油库消防技术

储油库储存大量的油品，库容一般较大，一旦发生火灾，情况复杂，危害较大；而且油罐火灾也不同于其他火灾，有其自身的特点，例如火灾的突发性、高辐射性，燃烧和爆炸交替进行等，因此应高度重视储油库消防技术。下面重点介绍几种常用的有关灭火系统。

1）泡沫灭火系统

泡沫灭火系统是利用泡沫灭火剂来扑灭油罐火灾的方法。目前常用的是空气泡沫灭火系统。按灭火设备的布置情况，可分为固定式空气泡沫灭火系统、半固定式空气泡沫灭火系统、移动式空气泡沫灭火系统等。

固定式空气泡沫灭火系统产要由泡沫液泵、泡沫液储罐、泡沫液比例混合器、泡沫产生器及泡沫混合液管道等部分组成，各部分设备都是相对固定的，如图 7 - 31 所示。此系统灭火时不需铺设管线和安装设备，操作简单，启动迅速，出泡沫快；但一次性投资大，且当油罐塌陷或爆炸、安装在油罐上的泡沫发生器遭到破坏时，整个系统将失效。

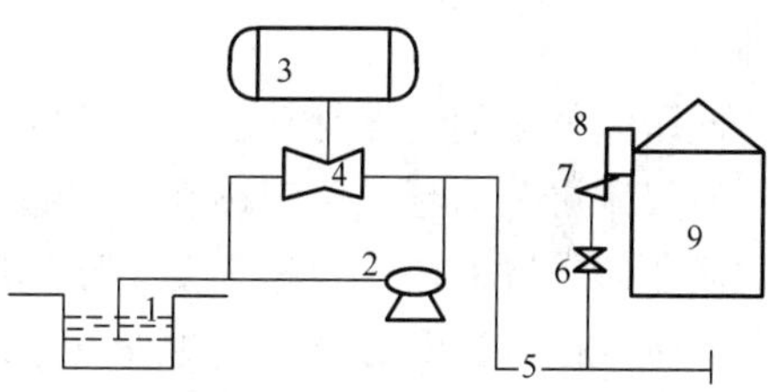

图 7 - 31　固定式空气泡沫灭火系统示意图

1—蓄水池；2—泡沫液泵；3—泡沫液储罐；4—比例混合器；5—泡沫混合液管道；6—阀门；7—空气吸入口；8—泡沫产生器；9—油罐

半固定式空气泡沫灭火系统在油罐上设有固定的泡沫产生器及部分附属管道，其他设施是可移动的。使用时，将装有泡沫液的消防车开赴现场，自蓄水池或消防栓取水，临时铺设水龙带向固定在油罐上的泡沫产生器供应泡沫混合液，实施灭火。

移动式泡沫灭火系统是由泡沫枪、泡沫炮或泡沫钩管、泡沫管架等设备代替固定在油罐上的泡沫产生器，使用灵活、投资少，但操作复杂，灭火的准备时间长。

2）烟雾自动灭火

烟雾自动灭火是将烟雾剂装在漂浮于油面上的发烟容器内，当油罐着火时，通过自动控制系统使烟雾剂进行燃烧反应，同时产生大量云雾状惰性气体喷射在油面上，从而切断油蒸气向燃烧区扩散，阻止氧气向燃烧区补充，以达到窒息灭火的目的。

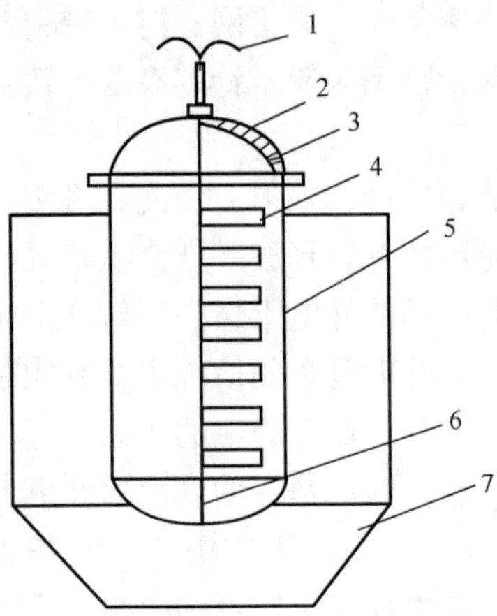

图 7-32　烟雾自动灭火装置构造示意图
1—探头；2—发烟器头盖；3—喷孔；4—烟雾剂盘；5—发烟器筒体；6—导火索；7—浮漂

烟雾自动灭火装置主要由发烟器和浮漂两部分组成的，如图 7-32 所示。发烟器主要由头盖、筒体和烟雾剂盘三部分组成。头盖上装有探头、喷孔、密封薄膜、导火索和导流板。探头内装有导火索，用探头帽罩住，再用低熔点合金封闭。当油罐起火后，罐内温度达到 110℃左右，探头帽自行脱落，导火索即将烟雾灭火剂引燃。

3. 储油库的消防冷却系统

消防冷却系统的作用，一是冷却着火罐，使其温度降低，火势减弱，确保罐壁不因钢板软化而坍塌；二是冷却着火罐的邻近罐，确保其不因热辐射而着火或爆炸。消防冷却系统主要是由消防栓、水龙带、消防泵和水枪等设备组成。

二、天然气的储存

天然气的储存，是调节天然气的生产、运输、销售及应用等各环节之间平衡的必要手段。

（一）储气罐储气

储气罐储气主要是利用储罐等设施来储存天然气的，主要用于加气站、配气站等，调节短期内民用气量的不平衡。目前，常用的储气罐按储气压力可分为低压储气罐和高压储气罐两种。

低压储气罐的特点是其容积随储气量的变化而变化，储气压力不变。按密封方式不同，低压储气罐可分为湿式储气罐和干式储气罐两种。

高压储气罐的储气容积不变，储气压力随储气量的变化而变化。按其形状可分为立式圆柱形、卧式圆柱形和球形。这种储气罐没有活动部件，其结构比较简单。

（二）地下储气库储气

由储气罐构成的储气站，储气量小、调节能力差，一般只能调节用气量在一天中不同时间内的不均衡。对于用气量在一年中不同季节内的用气量不均衡，可通过改变油气田的产气量、建造大型储气库来解决。

1. 地下储气库的类型

地下储气库的类型很多。根据其作用的不同，可将地下储气库分为现场储气库和市场储气库两类。其中现场储气库多建于产气区或接近输气干线的首站，主要起补充气源，使管道在平稳量下运行的作用；市场储气库通常建在天然气消费城市附近，用于城市季节用气不平衡的调峰。

按照建库的地质条件或地层特点不同，可将地下储气库分为多孔介质储气库和洞穴储气库两类。多孔介质储气库是利用砂岩晶体及多孔碳酸盐之间的天然孔隙储存天然气，如建在枯竭的油田、气田、凝析气田和含水层的储气库。洞穴储气库是利用地下岩层等建造的储气库。

2. 地下储气库的构成

地下储气库主要由地下储气层、与地面集输管线系统相连的注采井、压缩机站和脱水站、与上游气源和下游城市用气相连接的输气干线、观察井、分离器、加臭设施、压力调节及计量设施等部分构成。

地下储气库内的气体主要由气垫气、工作气、未动用气三部分组成。气垫气也称基本气、垫底气或缓冲气，其作用是使储气库保持一定的压力，保证调峰季节储气层能够提供所需的供气量；同时，也可减缓库内水的推进，提高产量，降低压缩机站的功率。工作气也称顶部气、循环气或有效气，是随着采注季节的交替而不断注入或采出的气体。多数储气库并不总是在满负荷下运行。根据当地条件和运行压力可以储存额外的天然气，这部分气体即为未动用气。

三、天然气的液化应用

在常温常压下，天然气是以气态的形式存在的。在一个大气压下，冷却至大约－162℃时，天然气由气态转变成液态，称为液化天然气（Liquefied Natural Gas，简称为 LNG）。LNG 无色、无味、无毒且无腐蚀性，其体积约为气态天然气体积的 1/600，重量仅为原重量的 45%左右，是优质的化工原料和工业及民用燃料。

（一）液化天然气的特点

1. 便于运输

天然气液化后的体积与重量都减小了，运输的经济性和可靠性也相应提高。目前，天然气从产地到市场的运输方法有两种：一是通过输气管道将天然气直接送往用户，其输送管径大，设备多，距离长，管理难度大，运行成本高。另一种是先将天然气经过净化处理（除去其中的氧气、二氧化碳、硫化物和水汽等），在－162℃的低温下使其变成液态，成为液化天然气，再用专门的 LNG 槽车、轮船等运输工具将其运往使用地区，在使用地区建设接收终端，将 LNG 重新还原为气态，通过配气管道将天然气送往用户。这种方法使边远、沙漠、海上等油气田天然气的远距离运输成为现实，安全可靠，适应性强，投资少，风险性小。

2. 储存效率高

由于天然气液化后的体积变为原体积的 1/600，其储存成本大幅度降低。据统计，按储存相同的标准气体体积计算，建设液化天然气储存设备的投资仅为建设天然气储存设备投资的 1/80。

3. 可调节用气负荷

城市居民冬季与夏季用气量的不平衡，以天然气为原料的化工厂检修或输气管网出现故障等，都会造成定期或不定期的供气不平衡，建设 LNG 储罐可起到削峰填谷的作用。

4. 可实现能源综合利用

液化天然气生产过程中释放出的冷量可回收利用。例如可将 LNG 汽化时产生的冷量用作冷藏、冷冻、温差发电等。按目前LNG生产的技术水平，可回收利用天然气液化生产过程所耗能量的50%。另外，低温液化还可分离C_2、C_3、C_4、C_5等轻烃类，以及H_2S、H_2等化工原料。

5. 燃料性能好

LNG是优质的车用燃料。与汽油相比，LNG具有辛烷值高、抗爆性好、燃烧完全、排气污染少、发动机寿命长、降低运输成本等优点；与压缩天然气（CNG）相比，具有储存效率高，加一次气行驶路程远，车装钢瓶压力小、重量轻，建站不受供气管网限制等优点。

6. 生产使用安全

LNG的燃点是650℃，比汽油高230多度；爆炸浓度范围为4.7%～15%，比汽油的1%～5%高出2.5～4.7倍；相对密度为0.47左右，比汽油的0.7左右低30%多，与空气相比更轻，稍有泄漏立即飞散，不致引起自燃爆炸。正是由于LNG具有低温、轻质、易蒸发的特性，其使用的安全性较高。

7. 有利于环境保护

现代城市的污染物，大量来自烧煤和车辆排放的尾气。若汽车改烧LNG，其有害物的排放大为减少。据测试，LNG汽车与汽油车相比：CH减少72%，NO_x减少39%，CO减少24%，SO_2减少90%。

（二）天然气液化的工艺流程

天然气液化工艺主要包括天然气的预处理、液化、储存、运输、利用五个环节，其工艺过程如图7-33所示。天然气经过脱水、脱烃、脱酸性气体等净化处理后，通过膨胀制冷工艺，使其在-162℃下变为液体；天然气在液体状态下完成从生产地到使用地的运输，在使用地重新还原为气体后向用户配气。

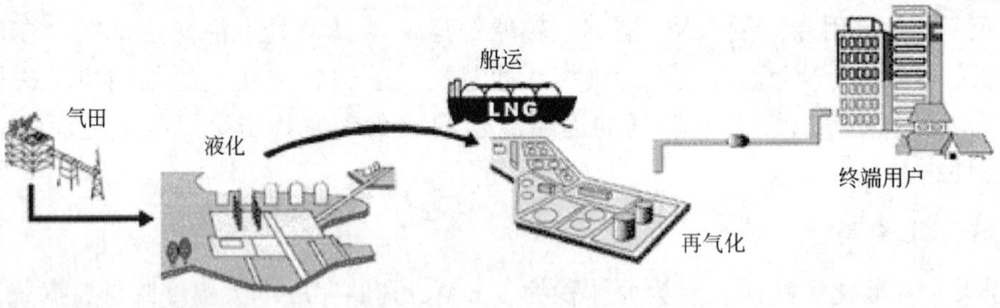

图7-33 LNG工艺过程

在LNG工艺过程中，天然气的液化是关键环节，目前，多采用膨胀制冷液化工艺，如图7-34所示。该工艺利用天然气输送干线管网的剩余压力，先将天然气送至换热器（1）冷却；被冷却后的天然气，大部分进入涡轮膨胀机膨胀制冷，降温后的气体进入换热器(2)；与没有减压的天然气混合换热后，经节流阀节流膨胀，降压液化后进入储罐储存；与此同时，储罐上部蒸发的天然气，由压缩机压缩到输气管网的压力，与涡轮膨胀机出来的天然气混合进入换热器作为冷媒，最后流经换热器送入管网。

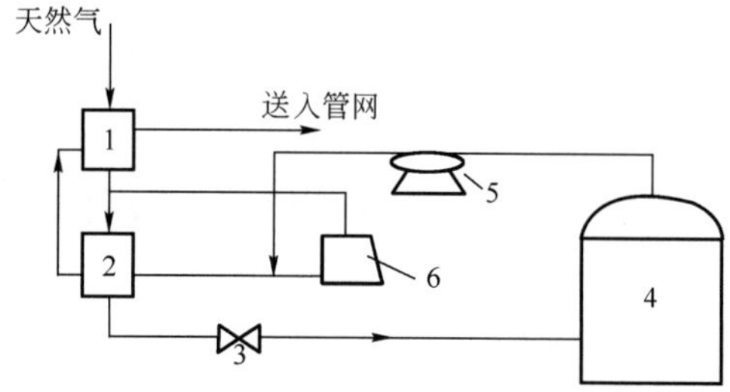

图 7-34　膨胀法制冷工艺流程

1，2—换热器；3—节流阀；4—储罐；5—压缩机；6—涡轮膨胀机

复习思考题

1. 油气储运、油气集输流程是什么？
2. 矿场油气集输流程是如何分类的？
3. 油气分离的目的是什么？
4. 原油脱水的方法有哪些？
5. 油品在管道中流动的过程中，其压降主要包括哪些？
6. 加热输送高凝点、高含蜡、高黏度的“三高”油品的目的是什么？
7. 在输油管道的运行过程中，常用的输量调节方法有哪些？
8. 一个完整的城市配气系统主要由哪几部分组成？
9. 按建库形式和储油能力，储油库各分为哪几类？
10. 储油库有哪些作用？
11. 拱顶罐和浮顶罐的主要区别是什么？
12. 内浮顶罐有何特点？
13. 消防冷却系统的作用是什么？
14. 简述储油库火灾类型及特点。
15. 储油罐泡沫灭火系统是如何分类的？
16. 天然气储存方法有哪些？
17. 储气罐类型有哪些？有何特点？
18. 地下储气库的分类有哪些？
19. 天然气液化的条件是什么？
20. 简述天然气液化工艺。

第八章　石油炼制与石油化工

石油炼制工业是提供能源、有机化工原料和润滑剂的最重要的工业。组成石油的烃类及非烃类化合物的相对分子质量从几十到几千，相应的沸点从常温到500℃以上，其分子结构也多种多样。因此，石油不能直接作为产品使用，必须经过各种加工过程，炼制成在质量上符合使用要求的多种石油产品。

从地下开采出来的石油（或称原油）中提取各种燃料油、润滑油、石蜡、沥青等产品的生产过程叫石油炼制，俗称“炼油”。通常把原油加工成各种产品的方法叫炼油工艺。炼油工艺有数十种，普遍采用的有常减压蒸馏、催化裂化、催化重整、催化加氢、焦化等。

第一节　石油产品的分类与质量要求

一、石油产品的分类

通常，石油产品并不包括以石油为原料合成的各种石油化工产品。按GB/T 498—2014《石油产品及润滑剂　分类方法和类别的确定》，我国现将石油产品分为6大类。

（1）燃料：包括汽油、柴油、喷气燃料（航空煤油）、灯用煤油、燃料油等。我国的石油产品中燃料约占80%，而其中约60%用于各种发动机燃料。

（2）润滑剂：包括润滑油和润滑脂，产量约占石油产品总量的2%，主要用于减少接触机件之间的摩擦和防止磨损，以降低能耗和延长设备寿命。

（3）石油沥青：用于道路、建筑及防水等，其产量约占石油产品总量的3%。

（4）石油蜡：石油蜡是石油中的固态烃类，其产量约占石油产品总量的1%，作为轻工、化工和食品等工业部门的原料。

（5）石油焦：其产量约为石油产品总量的2%，石油焦可用以制作炼铝和炼钢用的电极等。

（6）溶剂和化工原料：大约有10%的石油产品用作石油化工原料和溶剂，其中包括制取乙烯的原料（轻油），以及石油芳烃和各种溶剂油。

二、石油产品的质量要求

（一）汽油

汽油可用作点燃式发动机（简称汽油机）的燃料。对汽油的主要使用要求有：具有足够的蒸发性以形成可燃混合气；燃烧平稳，不产生爆震现象；储存安定性好，生成胶质的倾向小；对发动机无腐蚀作用，排出的污染物少。

1. 汽油的蒸发性

当汽油具有良好的蒸发性时，在发动机气缸内，它就能迅速汽化并与空气形成均匀的可燃混合气，进入气缸后燃烧较完全，使发动机能正常运转。如果汽油的蒸发性太差，就不能在气缸中完全汽化，使发动机功率降低，还会造成启动和加速的困难。反之，如果汽油的蒸发性太强，则汽油在导油管中就已汽化而形成气阻现象，最终造成供油不足，气阻现象在夏季更容易发生。

2. 汽油的抗爆性

汽油在发动机中燃烧异常时，会出现机体强烈震动，并发出很响的金属敲击声，导致发动机功率下降，排气管冒黑烟，严重时导致机件的损坏，这种现象称为爆震。爆震对汽油机的危害较大。爆震现象产生的原因主要有两个：一是与燃料性质有关。如果燃料很容易氧化，形成的过氧化物不易分解，自燃点低，就很容易产生爆震。二是与发动机工作条件有关。如果发动机的压缩比过大，气缸壁温度过高，或操作不当，都易引起爆震现象。衡量燃料是否易于发生爆震的性质称为抗爆性。汽油抗爆性用辛烷值表示。辛烷值又分为研究法辛烷值（ROH）和马达法辛烷值（MON），通常使用研究法辛烷值。汽油的辛烷值越高，其抗爆性越好。汽油的辛烷值需在专门的仪器中测定。汽油的抗爆性取决于其化学组成。对于同族烃类，其辛烷值随相对分子质量的增大而降低。当相对分子质量相近时，各族烃类中，正构烷烃的辛烷值最低，环烷烃、烯烃较高，高度分支的异构烷烃和芳香烃（简称芳烃）的辛烷值最高。目前我国车用汽油的主要组分是催化裂化汽油，因其含有较多的芳烃、异构烷烃和烯烃，所以抗爆性较好。

3. 汽油的安定性

汽油的安定性是指汽油抗氧化的能力。安定性不好的汽油，在储存和输送过程中易发生氧化，生成胶质，使汽油的颜色变深，甚至会产生一些胶状物、沉淀物。汽油的安定性差会严重影响发动机的正常工作。例如，在油箱、滤网、汽化器中形成黏稠的胶状物，严重时会影响供油；沉积在进气、排气阀门上会结焦，导致阀门关闭不严等。

影响汽油安全性的最根本原因是它的化学组成。汽油中的烷烃、环烷烃和芳烃在常温下都不易发生氧化反应，而其所含的各种不饱和烃则易发生氧化和叠合等反应，从而生成胶质。所以，汽油中所含有的不饱和烃是导致其安定性差的主要原因。

除不饱和烃外，汽油中的硫酚和硫醇等含硫化合物、含氮化合物，也能促进胶质的生成，使汽油在与空气接触中颜色变深，甚至生成胶状物。

直馏汽油馏分不含不饱和烃，所以它的安定性很好；而二次加工得到的汽油馏分（如催化裂化汽油等）由于含有大量不饱和烃以及其他非烃类化合物，导致其安定性较差。

汽油的变质除与其化学组成有关外，还和许多外界条件有关，例如温度、金属表面的作用、与空气接触面积的大小等。温度升高，汽油的氧化速度加快，生成胶质的倾向增大；汽油在金属表面的作用下，不仅颜色易变深，而且生成胶质的速度也加快；燃料与空气的接触面积越大，氧化的倾向自然也越大。

鉴于温度、光照以及与空气的接触状况均对汽油的安定性有明显的影响，因此在储存汽油时应采取避光、降温及减小与空气的接触面积等措施。

4. 汽油的腐蚀性

汽油中会对金属产生腐蚀的物质主要有硫及含硫化合物、有机酸和水溶性酸或碱等。为此汽油在使用和储运过程中，要控制汽油及其燃烧产物对接触金属的腐蚀性。

5. 汽油的品种和牌号

我国汽油现按组成和用途不同分为车用汽油、车用乙醇汽油和航空汽油三种，各种汽油均按辛烷值划分牌号。

车用汽油（国Ⅲ）和车用汽油（国Ⅳ）按研究法辛烷值分为 90 号、93 号和 97 号三个牌号，车用汽油（国Ⅴ）按研究法辛烷值分为 89 号、92 号、95 号和 98 号四个牌号。车用乙醇汽油按研究法辛烷值分为 90 号、93 号和 97 号三个牌号。航空汽油按马达法辛烷值分为 75 号、95 号和 100 号三个牌号。

（二）柴油

柴油可用作压燃式发动机（简称柴油机）的燃料。我国的柴油产品分为轻柴油和重柴油。轻柴油适用于高速柴油机，重柴油适用于中、低速柴油机。本节主要介绍轻柴油，其使用要求主要有：具有良好的雾化性、蒸发性和燃烧性；良好的流动性，保证燃料供给系统在低温下能正常供油；良好的储存安定性和热安定性；对机件无腐蚀和磨损作用，不含机械杂质。

1. 柴油的燃烧性、蒸发性

柴油的燃烧性好是指喷入燃烧室内与高温空气形成均匀的可燃混合气之后，能在较短的时间内发火自燃并正常地完全燃烧。柴油在柴油机工作中也会发生类似汽油机的爆震现象，但产生爆震的原因与汽油机不同。汽油机的爆震是由于燃料太容易氧化，自燃点太低；而柴油机的爆震是由于燃料不易氧化，自燃点太高。因此，汽油机要求自燃点高的燃料，而柴油机要求自燃点低的燃料。柴油的抗爆性用十六烷值表示。我国相关标准中规定普通柴油的十六烷值一般不低于 45。

柴油在柴油机气缸中发火和燃烧都是在气态下进行的，因此必须先汽化并与空气形成可燃混合气后，柴油机才能启动和正常工作。所以柴油的滞燃期不单是取决于其十六烷值，同时还受其蒸发性的影响。柴油蒸发速度的快慢，由燃烧室内空气温度的高低和柴油馏分的组成所决定。温度越高，轻馏分越多，则蒸发速度越快。柴油机的转速越快，它的每一工作循环的时间越短，要求柴油的蒸发速度越快，所用的馏分也就应越轻。如柴油的馏分过重，则蒸发速度太慢，从而使燃烧不完全，导致功率下降、油耗增大以及润滑油被稀释而加重磨损。若柴油的馏分过轻，则由于蒸发速度太快而使发动机气缸压力急剧上升，从而导致柴油机的工作波动很大。

2. 柴油的流动性

柴油的黏度过小时，易从高压油泵的柱塞和泵筒之间的间隙中漏出，因而会使喷入气缸的燃料减少，造成发动机功率下降。同时，柴油的黏度越小，雾化后液滴直径就越小，喷出的油流的射程也越短，不能与气缸中全部空气均匀混合，因而会造成燃烧不完全。柴油的黏度过大，易造成供油困难，同时，喷出的油滴的直径过大，油流的射程过长，使油滴的有效蒸发面积减小，蒸发速度减慢，这样也会使混合气组成不均匀、燃烧不完全。

柴油的低温流动性不仅关系到柴油机燃料供给系统在低温下能否正常供油，而且与柴油在低温下的储存、运输等作业能否正常进行有密切的联系。柴油的低温流动性与其化学组成有关，其中正构烷烃的含量越高，则低温流动性越差。我国评定柴油低温流动性能的指标为凝点（或倾点）和冷滤点。

3. 柴油的安定性、腐蚀性和洁净度

柴油的安定性一般是用总不溶物和10%蒸余物残炭来评定的。安定性差的柴油在储存中颜色易变深，甚至产生沉淀，严重时会造成喷油嘴和滤清器堵塞等，并导致气缸中沉积物增加、磨损加重。柴油的安定性取决于其化学组成。二烯烃、多环芳烃和含硫、含氮化合物都是不安定组分，能使发动机中沉积物显著增加。因此，必须通过各种精制方法除去这些有害化合物。

柴油中含硫化合物对发动机的工作寿命影响很大，其中活性含硫化合物（如硫醇等）对金属有腐蚀作用。含硫化合物在气缸内燃烧后生成的 SO_2 和 SO_3，不仅会严重腐蚀高温区的零部件，而且还会与气缸壁上的润滑油起反应，加速形成漆膜和积炭。同时，柴油机排出尾气中的氧化硫还会污染环境。因此，为了保护环境及降低发动机腐蚀，GB 252—2011《普通柴油》中规定柴油的含硫量不大于0.035%。随着环保要求的提高，柴油的含硫量指标还会进一步降低。

为防止腐蚀，在技术要求中还要求柴油中不含有水溶性酸或碱，并对其酸度进行限定。

精制柴油在储存、运输等过程中有可能混入水分和机械杂质。柴油中如有较多的水分，在燃烧时会降低柴油的发热值，在低温下会结冰，使柴油机的燃料供给系统堵塞。而机械杂质的存在除了会引起油路堵塞外，还可能加剧喷油泵和喷油器中精密零件的磨损。因此，在轻柴油的质量标准中规定水分含量不大于痕迹（0.03%），并不允许存在机械杂质。

4. 柴油牌号

我国普通柴油按凝点可划分为10号、5号、0号、−10号、−20号、−35号和−50号七个牌号；车用柴油按凝点可划分为5号、0号、−10号、−20号、−35号和−50号六个牌号。如−10号表示该牌号柴油凝点不高于−10℃。

残渣型柴油机燃料按100℃的运动黏度划分为F−RMA10、F−RMB10、F−RMC10、F−RMD15、F−RME25、F−RMF25、F−RMG35、F−RMH35、F−RMK35、F−RMH45、F−RMK45、F−RML45、F−RMH55、F−RMK55、F−RML55等牌号。例如F−RMA10是指该油品在100℃时的运动黏度不大于10.0mm^2/s。

（三）润滑油

用于机械设备的润滑材料很多，但应用较广的是从石油中得到的润滑油和润滑脂，其中以润滑油用量最大。

润滑油的主要作用是：减少机械设备在运转时的摩擦阻力；带走摩擦时产生的热量，冲洗设备磨损的金属碎屑；隔绝腐蚀性的物质，保护设备金属表面。

润滑油对不同机械设备有不同的质量要求，其品种多种多样，如汽油机油、柴油机油、压缩机油、冷冻机油、气缸油、齿轮油、液压油、机械油、电器用油等。用户根据实际需要选择合适的润滑油。

虽然各种润滑油的性能要求因使用条件不同而异，但它们有着共同点：

（1）合适的黏度，良好的黏温性质。黏温性质是指油黏度随温度变化的性质。黏度随温度变化越小，黏温性质越好。例如汽油机油，低温时油品若变得太稠，发动机难以启动；高温时油品若太稀，则不能形成油膜，难以起到润滑与密封作用。因此，要求润滑油在低温时不变稠，高温时不变稀。

（2）高的抗氧化安定性。润滑油若使用时间过长，各种金属的催化作用会加速润滑油氧化，产生酸性物质和沉积物，从而加速机件或轴承的腐蚀，使发动机的活塞环黏结，堵塞滤清器或油管。绝缘油氧化后，导电性增加。

（3）低的凝点和残炭。凝点高的润滑油，在低温下会有结晶析出，影响油品的流动性。残炭是指一定量润滑油在隔绝空气的情况下，加热到高温进行蒸发和分解，生成焦炭的质量百分比。残炭与油品中的胶质、沥青质含量有关。残炭值高，表明润滑油在高温下使用易生成胶膜或炭渣，造成设备磨损，密封性变差。

润滑油的性质与其组成有关。少环、长侧链烃类化合物组成的润滑油，具有较高的黏度和良好的黏温性质，同时，还有较高的抗氧化性。反之，多环、短侧链组分润滑油，黏温性差。润滑油中含蜡量高时，凝点就高，低温流动性差；胶质、沥青质高时，残炭值高；含硫化物和酸性组分时，腐蚀性强。在润滑油生产时，应去除掉这些有害组分。

第二节　原油蒸馏

一、原油蒸馏原理

原油炼制的基本途径是将原油分割为几个不同沸点范围的馏分，然后按照石油产品的使用要求，分离除去这些馏分中的有害组分，或是经过化学反应转化成所需要的组分，从而获得合格的石油产品。原油的分割和石油馏分在加工过程中的分离常常采用蒸馏的手段。原油常减压蒸馏是原油加工中的第一道工序，常减压蒸馏装置是炼油厂的龙头装置。

（一）精馏

蒸馏是按原油中所含组分的沸点（挥发度）不同，加热原油使其汽化冷凝，将其分割为几个不同的沸点范围（即馏分）的方法。由于原油成分十分复杂，沸点相近，采用一次汽化和一次冷凝的蒸馏方法，分离效果差，因此在炼油厂采用多次汽化、多次冷凝的复杂的蒸馏过程，称为精馏。精馏按操作方式分为连续和间歇式两种。

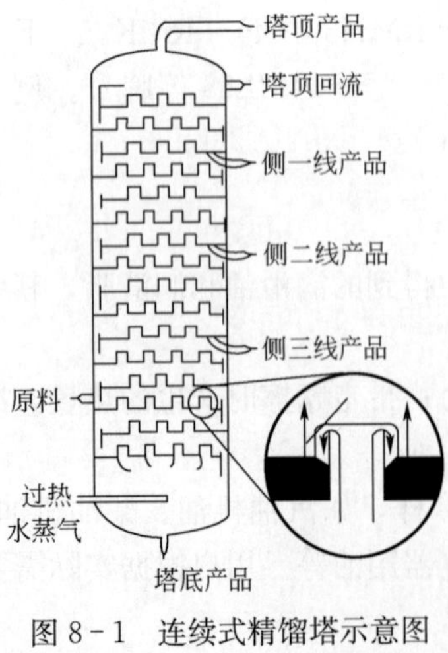

图 8-1　连续式精馏塔示意图

间歇式精馏装置类似于蒸馏水装置。蒸气不断被引出并经冷凝冷却后收集起来，可以分出汽油、煤油、柴油、润滑油和重油。但这种装置分离效果差，生产效率低，仅适用于小规模生产和实验室。

连续精馏是采用连续式精馏塔（见图 8-1）。精馏塔内装有提供气、液相接触的塔板（或填料），塔板上有许多塔帽，塔板（或填料）是进行精馏的主要场所。

按照塔内各部分的作用不同，全塔分为两段：进料段以上是精馏段，进料段以下是提馏段。原油经加热炉加热到 360℃左右，此时原油中低沸点组分（如汽油、柴油等）已经汽化，其余的高沸点组分（如裂化原料、润滑油原料等）不能汽化，仍呈现液态。这种油气和未汽化的油混合物一起经转油线进入精馏塔的进料段后，气、液两相迅速分开，油气通过塔板上升到精馏段，未汽化的油经塔板孔下降到提馏段。这样的一次汽化分离效果差。一方面，油气中夹着一些高沸点组分，而未汽化的油中也夹带一些低沸点的轻组分；另一方面，油气和未汽化的油沸点范围很宽，需切割为几个馏分来利用。因此为了达到精确分离，塔顶蒸出的油气（轻组分）经冷凝后，一部分作为塔顶产品，另一部分作为塔顶回流。由于原油蒸馏的常压塔不设再沸器，是一个不完全塔，故进料段以下并非是严格的提馏段。塔底通入过热水蒸气，使塔底油中夹带的轻组分汽化，上升到精馏段。在这种情况下，塔顶流下来的塔顶回流冷液体沿塔板下流，塔底上升的油气进入塔板，热油气和冷液体在塔板相遇，发生传质传热，油气温度下降，油气中夹带的一部分高沸点组分沿塔板下流。而冷液体由于温度上升，其组成也发生变化，其中一部分低沸点组分汽化后，沿塔板继续上升。因此，整个精馏段建立了两个梯度：一是温度梯度，即从进料段到塔顶温度逐级降低。二是浓度梯度，即从进料段到塔顶，气、液相物流的轻组分浓度逐级增大。塔顶温度最低，经引出冷凝后，是最轻的汽油馏分或者重整原料，在精馏塔塔侧适当位置上抽出几个侧线产品（煤油、轻柴油、重柴油等）。

石油精馏塔除采用塔顶回流外，还采用中段循环回流。这种方法是在精馏塔塔侧中部引出一部分热油或侧线部分，经冷却后返回到塔内，其抽出口在入塔口之下。这种方法的优点在于将塔内多余的热量从塔中部取走一部分，从而减少塔顶取走的热量，使塔顶回流量减少，减少塔顶第一、第二块塔板之间的气、液相负荷，提高原油处理量。目前，国内外大、中型石油精馏塔几乎都采用中段循环回流。

（二）常减压蒸馏

精馏按操作压力大小分为常压、加压和减压精馏。常压精馏是指精馏塔内压力接近大气压下进行的精馏；对于常压下为气态的混合物分离，需采用塔内加压，提高沸点进行精馏，即加压精馏；但对于沸点较高，且又是热敏性的混合物分离需采用塔内减压，降低沸点即减压精馏。

原油在常压塔里进行精馏时，从塔顶馏出汽油馏分或重整原料油，从塔侧引出煤油、轻柴油和重柴油等侧线部分，这些馏分沸点低于 365℃，常压下即可蒸出。但塔底产物（常称“常压重油”）是沸点高于 360℃的重组分，其中含有润滑油原料和催化裂化原料，在常温下分离它们必须继续加热。但高温会使重油中胶质、沥青质等不稳定组分发生严重降解、缩合等化学反应，使馏出的油品变质，同时也会加剧设备内结焦而缩短生产周期。因此石油工业常采用常减压蒸馏，即常压塔内限制温度在 360℃左右，精馏出原油中低沸点馏分；再将沸点高、在高温下易变质的常压重油在减压塔内进行减压蒸馏。减压时，采用蒸汽喷射泵抽真空，使塔内残压约保持在 3.0kPa 左右或更低，温度限制在 390℃以下。减压蒸馏时，塔顶逸出的主要是减顶油气、水蒸气及少量的裂化气，从减压塔侧抽出几个侧线原料（减压一线、减压二线、减压三线），可作为润滑油原料或裂化原料；减压塔底是沸点很高（>550℃）的减压渣油，它主要由胶质、沥青质组成，用作锅炉燃料、焦化原料，也可进一步加工成高黏度润滑油、沥青或重燃料油。

（三）水蒸气汽提

水蒸气汽提是指在精馏塔底吹入过热水蒸气，从而降低塔内的油气分压，使混入产品中的较轻馏分汽化而返回塔内，因而汽提和减压有同样的作用。汽提设备简单，操作方便，但要耗用大量高温水蒸气，且水蒸气随塔顶油气一起馏出，增加了塔顶冷凝器的负荷。

水蒸气汽提在常减压蒸馏中，常压塔塔底、常压塔侧线以及减压塔塔底、减压塔侧线等都有使用。

原油常压塔汽化段中未汽化的油流向塔底，这部分油中含有一部分低于350℃的轻馏分，常压塔底一般不设再沸器，而是在常压塔底通过热水蒸气，使其中的轻馏分汽化后返回到精馏段，保证排出的重油中不含轻馏分。因此原油常压塔是个不完全塔，只有精馏段，没有严格的提馏段，进料板以下可称为汽提段。侧线产品（煤油、轻柴油、重柴油）之间只有精馏段而没有提馏段，侧线产品中必然含有一定量的轻组分，也会影响侧线产品的质量。因此，在常压塔外，为三个侧线产品设汽提塔。三个汽提塔重叠起来，但相互之间又是隔开的，只需向塔底通入过热水蒸气，使混入侧线产品中的较轻馏分能返回到常压塔的精馏段，见图8-2。

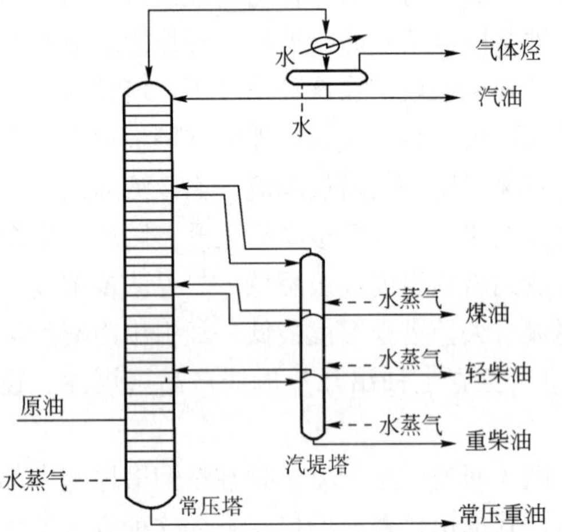

图8-2　原油常压塔

原油减压塔常采用减压和塔底通入水蒸气汽提"双管齐下"的方法，蒸馏重质油品效果较好。采用塔底水蒸气汽提可减少塔底排出的减压渣油中轻馏分的含量。

二、原油蒸馏流程

一个完整的原油蒸馏过程，除了精馏塔外，还配置了加热炉、换热器、冷凝器、冷却器、机泵等设备。这些设备按一定的关系用工艺管线连接起来，同时还配有自动检测和控制仪表，组成了一个有机的整体，这就形成了原油蒸馏装置的工艺流程。

图8-3是典型的原油常减压蒸馏原理流程图，主要由加热炉（常压炉、减压炉）、常压塔和减压塔三部分组成。其工艺过程为：

（1）原油换热。原油经原油泵加压后，在换热器内换热至130℃进入脱盐罐，在破乳剂、注水、电场的作用下脱去携带的水分和部分盐类；经脱盐、脱水的原油继续与各种馏分在换热器内换热，原油被加热到230℃进入初馏塔。在初馏塔塔顶蒸出一部分初顶汽油馏分，初馏塔塔底油经初底泵抽出后继续换热至270～300℃进入常压炉，加热至约360℃进入常压塔。

（2）常压蒸馏。原油经加热送入常压塔后，在塔顶分出汽油馏分或重整原料油，经换热、冷凝，冷却到30～40℃，一部分作塔顶回流，一部分作汽油产品流出装置。常压塔设有三个侧线，分别进入三个汽提段构成一个汽提塔，汽提出煤油、轻柴油和重柴油等馏分。

（3）减压蒸馏。用常底泵将常压塔底抽出常压重油（约358℃）通到减压加热炉加热到约390℃，进入减压塔，真空泵抽至塔内压力为3.0kPa左右或更低。减压塔顶不出产品，塔顶管线是供抽真空设备抽出不凝气之用。从减压塔侧抽出的几个侧线原料（减压一线、减压二线、减压三线等）和减压塔底抽出沸点很高（>550℃）的减压渣油，可进行二次加工。

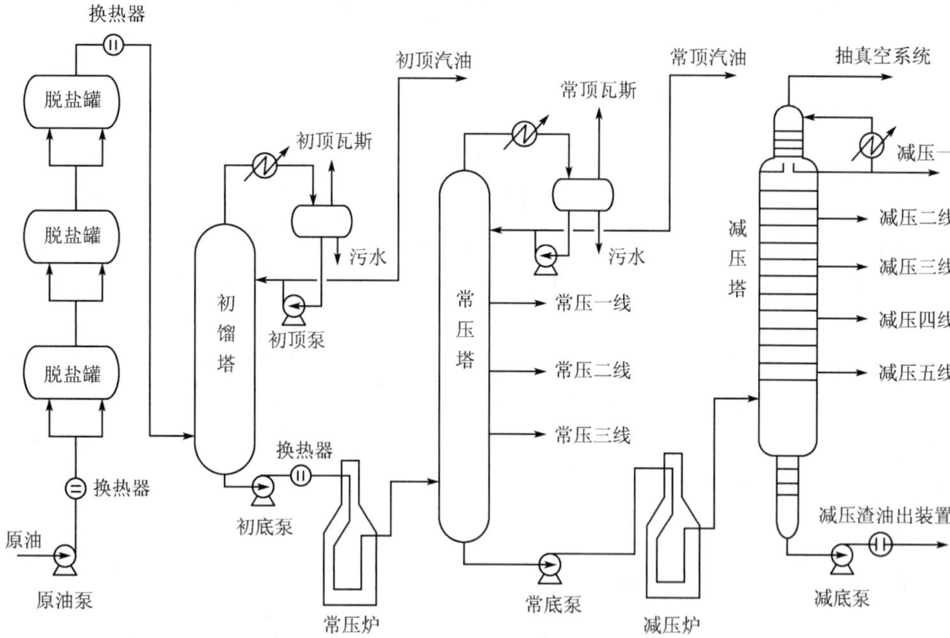

图 8-3　典型的原油常减压蒸馏原理流程图

第三节　燃料油生产工艺

原油经常减压蒸馏（一次加工）可得到约 40%的轻质油品，其余是重质馏分和渣油。如果不经过二次加工，重质馏分和渣油只能作润滑油基础油原料和重质燃料油。目前国内原油中直馏轻质燃料油不能满足市场的需求，因此，如何将重质馏分甚至渣油经化学方法转化成轻质燃料是燃料生产的一个重要课题。此外，一次加工（直馏）汽油辛烷值低（一般在 40～60），直接在汽车发动机中使用，会出现爆震现象，易损坏汽车发动机的零件，减少使用寿命，所以直馏汽油也需要二次加工，以提高其质量。

二次加工工艺很多，如催化裂化、催化重整、催化加氢、焦化、减黏裂化、烷基化等。本节只介绍目前炼油厂广泛采用的催化裂化和催化重整工艺。

一、催化裂化

（一）催化裂化原理

所谓催化裂化，是指在裂解反应时采用了催化剂的裂化工艺。催化裂化一般使用重质燃料油（如减压馏分油、焦化蜡油等）为原料。反应产物一般气体约 10%～20%；汽油产率约 30%～60%；柴油产率约 20%～40%；焦炭产率约 5%～7%。常压塔底重油和减压塔底渣油中含有较多的胶质、沥青质，在催化裂化时易生成焦炭，同时含有 Fe、Ni 等重金属，易使催化剂污染，降低其活性。若作裂化原料，必须解决重金属污染及焦炭生成较多的问题。

催化裂化时，原料油是在500℃左右及0.2～0.4MPa进行。在催化裂化条件下，烃类进行的反应不只是裂化一种反应，不但有大分子裂化成为小分子，而且也有小分子缩合成大分子的反应（甚至缩合成焦炭）。与此同时，还进行异构化、芳烃化、氢转移等反应。在这些反应中，裂化反应是最主要的反应。

（二）催化裂化的工业型式

催化裂化是原料油在催化剂的作用下进行的，一方面通过裂解等反应生成较小分子的产物——气体、汽油、柴油等；另一方面缩合成焦炭。这些焦炭沉积在催化剂表面使催化剂活性降低，因此必须烧去催化剂表面上积累的焦炭（积炭）来恢复催化剂的活性，这个用空气烧焦的过程称为催化剂的再生。一个催化裂化装置中，催化剂不断地进行反应和再生是催化裂化工艺的一个特点。

裂化反应是吸热反应，再生反应是放热反应。为了维持一定温度条件，必须解决周期性地进行反应和再生、供热和取热的问题，即在反应时向装置供热，再生时从装置内取走热量。解决反应和再生这一对矛盾的基本方式不同，工业催化裂化装置分为固定床、流化床、移动床和提升管四种型式，见图8-4。

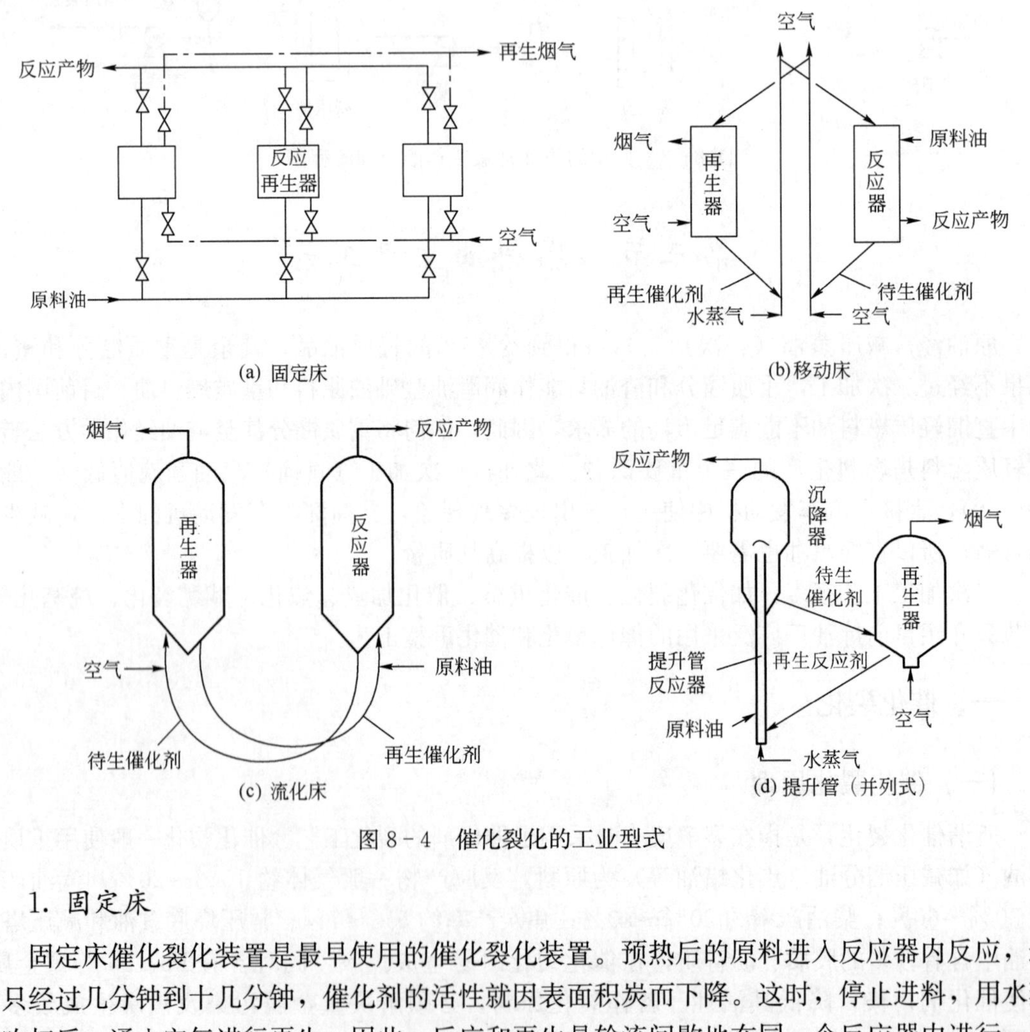

图8-4　催化裂化的工业型式

1. 固定床

固定床催化裂化装置是最早使用的催化裂化装置。预热后的原料进入反应器内反应，通常只经过几分钟到十几分钟，催化剂的活性就因表面积炭而下降。这时，停止进料，用水蒸气吹扫后，通入空气进行再生。因此，反应和再生是轮流间歇地在同一个反应器内进行。为了使生产连续化，可以将几个反应器组成一组，轮流地进行反应和再生。固定床催化裂化的设备结构复杂，消耗钢材多，生产连续性较差，因此，在工业生产中早已淘汰。

2. 移动床

移动床与固定床不同，移动床的裂化反应和再生反应分别在反应器和再生器中进行。反应器靠催化剂循环供给热量，不设加热器；再生器内催化剂循环带走一部分热量，但再生反应器热量大，仍需要安装一些合金钢管，通过高压水来产生高压蒸汽，取走过剩热量。移动床由于设备结构复杂、钢材消耗多的问题，目前已淘汰。

3. 流化床

流化床催化裂化与移动床类似，反应和再生分别在反应器和再生器进行，不同的是催化剂做成 20～100μm 的微球，使催化剂与油气或空气形成与沸腾的液体相似的流化状态。这种流化状态，使两器内温度分布均匀，催化剂循环量大，可携带的热量多，不必设置供热或取热设施，因此设备结构简单，操作方便；原料油气与催化剂充分接触，加速反应的进行，提高了设备的处理能力，适合于连续性生产。

4. 提升管

20 世纪 60 年代出现了一种分子筛催化剂，它的催化活性高，裂化反应在很短的时间内（几秒钟）反应完毕，必须迅速将反应物与催化剂分离，否则会引起二次反应，生成较多的气体和焦炭，降低轻质油收率，因此，流化床反应器不能充分发挥分子筛催化剂的长处，促使了流化床的改进，发展了提升管反应器。

提升管反应器是一根直立圆管（即提升管），原料油与催化剂从底部进入提升管反应器，以高速同时向上流动，经过几秒钟的反应后，由顶部离开反应器，然后反应产物与催化剂分离。提升管法大大减少了二次反应，提高了轻质油的收率。

（三）催化裂化工艺流程

图 8-5 是高低并列式提升管催化裂化装置的工艺流程。它由三部分组成：反应—再生系统、分馏系统和吸收—稳定系统。

1. 反应—再生系统

新鲜原料油经换热后与回炼油进行混合，经加热炉加热到 200～400℃后至提升管反应器下部的喷嘴。原料油用蒸汽雾化并喷入提升管内，与来自再生器的高温催化剂（约 600～750℃）接触，油雾迅速汽化并进行反应，反应产物携带着催化剂上升，在反应器内呈流化状态。油气在反应器内停留时间很短（1～4s），减少了二次反应。反应产物油气夹带的催化剂经沉降器后，由于沉降器直径增大，使油气流速下降，其夹带的催化剂散落下来，油气再经旋风分离器分离出夹带的催化剂，离开反应器去分馏塔。

带有积炭的催化剂（待生催化剂）由沉降器落入汽提段。汽提段内装有几层人字形挡板，在其底部能通入过热水蒸气，将待生催化剂上的油气置换而返回上部，催化剂经汽提后由待生斜管进入再生器。

再生器的主要作用是用空气烧去催化剂上的积炭，即恢复其活性。空气由主风机供给。再生过程也是在流化状态进下行，再生后的催化剂（再生催化剂）经再生斜管送回反应器循环使用。

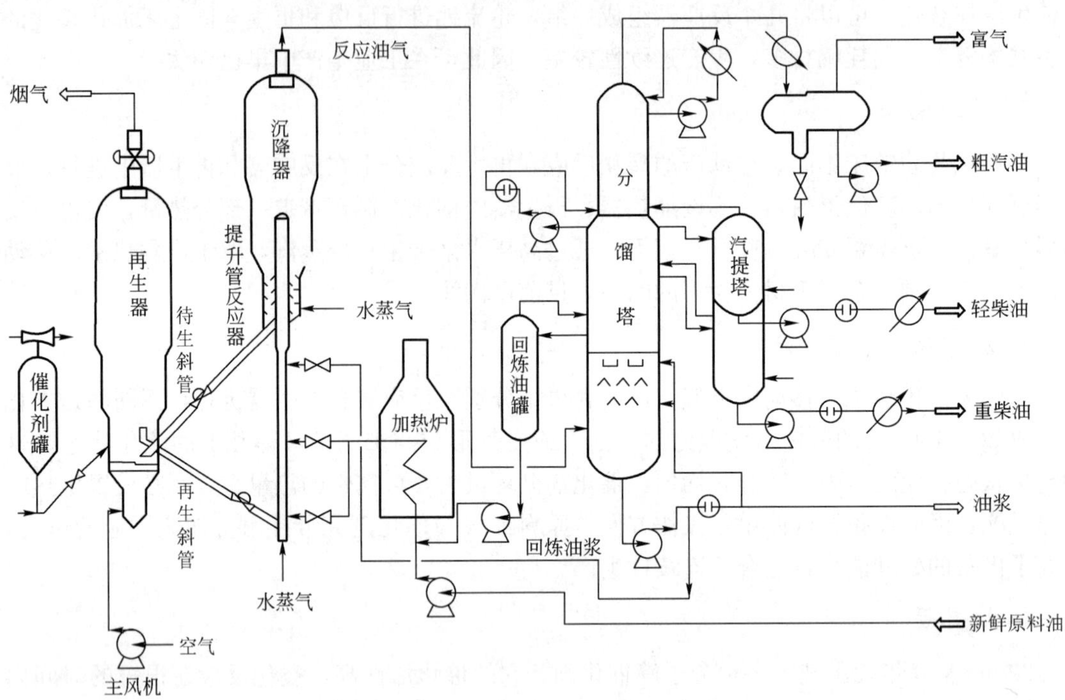

图 8-5　催化裂化工艺流程图

再生产生的烟气经旋风分离器分离出夹带的催化剂后，进入烟气能量回收系统，充分利用烟气的热能和压力能做功。对于一些不完全再生的装置再生烟气中含有 5%～10%的 CO，有时设有 CO 锅炉，利用再生烟气来产生水蒸气以回收能量。

催化剂在反应和再生过程中会有损失或减少，需定期向反应器内补充或置换一定量的催化剂。为此，装置内至少应设 2 个催化剂储罐，供装卸催化剂使用。

2. 分馏系统

由反应器来的反应油气进入分馏塔的底部，在分馏塔分馏为几个产品：塔顶为富气（裂解气）及粗汽油，侧线有轻柴油、重柴油和回炼油，塔底产品是油浆。轻柴油与重柴油分别经汽提后，再经换热冷却后出装置。回炼油进入回炼油罐后进入反应器中，再次裂化。塔底的油浆有催化剂粉末（>2g/L），为了减少催化剂损失和提高轻质油收率，将部分油浆送回反应器再次裂化，部分冷却后用于分馏塔下部进行循环，将进入分馏塔过热油气（460℃以上）冷却到饱和状态，以避免催化剂粉末堵塞塔盘和便于分馏。裂化富气及粗汽油送往吸收—稳定系统。

典型的催化裂化分馏塔有 4 个循环回流取走塔内剩余热量：1 个顶循环回流，2 个中段循环回流，1 个油浆循环回流。后 3 个回流取热比例大（80%），引起塔的下部负荷大，上部负荷小。因此分馏塔一般缩径。

3. 吸收—稳定系统

从分馏塔顶油气分离器分离出的富气中带有汽油组分，而粗汽油中则溶解有气态烃。吸收—稳定系统的作用就是利用吸收和精馏的方法将富气分离为干气（C_2 以下组分）和液化气（C_3、C_4）以及将粗汽油中混入的少量气体分出，生产蒸气压合格的稳定汽油。

二、催化重整

催化重整是以汽油馏分（直馏汽油、焦化汽油等）为原料，在催化剂（过去是用铂，20世纪60年代后出现铂铼双金属或其他金属催化剂）作用下，对原料油的分子结构加以重新“调整”的工艺过程。催化重整可以生产高辛烷值的重整汽油，作为优质发动机燃料；还可生产芳烃（苯、甲苯、二甲苯），作为重要的化工原料；同时副产纯度很高的氢气（75%～95%），是炼油厂获得廉价氢气的重要来源。因此，催化重整与催化裂化工艺同样重要。

（一）催化重整的基本原理

在催化重整过程中，原料发生的化学反应主要有以下五种：六元环烷烃的脱氢反应、五元环烷烃的异构脱氢反应、烷烃的环化脱氢反应、异构化反应、加氢裂化反应。重整反应中有大量 H_2 存在，当大分子烃裂解为小分子烯烃时，烯烃加氢变为饱和烃，使产物安定性好。重整也会在催化剂表面生成焦炭，但与催化裂化相比较，重整催化剂促进加氢反应，抑制生焦。一般铂催化剂使用一年再烧焦再生，而铂铼或多金属催化剂可用2～3年再烧焦再生。

（二）催化重整工艺流程

生产的产品不同时，采用的工艺流程也不尽相同。当以生产高辛烷值汽油为主要目的时，催化重整工艺流程主要包括原料预处理和重整反应两大部分。而当以生产轻芳烃为主要目的时，则工艺流程中还应设有芳烃分离部分。这部分包括反应产物后加氢以使其中的烯烃饱和、芳烃溶剂抽提、混合芳烃精馏分离等几个单元过程。下面介绍以生产高辛烷值汽油为目的的铂铼重整工艺原理流程，见图8-6。

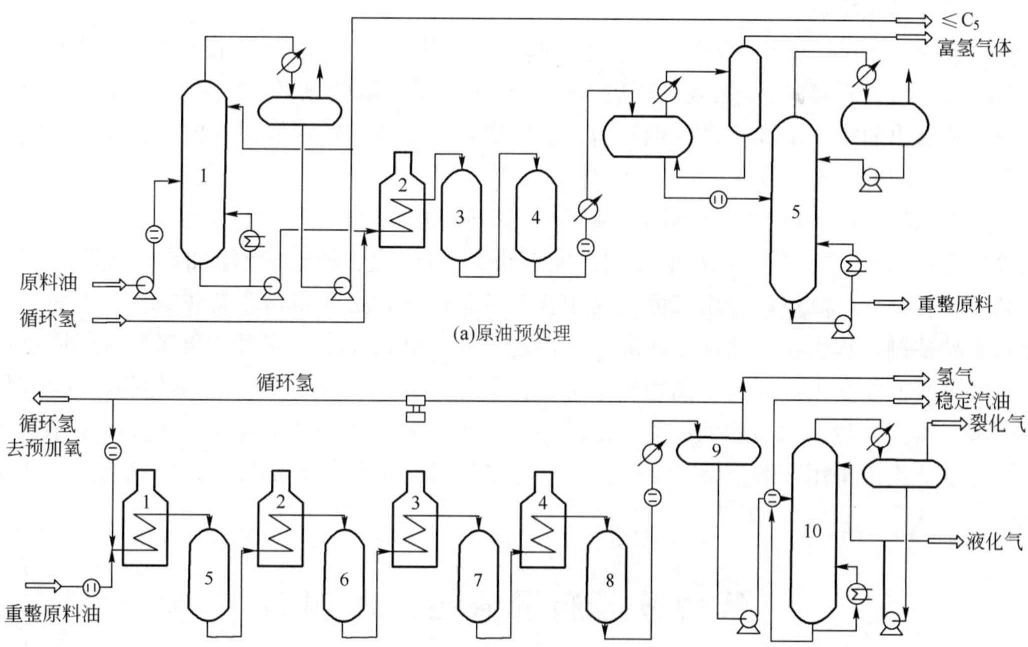

(a)原油预处理

(b)重整反应及分馏

图8-6　催化重整工艺原理流程图

(a)：1—预分馏塔；2—预加氢加热炉；3，4—预加氢反应器；5—脱水塔

(b)：1，2，3，4—加热炉；5，6，7，8—重整反应器；9—高压分离器；10—稳定塔

1. 原料预处理部分

原料预处理包括原料的预分馏、预脱砷、预加氢。其目的是得到馏分范围和杂质含量都合乎要求的重整原料。

(1) 预分馏：直馏汽油馏分（≤180℃馏分）进入预分馏塔，从塔顶切除原料中低于80℃的馏分（≤C_6，因这部分烃类易裂化成非汽油馏分而降低汽油产率），作汽油调和组分或化工原料。塔底得到 80～180℃馏分可作重整原料。

(2) 预加氢：预加氢的目的是除去原料中的砷、铅、铜、铁、氧、硫、氮等催化剂"毒物"，使其含量降至允许范围内，同时可以使烯烃饱和，减少催化剂上积炭。预加氢反应放出 H_2S、NH_3、H_2O 等，以及砷、铅等金属化合物，砷、铅等吸附在加氢催化剂（钼酸镍或钼酸钴）上除去。预加氢反应物经冷却后进入高压分离器，分离出富氢气体后，液体油中溶有少量的 H_2S、NH_3、H_2O 等需除去，因此将液体油送到脱水塔、脱硫器，经处理后，可作为重整反应部分的进料。

有些炼油厂在预加氢单元设置单独的预脱砷反应器，采用吸附法或化学氧化法脱砷。

2. 重整反应及分馏部分

经预处理的原料油与循环氢混合，经加热炉加热后进入重整反应器。重整反应是吸热反应，反应时温度要下降。为了维持反应器较高的反应温度（480～520℃），工业上重整反应器采用了 3～4 个反应器串联，每个反应器前都设有加热炉，加热至每个反应器所需的温度。

在催化重整反应时，反应器应通入大量氢气进行循环，目的是抑制生焦反应，保护催化剂；同时起到热载体作用，减少反应床层温降，提高反应器内的平均温度；此外，可稀释原料使原料分布更均匀。

由最后一个反应器出来的反应产物经换热、冷却后进入高压分离器，分出气体（含氢85%～95%），经循环氢压缩机升压后大部分作重整反应器的循环氢使用，少部分去预处理部分，分离出的重整生成油进入稳定塔。稳定塔是一个分馏塔，塔顶分出液态烃，塔底为蒸气压满足要求的稳定汽油。

从原油经减压、催化裂化等加工过程得到的轻质燃料中，仍含少量杂质（如含硫、氧、氮等化合物），这些杂质对油品的使用性能有很大影响，会使油品色泽加深、气味加浓，使油品具有腐蚀性，燃烧后放出气体，易于变质等，因此，必须将这些杂质除去。因而可通过燃料产品精制过程将半成品加工成商品，满足产品的规格要求。有时，单靠精制仍满足不了产品的某些性能要求，这时可向燃料中加入油品添加剂（如抗爆剂、抗氧化剂、降凝剂等）来改善燃料的质量。油品的调和无一定的规范，由各炼厂实际情况确定。比如，车用汽油的调和，主要组分采用直馏汽油、二次加工所产的汽油，另外加入抗爆剂、抗氧化剂、金属钝化剂等。

第四节　润滑油生产与调和

从石油中生产润滑油的基本原料，主要是原油中的重质油。为了生产不同黏度的润滑油，需将重质油在减压下分馏出轻重不同的几个馏分和渣油。前者叫馏分润滑油，分别用于制取变压器油、机械油等黏度较低的润滑油；后者叫残渣润滑油，用于制取气缸油等高黏度的润滑油。

一、润滑油的生产

润滑油的生产工艺有两种类型：一是传统的“老三套”生产工艺，即溶剂精制、溶剂脱蜡、白土补充精制三种工艺；二是最近发展的润滑油加氢。下面主要介绍润滑油传统“老三套”生产程序。

（一）溶剂精制

润滑油的精制是指从润滑油中除去大部分多环短侧链芳烃和胶质、沥青质，提高润滑油质量的工艺方法。常用的精制方法有酸碱精制、溶剂精制、吸附精制、加氢精制等，我国目前广泛采用的是溶剂精制。

溶剂精制是选用一种溶剂，将润滑油中非理想组分溶解、分离，保留理想组分，然后蒸出溶剂循环使用。

1. 溶剂的选择要求

（1）选择性、溶解能力强。溶剂必须对润滑油原料中非理想组分有较高的溶解度，而对理想组分溶解度要小。当溶剂加入到润滑油原料中后，其中非理想组分迅速溶解在溶剂中，将溶有非理想组分的溶液分出，其余的是润滑油的理想组分。通常，前者叫提取液（抽出液），后者叫提余液（精制液）。因此，精制的过程实质上是溶剂萃取或抽提过程。

（2）密度大。溶剂密度大，从抽提塔上部进入；原料油密度小，从塔下部进入。溶剂和原料油在塔内逆流接触，经过一段时间，溶剂充分溶解了润滑油中非理想组分。由于提取液比提余液密度大，两相有明显界面，从塔顶抽出提余液（理想组分＋少量溶剂），从塔底抽出提取液（非理想组分＋大量溶液）。

（3）沸点低，易回收。提取液中含有90％以上溶剂，提余液也有少量溶剂，必须回收循环使用。因此，要求溶剂沸点低于润滑油沸点。如糠醛的沸点为161.7℃，低于润滑油沸点，当加热到糠醛沸点时，糠醛迅速蒸发出来。

（4）性质稳定，不易受热变质，不与原料发生化学反应。

（5）无毒、无腐蚀、价格低廉等。

目前国内炼油厂使用最广的精制溶剂是糠醛。

2. 溶剂精制的工艺流程

图8－7为糠醛精制的工艺原理流程图。

1）糠醛抽提

原料油经换热器换热后从下部进入抽提塔，糠醛从塔上部进入，两者在塔内进行逆流连续抽提。抽提塔内维持约0.5MPa压力，以便使提余液和提取液自动流入溶剂回收系统，塔顶出提余液，塔底出提取液。

2）溶剂回收

（1）提余液溶剂回收：提余液含溶剂少（约10％），采用蒸馏方法即可回收。提余液经加热炉加热到约220℃进入提余液汽提塔，从塔底抽出脱除溶剂的精制油（提余油）送出装置。塔顶分出的含水糠醛蒸气，经冷凝器冷却后进入糠醛—水分层罐。

（2）提取液的溶剂回收：提取液中含溶剂多（约90％），先采用蒸发的方法蒸去大部分

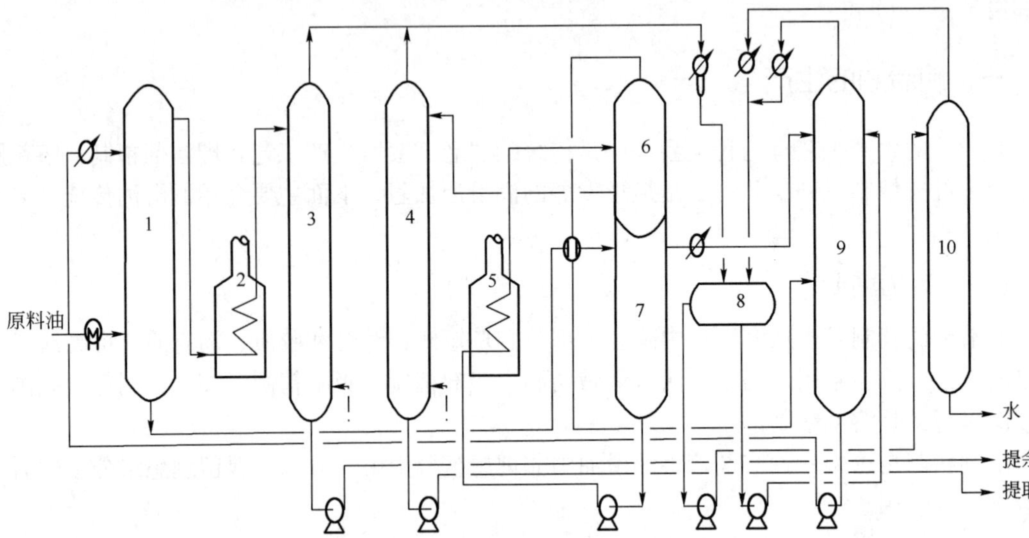

图 8-7　糠醛精制的工艺原理流程图

1—抽提塔；2，5—加热炉；3—提余液汽提塔；4—提取液汽提塔；6—高压蒸发塔；
7—低压蒸发塔；8—糠醛—水分层罐；9—糠醛脱水塔；10—糠醛蒸发塔

溶剂，然后再用水蒸气汽提残存在油中的少量溶剂，可节省燃料，溶剂回收较完全。提取液与高压蒸发塔来的糠醛蒸气换热后，进入低压蒸发塔。提取液经换热后可以蒸出其中30%～40%糠醛。塔顶糠醛蒸气经冷凝后进入糠醛脱水塔。其余的提取液从低压蒸发塔底抽出经加热炉加热，进入高压蒸发塔；塔顶蒸出大部分糠醛蒸气与提取液换热后进入糠醛脱水塔；塔底的提取液经蒸发后，进入提取液汽提塔。提取液汽提塔塔底为脱糠醛的提取油出装置，塔顶为含水糠醛蒸气。从低压蒸发塔、高压蒸发塔塔顶的糠醛蒸气经糠醛脱水塔，脱去含有极少的水分后，循环使用。

(3) 含水溶剂的回收：糠醛与水能形成共沸物，不能用简单蒸馏的方法分离。汽提塔的含水糠醛蒸气从顶部蒸出，经冷凝器冷却后，冷凝液进入分层罐。在室温下分为两层，上层为含少量糠醛的水，下层为含少量水的糠醛（糠醛密度大）。糠醛层经泵打入糠醛脱水塔脱水，由塔顶蒸出的是共沸物，蒸气冷凝后再回到分层罐，塔底为脱水的糠醛可以循环使用。水层进入糠醛蒸发塔，塔顶为共沸物，塔底排出污水，塔顶共沸物冷凝后又回到分层罐。

（二）溶剂脱蜡

脱蜡的目的是降低润滑油的凝点，同时可以副产石蜡。目前工业上采用的脱蜡方法很多，如冷榨脱蜡、吸附脱蜡、尿素脱蜡、细菌脱蜡、溶剂脱蜡等。其中溶剂脱蜡应用最为广泛，能处理多种馏分润滑油和残渣润滑油。

溶剂脱蜡是在润滑油中加入溶剂稀释，使油的黏度降低，然后冷却至低温，蜡结晶析出，将油与蜡过滤分离。作为溶剂脱蜡的溶剂很多，我国目前广为使用的是酮类和苯类混合溶剂脱蜡，称为酮苯脱蜡工艺。下面主要介绍酮苯脱蜡工艺。

1. 溶剂脱蜡原理

溶剂脱蜡是使油与蜡分开，从而达到除蜡的目的。蜡与油的分开采用过滤方法，类似于用纱布过滤水中的悬浮物。而对过滤操作来说，混合物中固体颗粒越大，液体黏度越小，越易过滤分开，因此采用溶剂的作用是降低油蜡混合物中原料油的黏度，起稀释作用，同时有利于蜡形成大颗粒晶体，这些都有利于油蜡分离。为达到此目的，要求加入的溶剂在脱蜡温度下应该具备以下条件：

(1) 选择性好。在脱蜡温度下，对油的溶解度大，对蜡的溶解度小，否则溶在溶剂里的蜡和油会一起进入滤液中。

(2) 在脱蜡温度下黏度要低。

(3) 沸点低，以便用简单蒸馏的方法回收。

(4) 凝点低，在脱蜡温度下不会凝固。

(5) 无毒、无腐蚀，与油、蜡不起化学反应，价格低廉等。

满足以上所有条件的理想单一溶剂是不存在的，但使用混合溶剂基本能满足生产要求。目前主要使用的是酮类和苯类的混合溶剂，因此常称为酮苯脱蜡。甲基乙基酮（或丙酮）与甲苯（或再加上苯）以各种比例配成的混合溶剂，是酮苯脱蜡最为广泛使用的溶剂。

在丙酮—苯—甲苯混合溶剂中，苯对油有较好的溶解能力，但对蜡的溶解度也较大，故加入对蜡溶解度很小的丙酮以减小对蜡的溶解度。因此，苯充当油的溶解剂，丙酮充当蜡的沉淀剂。由于苯的结晶点较高，在低温脱蜡时会有苯的结晶析出，故需加入一定比例冰点很低的甲苯作为补充，三者组成一种良好的选择性溶剂。它们对油的溶解能力强，对蜡的溶解能力低，同时黏度小、沸点不高、毒性不大、冰点低，因此，是润滑油溶剂脱蜡较理想的混合溶剂。但其闪点低，使用时应特别注意安全。

近 20 年甲基乙基酮代替丙酮的趋势发展很快。甲基乙基酮对蜡的溶解度很小，但对油的溶解度比丙酮大。采用甲基乙基酮代替丙酮可以提高脱蜡油收率及降低脱蜡温差。在低温下甲苯的选择性比苯高，即对油的溶解能力比苯强，对蜡的溶解能力比苯差，因此甲苯也基本取代了苯作溶剂。甲基乙基酮一甲苯混合溶剂在工业上已广泛使用。

2. 酮苯脱蜡的工艺流程

酮苯脱蜡工艺包括五个部分，见图 8 - 8。

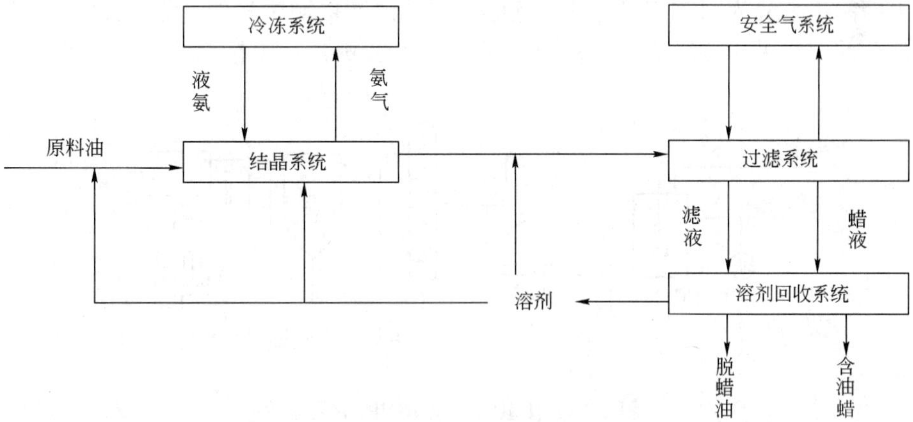

图 8 - 8　酮苯脱蜡工艺原理流程示意图

(1) 结晶系统：作用是将原料油和溶剂混合后的溶液冷却至低温，使蜡从溶液中结晶出来，并充分形成有利于过滤的大颗粒结晶。

(2) 冷冻系统：作用是制冷，取出结晶时放出的热量。冷冻剂选用液氨，蒸发吸热，使原料油温度下降。蒸发后的氨气经压缩后冷却又变成液氨，循环使用。

（3）过滤系统：作用是将结晶好的蜡与油分离，将混合物分为两部分，一部分是滤液，含溶剂的脱蜡油；另一部分是蜡膏，含少量油和溶剂的蜡。两部分都要送至溶剂回收系统进行溶剂回收再利用。

（4）溶剂回收系统：作用是把蜡膏和滤液中的溶剂蒸出来。采用的方法仍然是先蒸发、后汽提。

（5）安全气系统：溶剂中的酮和苯挥发，其蒸气与空气会形成爆炸混合物，所以有大量溶剂使用时，须设置安全气系统。安全气由炼油燃烧产生的混合气体 CO、CO_2、H_2O、NO、O_2 等组成，当安全气循环过程中氧含量增加，超过 5%时，排出一部分安全气，重新从安全气发生器补充新鲜安全气。

（三）白土精制

润滑油经过溶剂精制、溶剂脱蜡等工艺后，得到的油品中仍含有害的杂质（如胶质、环烷酸、酸渣、少量残存溶剂），必须将这些杂质去掉，进一步改善润滑油颜色、安定性，降低残炭。白土精制就是用活性白土在较高温度下处理润滑油，把这些杂质吸附在白土表面，得到精制油品。

1. 白土精制基本原理

白土是一种微孔形结构的结晶或无定形物质，具有很大的表面积，吸附能力较强。白土分为天然与活化两种。天然白土是风化的长石。天然白土孔隙内常含有一些杂质，用 8%～15%稀硫酸处理，将杂质去掉，经过处理后的白土叫活性白土，吸附能力大大增强。

在白土精制条件下，白土对润滑油中各组分的吸附能力是不同的。白土极易吸附润滑油中的胶质、沥青质、残存溶剂等，而对润滑油的吸附能力较差，因此利用白土具有选择性吸附的性能，使白土与油混合，然后过滤掉已吸附了杂质的白土，就可以得到精制润滑油。

2. 白土精制工艺流程

白土精制工艺分为固定床渗滤法、连续式渗滤法和接触法三种。前两种生产效率低，已被淘汰，目前广泛采用接触法白土精制。图 8-9 为接触法白土精制的工艺流程。

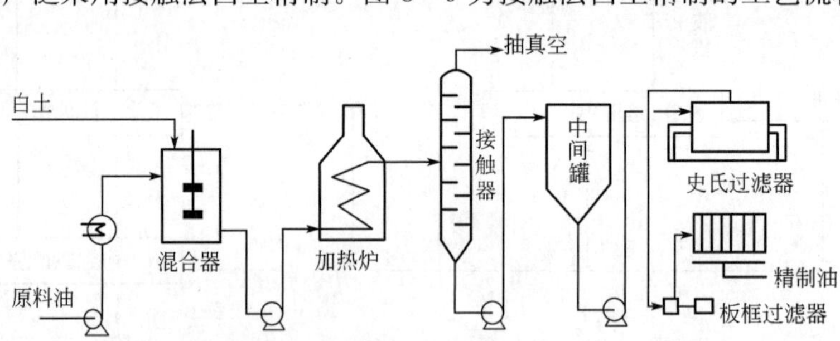

图 8-9　接触法白土精制的工艺流程

（1）白土与油混合。原料油预热到 80～90℃，送入混合器，按需要量加入白土，在混合器内内充分搅拌。由于白土密度大，必须充分搅匀，否则沉底起不到作用。油品与白土能否混合均匀，对于整个精制过程影响极大。

（2）加热。将油品与白土形成的糊状混合物打入加热炉加热，降低原料油的黏度，有利于白土起吸附作用。

（3）接触吸附。加热后的混合物进入接触器或接触塔内停留一段时间后，使白土充分吸附。塔顶有抽真空设备，抽出加热炉加热时裂化产生的轻组分和蒸发的溶剂，然后进入中间罐。罐内安装搅拌器，防止白土沉降。

（4）过滤。从中间罐出来的油与白土混合物，先在史氏过滤器中过滤掉绝大部分白土。这种过滤器较粗，有些细小白土仍能通过，所以再通过板框过滤器再过滤一次，才能保证产品中无固体颗粒白土。得到的精制油出装置，作基础油，废白土排出装置。

二、润滑油调和

润滑油质量的优劣是由润滑油基础油的质量和润滑油使用的添加剂决定的。少量有效的添加剂可明显改善润滑油的性能，使润滑油质量大增，满足工业应用的需要。

调和是润滑油生产过程中最后一个重要工序。将经溶剂精制、脱蜡、白土精制等所得的不同黏度的润滑油基础油，按照一定比例，并加入适当添加剂进行混合。采用什么样的调和组分添加剂，由实际情况而定。例如，调和 20# 机械油，要求低的黏度，常用低黏度润滑油基础油与适当的添加剂调和。

第五节　石 油 化 工

从石油或石油气（炼厂气、油田气、天然气）制得的基本化工原料是庞大的石油化工工业的基础。这些基本化工原料主要是乙烯、丙烯、丁烯、丁二烯、苯、甲苯、二甲苯等。

一、重要的烯烃——乙烯、丙烯、丁烯、丁二烯

乙烯、丙烯、丁烯、丁二烯等小分子烯烃具有双键，化学性质活泼，是基本有机化学工业和高分子聚合物的重要原料，用途广泛。在小分子烯烃中，以乙烯最为重要，产量也最大，其产量常作为衡量一个国家基本有机化学工业发展水平的标志。因此在石油裂解工业的设计中，丙烯、丁烯以及戊烯等往往作为副产品生产。

工业上获取低级烃类的主要方法是将烃类热裂解，即将石油系烃类原料在管式炉中经高温作用，使烃类分子发生多种反应，生成相对分子质量较小的烯烃、烷烃、炔烃、氢气等。烃类热裂解过程是很复杂的，目前已知烃类热裂解的化学反应有脱氢、断链、二烯合成、异构化、脱氢环化、脱烷基、叠合、歧化、聚合、脱氢交联和焦化等一系列反应。为了对这样一个反应系统有一个概括认识，将烃类热裂解过程中的一些主要产物及其变化关系用图 8－10 来说明。

裂解气是复杂的混合物，要从这样复杂的混合气体中分离出高纯度的乙烯、丙烯等产品，需要一系列的净化与分离过程。国内外大型裂解气分离装置广泛使用深冷分离法，即利用裂解气中各种烃的相对挥发度不同，在低温下将除了氢和甲烷以外的其他烃类都冷凝下来，然后在精馏塔内进行多组分精馏分离，利用不同的精馏塔，将各个烃逐个分离出来。工业上一般将冷冻温度等于或低于－100℃称为深度冷冻，简称深冷。图 8－11 是深冷分离流程示意图。其分离过程可概括为三部分：气体净化系统——包括脱酸性气体（二氧化碳、硫化氢以及少量有机硫化物等）、脱水、脱炔和脱一氧化碳；压缩和压缩系统——使裂解气加压降温，为分离创造条件；精馏分离系统——包括一系列的精馏塔，以分离甲烷、乙烯、丙

烯、C_4 馏分以及 C_5 馏分。

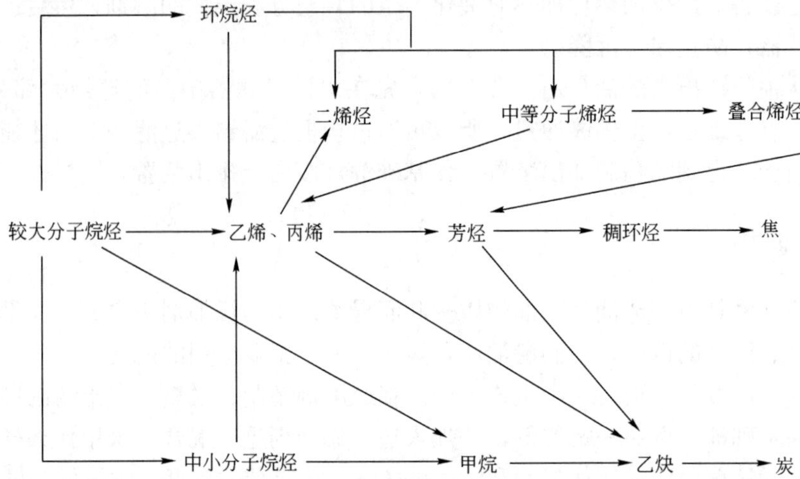

图 8-10　烃类热裂解过程中的一些主要产物及其变化示意图

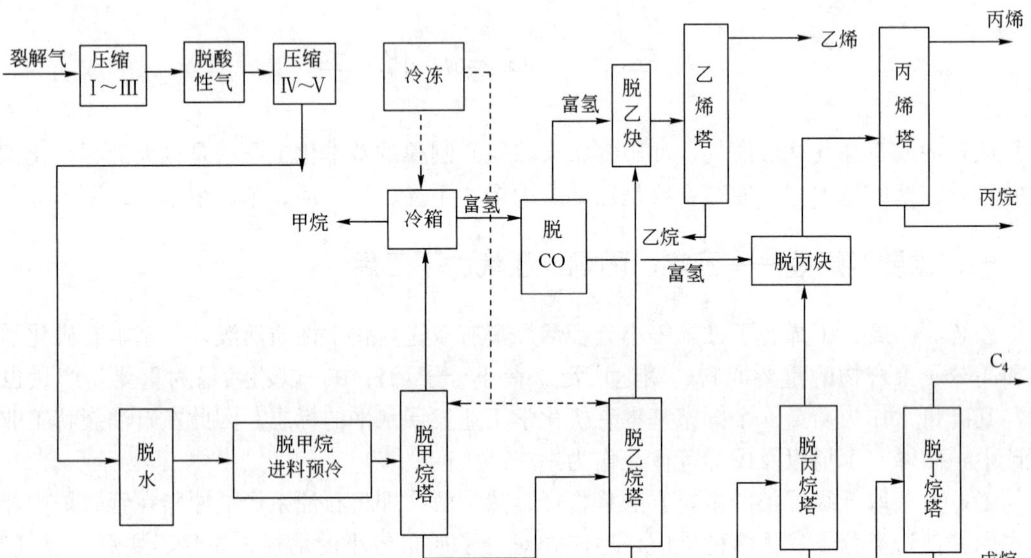

图 8-11　深冷分离流程示意图

(一) 由乙烯得到的化工产品

由乙烯得到的产品可分为三大类。第一类包括乙烯的聚合和齐聚，大约占乙烯产量的 60%，用于生产聚合物。第二类是乙烯的加成反应产物及其衍生物。第三类产品是乙烯的其他反应如烷基化、氧化、羰基化等反应产物。其生成产品的基本化学过程见图 8-12。

(二) 由丙烯得到的化工产品

丙烯是仅次于乙烯的另一类重要的脂肪族原料。它是热裂解生产乙烯得到的副产物，或在炼油厂中是催化裂化装置的副产气体，其收率可达 10%～22%（质量分数），可用于生产聚丙烯、丙烯腈和异丙醇等产品，其中生产聚丙烯是丙烯的主要用途。聚丙烯作为通用热塑性树脂，其特点是机械强度优良，软化温度高，耐低温性、耐氧化性以及电性能均较好。图

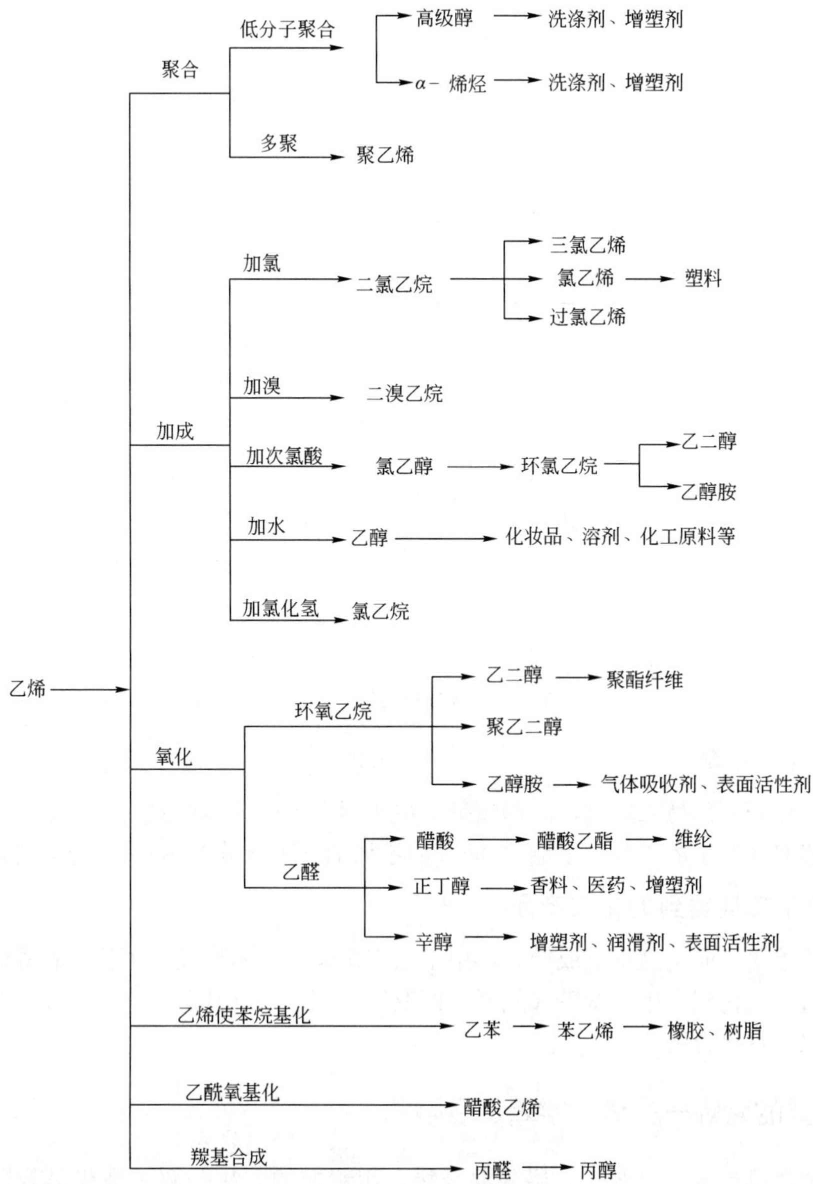

图 8－12　由乙烯得到的若干化工产品

8－13 是由丙烯得到的若干化工产品。

（三）由丁烯得到的化工产品

副产品丁烯除用来生产汽油高辛烷值组分如异辛烷、甲基叔丁基醚外，还可以用来生产 1，3-丁二烯、顺丁烯二酸酐等化工原料。

1. 1，3-丁二烯

1，3-丁二烯是生产顺丁橡胶和 SBS 弹性体的原料。1，3-丁二烯可由正丁烯氧化脱氢制得，其反应式为：

$$C_4H_8 + \frac{1}{2}O_2 \longrightarrow C_4H_6 + H_2O$$

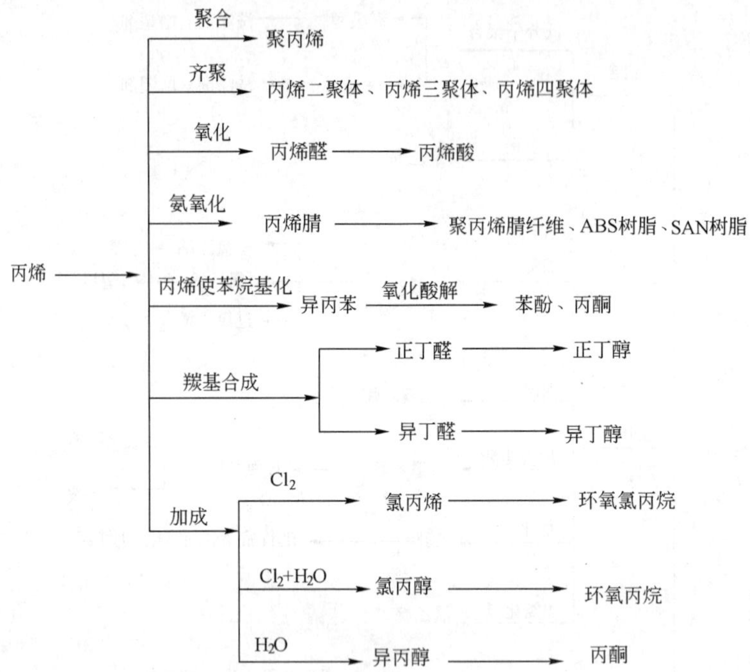

图 8－13　由丙烯得到的若干化工产品

2．顺丁烯二酸酐

顺丁烯二酸酐又称马来酸酐，简称顺酐，主要用来生产热固性树脂、不饱和聚酯，还可用于合成增塑剂（顺丁烯二酸二丁酯）、润滑油添加剂（无灰分散剂）、农药等的合成原料。

（四）由丁二烯得到的化工产品

丁二烯的重要工业用途是合成橡胶，用于顺丁橡胶、丁苯橡胶、丁腈橡胶等的制备。另外，丁二烯与二氧化硫作用，接着加氢制得四亚甲基砜（环丁砜），可用来从石油加工厂的烃馏分中萃取芳香化合物。

二、重要的芳烃——苯、甲苯、二甲苯

由催化重整得到苯、甲苯、二甲苯混合物，用精馏的方法分离，是获得芳烃的重要来源。典型的催化重整得到的苯、甲苯、二甲苯混合物中含甲苯约 50%（质量分数，下同），二甲苯 35%～45%，苯仅有 10%～45%，然而对苯的需求量较大，因而开发了将甲苯转化为苯的氢化脱烷基方法。

（一）由苯得到的化工产品

苯的最大用途是与乙烯反应制取乙苯，由乙苯、过氧化氢可以制得环氧乙烷和苯乙烯；第二大用途是与丙烯生成异丙苯，然后再将其转化为苯酚和丙酮；第三大用途是制造环己烷，环己烷是生产尼龙的原料。

（二）由甲苯得到的化工产品

甲苯的主要用途有氢化脱烷基制取苯，通过歧化反应得到苯和二甲苯。经硝化的二硝基甲苯可用作爆炸物组成的胶凝剂和防水剂；进一步硝化则得到三硝基甲苯（TNT），是一种

黄色炸药。

（三）由二甲苯得到的化工产品

二甲苯氧化可制得苯酐或对苯二甲酸。苯酐主要用于生产增塑剂；对苯二甲酸不仅是生产聚酯纤维涤纶的原料，也是生产树脂的原料。

复习思考题

1. 试从燃料燃烧的角度分析汽油机、柴油机产生爆震的原因。

2. 判断以下各题是否正确，并简要解释。

（1）催化裂化汽油及柴油的抗爆性均比相应的直馏产品的抗爆性好。

（2）自燃点低的柴油抗爆性好，而自燃点低的汽油抗爆性较差。

3. 石油可以分为哪几个馏分？各有什么用途？

4. 车用汽油的主要质量指标有哪些？它们的使用意义是什么？

5. 为什么在蒸馏的过程中塔底要通入水蒸气？

6. 常减压蒸馏的主要流程是什么？

7. 为什么常压塔是一个复合塔？

8. 为什么常压塔设汽提段？

9. 为什么常压塔底不设重沸器？

10. 常压炉出口温度为什么有一定的限制？

11. 原油为什么要进行减压蒸馏？

12. 减压塔抽真空系统的作用是什么？

13. 减压塔的进料温度是多少？为什么要限制？

14. 为什么要对石油进行二次加工？

15. 催化裂化的产品有哪些？有何特点？

16. 催化裂化装置的工业型式有哪些？

17. 渣油能否作为催化裂化的原料？

18. 催化裂化有哪些化学反应？什么是催化裂化的主反应？

19. 什么是分子筛催化剂？有何特点？

20. 催化裂化催化剂为什么要进行再生？

21. 提升管反应器有哪些特点？

22. 催化裂化装置为什么需补充新鲜催化剂？

23. 重油催化裂化存在哪些技术困难？

24. 催化重整的目的是什么？

25. 重整原料预处理的目的是什么？它包括哪几部分？

26. 重整反应器为什么要用多个反应器串联、中间加热的形式？

27. 润滑油的“老三套”工艺是哪三套？

28. 简述溶剂精制的目的和基本原理。

29. 什么是溶剂脱蜡？对溶剂有什么要求？

30. 画出溶剂脱蜡的整体工艺流程图，并指出各系统作用。

31. 简述白土补充精制的目的和原理。试指出白土补充精制的优缺点。

第九章　HSE 基础知识简介

石油工业属高风险行业。它是一个多学科、多工种、多工序立体交叉、连续作业的系统工程。在油气勘探生产过程中，因为设备、人员、环境和管理上的缺陷，存在着众多的危险有害因素：原油、天然气具有易燃、易爆、易挥发和易于聚集静电等特点；挥发的油气与空气混合达到一定的比例，遇明火就会发生爆炸或燃烧，造成很大的破坏；油气及其含有物有一定的毒性，如果大量排泄或泄漏，会造成人、畜中毒和环境污染，等等。因此，安全生产在油气生产中具有十分重要的地位，是石油企业及相关城市生存和发展的基础和保障。

第一节　HSE 管理体系的产生

健康、安全与环境管理体系简称为 HSE 管理体系，或简单地用 HSEMS（Health, Safety and Environment Management System）表示。

HSE 管理体系是 20 世纪 90 年代出现的国际石油天然气工业通行的管理体系。它集各国同行管理经验之大成，体现当今石油天然气企业在大市场环境下的规范运作，是突出以人为本、预防为主、全员参与、持续改进先进理念的管理标准体系，是石油天然气工业实现现代化管理，走向国际化的通行证。

一、国际 HSE 管理体系的产生过程

（1）20 世纪 30 年代，随着保险业的兴起，发展了安全评价技术；

（2）20 世纪 70 年代以后世界范围发生了许多起震惊世界的火灾、爆炸、有毒物质泄漏事故，促进了安全管理体系的建立；

（3）1994 年 7 月，壳牌石油公司为 E&P（勘探与生产）制订 HSE 管理体系导则，同年 9 月，壳牌石油公司颁布《健康、安全与环境管理体系》；

（4）1996 年 1 月，ISO/TC67（国际标准化组织石油石化设备材料与海上结构标准化技术委员会）的 SC6 分技术委员会发布《石油和天然气工业健康、安全与环境管理体系》（ISO/CD14690 标准草案）。

二、我国 HSE 管理体系的发展过程

国内 HSE 管理体系是在我国石油工业对外合作过程中逐渐形成和发展起来的，是国际 HSE 管理理念与我国石油工业多年管理工作经验相结合的结果。

随着石油工业跨国合作机会的增多，原中国石油天然气总公司逐步认识到了开展 HSE 管理的重要性。1994 年油气勘探开发的健康、安全与环境国际会议在印度尼西亚雅加达召开，中国石油天然气总公司作为会议的发起人和资助者派代表团参加了会议。通过会议，中国石油天然气总公司与国际石油组织、全球各大石油公司和服务商进行交流，建立了良好的

沟通渠道，密切关注国际上 HSE 管理体系标准制定的发展动态。从 1996 年 9 月开始，中国石油天然气总公司就及时组织人员对 ISO/CD14690 进行了翻译和转化。在吸收以往行之有效的安全生产、环境保护的规章制度和管理经验的基础上，将上述标准进行了等同转化，于 1997 年 6 月 27 日正式颁布了中华人民共和国石油天然气行业标准《石油天然气工业健康、安全与环境管理体系》（SY/T 6276—1997），自 1997 年 9 月 1 日起实施。随后，中国石油、中国石化、中国海油均逐步在企业开始推行 HSE 管理体系。之后，该标准先后被国家能源局发布的 SY/T 6276—2010 和 SY/T 6276—2014 取代，新标准从 2015 年 3 月 1 日起实施。

三、建立和实施 HSE 管理体系的意义

HSE 管理体系作为一种先进的企业安全管理模式，在国内外石油石化企业中得到了普遍应用和推广。数十年的 HSE 管理实践和成效证明，建立和实施 HSE 管理体系具有重要意义：

（1）可有效地减少事故和职业危害，降低生产作业风险。

（2）可以系统地进行安全管理，用最少的投资达到最佳的安全效果。

（3）建立优秀的企业文化，树立良好的社会形象，提高企业声誉。

（4）获得在产品促销中的优势，因为消费者和经销商越来越多地从对社会负责的供应商和生产者处购买产品。

（5）可以改善企业与公众、政府及民间组织的关系，从而为企业的可持续发展创造条件。

（6）提高生产率，因为一个具有良好社会形象和工作环境的企业可以有效吸引人才，并使员工发挥出较高的绩效。

（7）优化与企业客户的关系，创造稳定持久的交易关系。

（8）可提高企业经济效益，增强国际竞争力，促进企业参与国际竞争。

第二节　HSE 管理体系的运行模式及关键要素

一、HSE 管理体系运行模式

著名的戴明管理模式（又称为 PDCA 管理模式）如图 9－1 所示。它告诉我们，任何一项工作和任务的管理过程，都应当按照“计划—实施—检查—改进”的管理链来运转，才能不断提高工作效率和管理水平，创造良好的工作业绩。

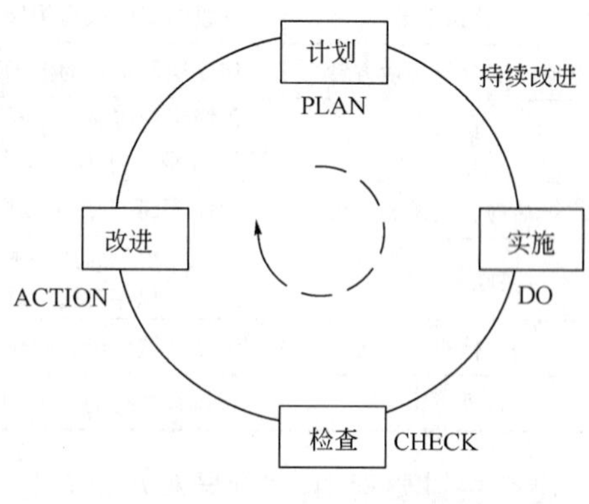

图 9－1　PDCA 管理模式

根据上述理论，有人把管理划分为一维管理、二维管理和三维管理。

一维管理：从计划到实施；

二维管理：有计划，有实施，还有检查；

三维管理：从计划到实施到检查最后有改进，形成了管理的闭环。

一维管理是粗放的，是不关心结果的管理，也看不到问题，是低层次不落实的管理。二

维管理是开放式的管理，尽管也有检查，也能发现问题，但由于管理过程没有形成闭环，检查信息不能充分发挥作用，因此，管理工作很难上水平。三维管理中，管理者能在工作中不断发现问题，不断修正，以确保工作目标能够实现，因此是高水平管理。

HSE 管理体系就借鉴了先进的 PDCA 管理模式的思想，基于“策划—实施—检查—改进”的运行原理有效运作。策划是指建立所需的目标和过程，以实现组织的健康、安全与环境方针所期望的结果；实施是对过程予以实施；检查则是根据承诺、方针、目标、指标以及法律法规和其他要求，对过程进行监视和测量；改进即采取措施，以持续改进健康、安全与环境管理体系绩效。

HSE 管理体系运行模式如图 9－2 所示。

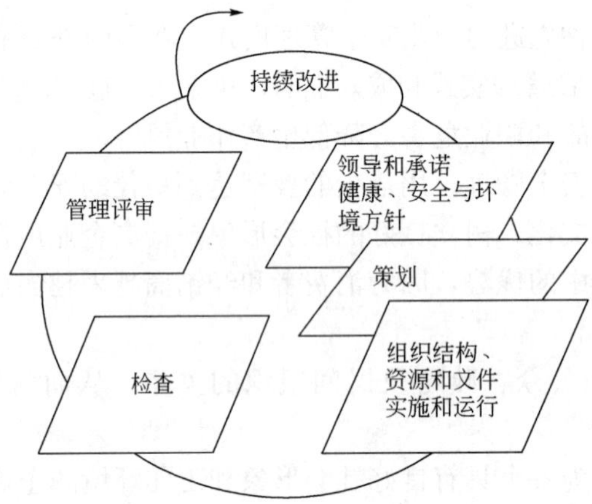

图 9－2　HSE 管理体系运行模式

二、HSE 管理体系关键要素

HSE 管理体系的关键要素见表 9－1。

表 9－1　HSE 管理体系要素

HSE 管理体系要素	主要内容
领导和承诺	各级组织的最高领导者应有明确的 HSE 承诺，有责任维护 HSE 文化
健康、安全与环境方针	建立层层负责的 HSE 目标责任制，明确 HSE 管理目标、行动原则
策划	各级组织应制定中长期 HSE 管理规划和年度计划，具体项目实行“HSE 作业指导书、HSE 作业计划书、HSE 现场检查表”管理，对重大危害因素制定 HSE 管理方案
组织结构、资源和文件	确保 HSE 管理人、财、物的优化配置，建立一套层次分明的 HSE 管理工作体系文件
实施和运行	员工和承包商在接触任何一项工作任务的开始，必须熟悉 HSE 风险和控制措施，严格按照规定程序实施活动和任务
检查	定期开展健康、安全与环境监测，必要时采取变更措施
管理评审	对体系执行的效果和适应性定期进行评价，持续改进管理

七个关键要素中，“领导和承诺”是 HSE 管理体系建立与实施的前提条件；“健康、安全与环境方针”是 HSE 管理体系建立和实施的总体原则；“策划”是 HSE 管理体系建立与实施的输入；“组织结构、资源和文件”是 HSE 管理体系建立与实施的基础；“实施和运行”是 HSE 管理体系运行的关键；“检查”是 HSE 管理体系有效运行的保障；“管理评审”则是推进 HSE 管理体系持续改进的动力。

第三节　HSE 管理体系的文件体系

HSE 管理体系文件是企业建立和实施 HSE 管理体系的载体和依据，根据地位不同可分为三类：管理手册、程序文件和作业文件，如图 9－3 所示。

HSE 管理体系文件之间的关系如下：

(1) 管理手册：它是阐述企业 HSE 方针和描述其 HSE 管理体系整体信息的文件，是体系的主要文件，也是企业体系运行中应长期遵守的纲领性文件。管理手册对内是实施 HSE 管理的基本法规、共同遵守的行为准则，对外是向相关方表明其 HSE 管理准则和管理能力达到规定要求的证明，同时也为审核 HSE 管理体系提供文件根据。

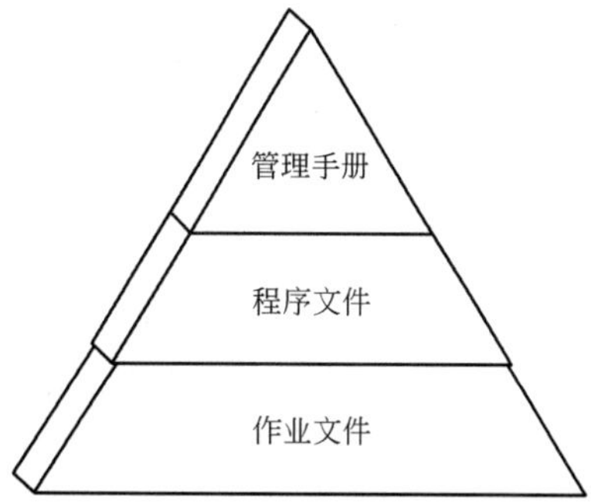

图 9－3　HSE 管理体系的文件体系

(2) 程序文件：它是管理手册的支持性文件，上接管理手册，是管理手册规定的具体展开；下接作业文件，为有效控制危害因素创造条件。程序文件规定了企业内部 HSE 活动的目的、职责和权限、工作流程和活动结果，每个程序文件可包含一个要素，或要素中的一部分，或各要素要求的一组活动，必须具备可操作性和可检查性。程序文件是企业内部进行 HSE 活动的依据，具有法规性，各部门、岗位必须严格执行。通过对程序文件的审核，可以证明企业的 HSE 管理与体系标准的符合程度。

(3) 作业文件：它是程序文件的支持性文件，描述具体的工作岗位和工作现场如何完成工作任务的具体做法，是详细的工作文件，包括管理性作业文件（管理制度）、岗位作业文件、项目 HSE 计划书等。作业文件主要供基层单位、个人使用，其核心部分是管理内容或作业步骤，应明确各项活动由谁做、什么时间做、什么地点做、做什么、怎么做、如何控制及达到什么要求、需要形成哪些记录、出现意外或紧急情况如何处理等，必要时有管理或作业流程图。

作业文件又具体细化为《HSE 作业指导书》《HSE 作业计划书》和《HSE 检查表》，简称“两书一表”。《HSE 作业指导书》重点解决 HSE 管理体系在基层落实的“人、机”管理问题；《HSE 作业计划书》重点解决 HSE 管理体系在基层落实时的“环”（环境变化）适应问题；《HSE 检查表》则是根据《HSE 作业指导书》《HSE 作业计划书》的要求规范现场 HSE 检查，使 HSE 管理体系在基层得到落实。编写《HSE 作业指导书》和《HSE 作业计划书》是实施 HSE 管理体系的基本要求，是基层组织运行 HSE 管理体系的具体体现，是预防事故的有效措施。

第四节　HSE 风险管理

建立和实施 HSE 管理体系的根本目的是为了控制和削减健康、安全和环境风险，实现安全生产。

HSE 管理体系是建立在“所有事故都是可以认识的、所有事故都是可以预防的、所有事故都是可以避免的”这一管理理念上的，即：如果我们能够预先知道会发生特定的一种危害，我们就能够通过管理和发挥我们的技能来避免事故发生或是设法使人、环境和财产免受损害，即能够对风险进行控制。

风险管理是 HSE 管理体系的核心，可分为四个阶段：识别、评估、控制和应急，如图 9-4 所示。

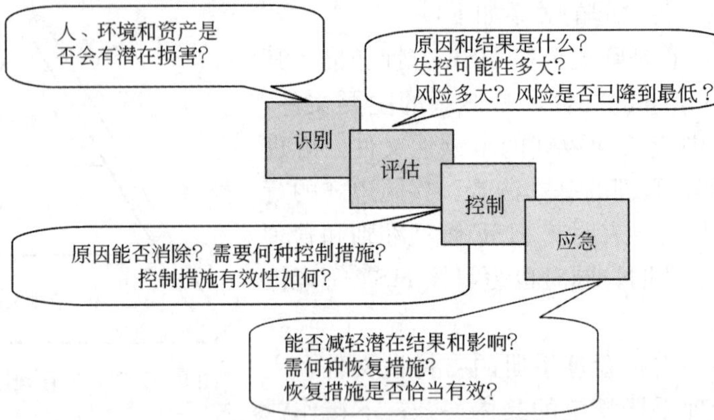

图 9-4　风险管理过程示意图

风险管理被这样分为先后四个阶段，是为了便于说明整个风险管理过程。但实际上这些阶段的界限并不总是很清楚，许多情况下要将四个阶段作为一个整体来考虑，才能做出最后决策，即在确定和评价风险控制过程后，如果认为控制过程不充分，则应重新考虑判别准则和重新进行风险评价，以确定更进一步的风险控制措施。在更复杂的情况下，可能要反复进行这些过程。但不管何种情况，风险的最后结果都应达到使风险降低到“合理、实际并尽可能低”的程度，即将风险降低到“可忍受”的程度。建立和实施 HSE 管理体系不仅仅是一种形式，其根本目的在于保护环境、保护人的健康和生命财产安全。

参考文献

[1] 陈鸿璠．石油工业通论．北京：石油工业出版社，1995.

[2] 中国石油教育学会《祖国石油》编写组．祖国石油．北京：石油工业出版社，2003.

[3] 张厚福．石油地质学．北京：石油工业出版社，1999.

[4] 陈荣书．石油及天然气地质学．武汉：中国地质大学出版社，1994.

[5] 潘钟祥．石油地质学．北京：地质出版社，1986.

[6] 胡见义．非构造油气藏．北京：石油工业出版社，1986.

[7] 邹才能，陶士振，袁选俊，等．"连续型"油气藏及其在全球的重要性成藏、分布与评价．石油勘探与开发，2009，36（6）：669—682.

[8] 邹才能，张光亚，陶士振，等．全球油气勘探领域地质特征、重大发现及非常规石油地质．石油勘探与开发，2010，37（2）：129—144.

[9] 邹才能，朱如凯，吴松涛，等．常规与非常规油气聚集类型、特征、机理及展望：以中国致密油和致密气为例．石油学报，2012，33（2）：173—187.

[10] 赵靖舟．非常规油气有关概念分类及资源潜力．天然气地球科学，2012，23（3）：393—406.

[11] 李茂林，黎文清．油气田开发地质基础．北京：石油工业出版社，1981.

[12] 吴顺和．石油地球物理勘探（上册）．北京：石油工业出版社，1987.

[13] 陆基孟．地震勘探原理（下册）．东营：石油大学出版社，1993.

[14] 熊琦华．测井地质基础．北京：石油工业出版社，1987.

[15] 中国石油天然气集团公司 HSE 指导委员会．井下作业 HSE 风险管理．北京：石油工业出版社，2004.

[16] 周金葵．钻井液工艺技术．北京：石油工业出版社，2009.

[17] 周金葵，李效新．钻井工程．北京：石油工业出版社，2007.

[18] 谷凤贤，刘桂和，周金葵．钻井作业．北京：石油工业出版社，2011.

[19] 吴奇．井下作业监督．北京：石油工业出版社，2003.

[20] 聂海光，王新河．油气田井下作业修井工程．北京：石油工业出版社，2002.

[21] 刘丁曾．多油层砂岩油田开发．北京：石油工业出版社，1986.

[22] 史绍德．油层物理．北京：石油工业出版社，1989.

[23] 胡太和．油田开发．北京：石油工业出版社，1991.

[24] 中国石油天然气总公司劳动局．采油工艺．北京：石油工业出版社，1996.

[25] 万仁溥．采油技术手册：第八分册　稠油热采工程技术．北京：石油工业出版社，1998.

[26] 中国石油天然气总公司劳资局．采油工程．北京：石油工业出版社，1994.

[27] 姜继水．提高石油采收率技术．北京：石油工业出版社，1999.

[28] 陈涛平．石油工程．北京：石油工业出版社，2000.

[29] 阎凤岐．石油企业精神．北京：石油工业出版社，1996.

[30] 严大凡，张劲军．油气储运工程．北京：中国石化出版社，2003.

[31] 苗承武. 高效油气集输与处理技术. 北京：石油工业出版社，1997.
[32] 刘德绪. 油田污水处理工程. 北京：石油工业出版社，2001.
[33] 王光然. 油气储运技术. 东营：中国石油大学出版社，2005.
[34] 王光然. 油气储运设备. 东营：中国石油大学出版社，2005.
[35] 郭光臣，董文兰，张志廉. 油库设计与管理. 东营：石油大学出版社，1991.
[36] 冯叔初. 油气集输. 东营：石油大学出版社，1988.
[37] 袁宗明. 城市配气. 北京：石油工业出版社，2004.
[38] 徐春明，杨朝合. 石油炼制工程. 4 版. 北京：石油工业出版社，2009.
[39] 梁文杰. 石油化学. 东营：石油大学出版社，1995.
[40] 侯祥麟. 中国炼油技术. 北京：中国石化出版社，1991.
[41] 张旭之. 丙烯衍生物工艺学. 北京：化学工业出版社，1995.
[42] 陈长生. 石油加工生产技术. 北京：高等教育出版社，2006.
[43] 郑哲奎，温守东. 汽柴油生产技术. 北京：化学工业出版社，2012.